微信扫码

从零开始学木工，
基础入门好上手！

木工 技能速成
一本通

张 燕　宋魁彦　刘宇辰　编著

U0387452

化学工业出版社

·北京·

内容简介

　　木工是传统工种，在建筑、装饰装修、家具等领域发挥着不可替代的作用。本书面向一线工人，介绍了木工材料、木工识图、常用木工工具等基础内容，着重介绍了木工接合、涂装、装饰装修木工操作以及家具生产等内容。

　　《木工技能速成一本通》注重基础，深入浅出，使读者可以快速入门，熟练掌握相关操作技巧，适宜广大木工朋友参考学习。

图书在版编目（CIP）数据

　　木工技能速成一本通/张燕，宋魁彦，刘宇辰编著 . —北京：化学工业出版社，2022.10
　　ISBN 978-7-122-41522-6

　　Ⅰ.①木…　Ⅱ.①张…②宋…③刘…　Ⅲ.①木工
Ⅳ.①TU759.1

　　中国版本图书馆 CIP 数据核字（2022）第 091772 号

责任编辑：邢　涛	文字编辑：张　宇　陈小滔
责任校对：刘曦阳	装帧设计：韩　飞

出版发行：化学工业出版社（北京市东城区青年湖南街 13 号　邮政编码 100011）
印　　装：北京科印技术咨询服务有限公司数码印刷分部
710mm×1000mm　1/16　印张 19¾　字数 377 千字　2022 年 9 月北京第 1 版第 1 次印刷

购书咨询：010-64518888　　　　售后服务：010-64518899
网　　址：http://www.cip.com.cn
凡购买本书，如有缺损质量问题，本社销售中心负责调换。

定　　价：88.00 元

前　言

随着现代工业的发展，作为我国国民经济重要支柱的建筑和家具行业也迅速发展，行业中施工人员及技术人员操作技能和业务水平的高低直接影响着工程的质量、工期和成本等。建筑行业中的木结构建筑、装饰装修以及家具的生产都涉及木工制作相关内容。为了给行业内施工人员和相关技术人员在专业知识和操作技能上有所参考，笔者对装饰装修、木结构、家具等领域涉及的木工知识进行了整理，编写了《木工技能速成一本通》一书。

木材及木制品以其独特的性质和品质被人们所喜爱，随着工业和科学技术的迅猛发展，木制品生产工艺和设备也有很大程度的革新。从传统的手工作业到现代机械化、自动化生产，生产规模及产品种类不断扩大，新材料、新设备、新工艺不断出现。电子计算机在生产中的应用，使产品正向零件标准化、部件通用化、产品系列化方向发展。行业内生产技术人员对整个产业发展的掌握以及对木质材料和木制品工艺与设备知识的系统认知非常重要。另外，随着定制化装饰装修在现代家装中的推进和发展，施工人员的技术水平也直接影响家庭装饰装修质量。

本书分别从"木工材料""木工识图""木工工具与设备""木工接合""实木家具木工""板式家具木工""装饰装修木工""木工表面处理"等方面，系统讲述了木工涉及的材料、工具、设备、接合理论和具体生产工艺流程。本书可以作为木制品企业工人、技术人员和管理人员快速、系统学习的参考书，也可以作为高等院校木材科学与工程、产品设计、环境艺术设计等专业的教学参考书。

在本书编写过程中，得到了国内外相关企业的帮助和支持，同时笔者的学生张洛源、杜雨松、张朔、薄宇轩、王琳、言俊霖等参与了部分章节的整理工作，在此表示衷心的感谢！

由于水平有限，书中不足之处，敬请广大读者批评指正。

张　燕

目 录

第1章　木工材料 ————————————————————— 1

1.1　木材 ————————————————————————— 1

1.1.1　木材的分类 ——————————————————— 1

1.1.2　木材的构造及性质 ————————————————— 2

1.1.3　木材的缺陷 —————————————————— 14

1.2　木质人造板材 ————————————————————— 17

1.2.1　纤维板 ———————————————————— 17

1.2.2　刨花板 ———————————————————— 25

1.2.3　胶合板 ———————————————————— 32

1.2.4　细木工板 ——————————————————— 36

1.2.5　单板层积材 —————————————————— 39

1.2.6　覆面板 ———————————————————— 42

1.3　五金配件 ——————————————————————— 45

1.3.1　钉类 ————————————————————— 45

1.3.2　明铰链（合页） ———————————————— 46

1.3.3　暗铰链 ———————————————————— 47

1.3.4　木螺钉 ———————————————————— 47

1.3.5　门锁 ————————————————————— 48

1.3.6　插销 ————————————————————— 49

1.3.7　滑轨 ————————————————————— 49

1.3.8　紧固连接件 —————————————————— 50

1.3.9　液压闭门器 —————————————————— 50

1.4　木工胶黏剂 —————————————————————— 51

1.4.1　白乳胶 ———————————————————— 51

1.4.2　酚醛树脂胶 —————————————————— 51

1.4.3　脲醛树脂胶 —————————————————— 51

1.4.4　蛋白质胶黏剂 ————————————————— 52

1.4.5 热熔胶 ———————————— 52

1.4.6 环氧树脂胶 ———————————— 52

1.4.7 三聚氰胺甲醛树脂胶 ———————————— 52

1.4.8 聚氨酯胶 ———————————— 52

1.4.9 间苯二酚树脂胶 ———————————— 52

1.4.10 橡胶类胶黏剂 ———————————— 53

第2章 木工识图 **54**

2.1 制图基本知识 ———————————— 54

2.2 图样图形表达方法 ———————————— 63

2.2.1 视图 ———————————— 63

2.2.2 剖视 ———————————— 65

2.2.3 剖面和剖面符号 ———————————— 67

第3章 木工工具与设备 **71**

3.1 量具和画线工具 ———————————— 71

3.1.1 量具 ———————————— 71

3.1.2 画线工具 ———————————— 74

3.2 木工手工工具 ———————————— 76

3.2.1 斧 ———————————— 76

3.2.2 锛 ———————————— 77

3.2.3 刨 ———————————— 77

3.2.4 锯 ———————————— 78

3.2.5 凿 ———————————— 80

3.2.6 钻 ———————————— 81

3.3 木工电动工具 ———————————— 83

3.3.1 电钻 ———————————— 83

3.3.2 电动螺丝刀 ———————————— 83

3.3.3 电刨 ———————————— 83

3.3.4 电动线锯机 ———————————— 83

3.3.5 电动圆锯机 ———————————— 84

3.3.6 电动磨光机 ———————————— 84

3.3.7 电木铣 ———————————— 84

3.3.8 气钉枪 ———————————— 84

3.4 木工机械 ———————————— 84

3.4.1 锯割与裁板 ———————————— 84

3.4.2 成型与塑形 ———————————— 86

3.4.3 砂光 ————————————————— 87

3.4.4 钻床 ————————————————— 87

3.4.5 压合 ————————————————— 88

3.4.6 边部处理 —————————————— 89

第4章 木工接合 ————————————————— 91

4.1 榫的接合 ———————————————————— 91

4.1.1 榫接合概述 ———————————— 91

4.1.2 榫接合的类型 —————————— 91

4.1.3 榫接合的技术要求 ——————— 95

4.2 配件接合 ———————————————————— 99

4.2.1 配件的分类 ———————————— 99

4.2.2 紧固类配件的结构特点及应用 — 99

4.2.3 活动类配件的结构特点及应用 — 105

4.2.4 定位类配件的结构特点及应用 — 107

4.2.5 拉手及装饰配件 ————————— 108

4.3 木结构接合 —————————————————— 109

4.3.1 螺栓连接 ————————————— 109

4.3.2 钉连接 —————————————— 112

4.3.3 齿连接 —————————————— 113

4.3.4 齿板连接 ————————————— 115

第5章 实木家具木工 ——————————————— 117

5.1 实木家具木工加工定位和基准 ———————— 117

5.1.1 定位 ——————————————— 117

5.1.2 基准 ——————————————— 119

5.1.3 确定和选择基准面的原则 ———— 121

5.2 实木家具木工配料加工 ——————————— 122

5.2.1 合理选料 ————————————— 122

5.2.2 控制含水率 ———————————— 123

5.2.3 合理确定加工余量 ———————— 124

5.2.4 配料方法 ————————————— 126

5.2.5 配料工艺 ————————————— 126

5.3 实木家具毛料加工 —————————————— 129

5.3.1 基准面加工 ———————————— 130

  5.3.2　其他面的加工 ┄┄┄┄┄┄┄┄┄┄┄┄┄ 136

5.4　实木家具净料加工 ┄┄┄┄┄┄┄┄┄┄┄┄┄┄ 140

  5.4.1　榫头和榫眼加工 ┄┄┄┄┄┄┄┄┄┄┄┄ 141

  5.4.2　榫槽和榫簧加工 ┄┄┄┄┄┄┄┄┄┄┄┄ 155

  5.4.3　型面和曲面加工 ┄┄┄┄┄┄┄┄┄┄┄┄ 157

  5.4.4　表面修整加工 ┄┄┄┄┄┄┄┄┄┄┄┄┄ 162

第 6 章　板式家具木工 ┄┄┄┄┄┄┄┄┄┄┄┄ **167**

6.1　裁板 ┄┄┄┄┄┄┄┄┄┄┄┄┄┄┄┄┄┄┄┄ 167

  6.1.1　裁板工艺 ┄┄┄┄┄┄┄┄┄┄┄┄┄┄┄ 167

  6.1.2　裁板设备 ┄┄┄┄┄┄┄┄┄┄┄┄┄┄┄ 169

6.2　砂光 ┄┄┄┄┄┄┄┄┄┄┄┄┄┄┄┄┄┄┄┄ 174

  6.2.1　砂光工艺 ┄┄┄┄┄┄┄┄┄┄┄┄┄┄┄ 174

  6.2.2　砂光设备 ┄┄┄┄┄┄┄┄┄┄┄┄┄┄┄ 175

6.3　贴面 ┄┄┄┄┄┄┄┄┄┄┄┄┄┄┄┄┄┄┄┄ 178

  6.3.1　贴面材料类型 ┄┄┄┄┄┄┄┄┄┄┄┄┄ 178

  6.3.2　贴面工艺与设备 ┄┄┄┄┄┄┄┄┄┄┄┄ 181

6.4　边部处理 ┄┄┄┄┄┄┄┄┄┄┄┄┄┄┄┄┄┄ 188

  6.4.1　涂饰法 ┄┄┄┄┄┄┄┄┄┄┄┄┄┄┄┄ 189

  6.4.2　镶边法 ┄┄┄┄┄┄┄┄┄┄┄┄┄┄┄┄ 189

  6.4.3　封边法 ┄┄┄┄┄┄┄┄┄┄┄┄┄┄┄┄ 190

  6.4.4　包边法 ┄┄┄┄┄┄┄┄┄┄┄┄┄┄┄┄ 198

6.5　钻孔及装件 ┄┄┄┄┄┄┄┄┄┄┄┄┄┄┄┄┄ 202

  6.5.1　钻孔 ┄┄┄┄┄┄┄┄┄┄┄┄┄┄┄┄┄ 202

  6.5.2　装件 ┄┄┄┄┄┄┄┄┄┄┄┄┄┄┄┄┄ 206

第 7 章　装饰装修工程木工 ┄┄┄┄┄┄┄┄┄┄ **207**

7.1　木门窗制作与安装 ┄┄┄┄┄┄┄┄┄┄┄┄┄┄ 207

  7.1.1　木门窗的分类与构造 ┄┄┄┄┄┄┄┄┄┄ 207

  7.1.2　常用木门窗材料 ┄┄┄┄┄┄┄┄┄┄┄┄ 208

  7.1.3　木门窗节点构造 ┄┄┄┄┄┄┄┄┄┄┄┄ 209

  7.1.4　木门窗的制作 ┄┄┄┄┄┄┄┄┄┄┄┄┄ 210

  7.1.5　木门窗安装 ┄┄┄┄┄┄┄┄┄┄┄┄┄┄ 213

7.2　吊顶工程 ┄┄┄┄┄┄┄┄┄┄┄┄┄┄┄┄┄┄ 214

  7.2.1　吊顶的构造 ┄┄┄┄┄┄┄┄┄┄┄┄┄┄ 214

  7.2.2　吊顶的分类 ┄┄┄┄┄┄┄┄┄┄┄┄┄┄ 215

7.2.3 轻钢龙骨吊顶 ———— 216
7.2.4 木龙骨吊顶 ———— 219
7.2.5 常用罩面板的安装 ———— 223
7.3 轻质隔墙工程 ———— 225
7.3.1 常见材料 ———— 226
7.3.2 木龙骨板材隔断墙施工流程 ———— 227
7.3.3 轻钢龙骨石膏板隔断墙施工流程 ———— 229
7.4 木地板铺设 ———— 230
7.4.1 实木复合地板的铺设 ———— 231
7.4.2 强化地板的铺设 ———— 232
7.4.3 木踢脚板安装 ———— 232
7.5 楼梯扶手安装 ———— 233
7.5.1 木楼梯扶手断面形状 ———— 233
7.5.2 楼梯扶手安装要点 ———— 233
7.5.3 金属栏杆木扶手安装 ———— 234
7.5.4 靠墙楼梯木扶手安装 ———— 235
7.5.5 混凝土栏板固定式木扶手安装 ———— 235
7.6 软包工程 ———— 237
7.6.1 软包木制作（木框架式制作） ———— 237
7.6.2 软包木制作（专用型条制作） ———— 238

第8章 木工表面处理 ———— 239
8.1 贴面 ———— 239
8.1.1 薄木贴面 ———— 239
8.1.2 装饰纸及合成树脂材料贴面 ———— 248
8.2 涂饰 ———— 253
8.2.1 涂料 ———— 253
8.2.2 涂饰工艺 ———— 258
8.2.3 涂饰方法 ———— 263
8.2.4 涂层干燥 ———— 269
8.3 特种涂饰 ———— 273
8.3.1 转印装饰技术 ———— 273
8.3.2 雕刻与其他装饰 ———— 274

参考文献 ———— 276
附录 ———— 277

第 1 章

木 工 材 料

1.1 木材

1.1.1 木材的分类

木材是现代建筑装修材料中最为常见的材料之一，可分为原条、原木和锯材三大类。

(1) 原条

原条是树木采伐后，去除根、梢、(皮)，但未按照规定的规格尺寸加工的原始木材，在建筑上经常用于搭建脚手架。

(2) 原木

原木是在原条的基础上，截成一定尺寸、形状、质量的木段。

原木按照树种可分为针叶树材和阔叶树材，按使用方式分为直接用原木和锯切用原木。直接用原木主要用于支柱及支架，例如房屋檩条、架线杆、矿井坑木等。锯切用原木需根据主要用途依照国家标准（GB/T 143—2017）选用。

(3) 锯材

锯材是原木经制材加工所得到的产品。依据不同的分类方法和使用要求，锯材的种类也有所不同，常见如下：

① 依据树种分类，可分为针叶树材和阔叶树材；

② 依据用途分类，可分为通用锯材和专用锯材；

③ 依据断面形状分类，可分为锯材和半锯材；

④ 依据厚度分类，可分为薄板（<21mm）、中板（25～35mm）和厚板（40～60mm）；

⑤ 依据锯材在原木断面上的位置分类，可分为髓心板、半心板和边板；

⑥ 依据加工特征分类，可分为整边板、毛边板和缺棱板；

⑦ 依据锯材纹理形态分类，可分为径切板、弦切板和半径（弦）切板。

板材和方材是在木工加工过程中最常使用的两种锯材。板材是指宽度是厚度的 3 倍或 3 倍以上的型材；方材是指宽度不及厚度 3 倍的型材。

1.1.2 木材的构造及性质

1.1.2.1 木材的构造

（1）木材的主要构造

① 树木的组成 树木是由种子（或萌条、插条）萌发，经过幼苗期，逐步枝繁叶茂长成高大的乔木。从树的整体来看，它是由树冠、树干和树根三大部分组成，如图 1-1 所示。

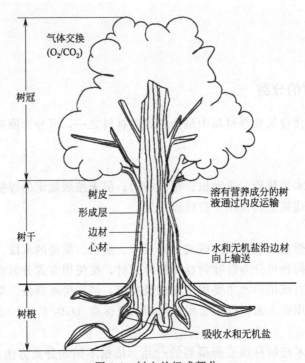

气体交换
(O_2/CO_2)

树冠

树皮
形成层
边材
心材

溶有营养成分的树液通过内皮运输

水和无机盐沿边材向上输送

树干

树根

吸收水和无机盐

图 1-1 树木的组成部分

a. 树冠 树冠是树木最上部分生长着的枝丫、树叶、侧芽和顶芽等部分的总称。

树冠中的树枝把从根部吸收的养分通过边材输送到树叶后，与树叶吸收的二氧化碳通过光合作用制成碳水化合物，供树木生长。树冠中的大枝，可生产部分径级较小的木材，通称为枝丫材，占树木单株木材产量的 5%～25%。枝丫材在木材制造纤维板、刨花板和细木工板等板材中使用广泛。

b. 树干 树干下连树根上承树冠，是树木的主体，占树木体积的 50%～90%，是木材的主要来源。树干由树皮、形成层、木质部和髓心四部分构成，如图 1-2 所示。在正常生长的树木中，树干具有输导、储存和支承三项重要功能。形成层位于树皮和木质部之间，极薄，肉眼无法分辨。木质部的边材把树根吸收的水分和矿物营养上行输送至树冠，再把树冠制造出来的有机养料通过树皮的韧皮部，下行输送至树木全体，并储存于树干内。

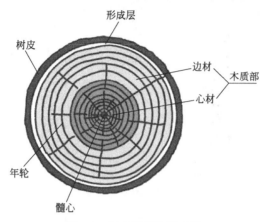

图 1-2　树木横截面示意图

・树皮：树干最外层的部分，它对木质部起保护作用，如图 1-3 所示。当树种不同、生长条件不同时，树皮的主要特征，如颜色、气味、皮孔和剥落状态等常出现较大差异，因此，对识别原木树种具有很好的作用。

树皮除了在识别上具有重要意义外，还有许多其他用途。例如从橡胶树、大花卫矛树皮中提取硬橡胶；从落叶松、华山松、黑荆树和油松树皮中提取单宁；从楝木、漆木、桦木、柿树和栎类树木树皮中提取染料；栓皮栎、银杏、栓皮槠和黄菠萝等树皮可制成软木制品，等等。

・形成层：位于树皮与木质部中间的薄层，肉眼不可见，只在显微镜下才可观察到。形成层向外分生新的韧皮细胞形成树皮，向内分生新的木质细胞构成木质部，如图 1-3 所示。所以，形成层是树皮和木质部产生的根源。

・木质部：位于形成层和髓心之间，包括边材和心材，如图 1-3 所示。木质部接近树皮部分的边材材色较浅，含水率较大；靠近树木中心部分的心材材色相对较深，含水率也略小。根据细胞来源，木质部由初生木质部和次生木质部组成。次生木质部源于形成层逐年地分裂，占树干材积量最多，是木材可供利用的主要部分。

・髓心：位于树干的中心，被木质部包围着，呈褐色或淡褐色，其构造上的大小、形状、颜色和质地等差异特征有利于识别木材树种，如图 1-3 所示。由于髓的组织松软，强度低、易开裂等特点，在木材生产中利用价值低，对于要求较高的特殊用材必须剔除。

c. 树根　树根是树木最下面的部分，由主根、侧根和须根组成，占立木总体积的 5%～25%。主根的功能是将树冠和树干稳固地竖立在土壤上，让树

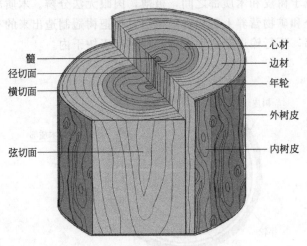

心材
边材
髓
径切面
横切面
年轮
外树皮
弦切面
内树皮

图 1-3　树木的组成

木生长成高大乔木；侧根和须根的功能主要是从土壤中吸收水分和矿物质营养，供叶片进行光合作用。

②生长轮（年轮）　树木在生长过程中，伴随形成层的活动，一个生长周期内所形成的木材，在横切面上呈现围绕髓心构成的一个完整的轮状结构，称为生长轮或生长层。在寒带地区一年中树木的生长周期只有一次，形成层在一年中向内只生长一层木材，此生长轮被叫做年轮。在热带地区一棵树一年内可能会产生几个生长轮。

横切面的生长轮呈同心圆形或弧形，径切面上生长轮呈近似平行的条状，在弦切面上生长轮呈抛物线或山峰状的花纹。

③早材和晚材　每一个生长轮内的木材都可划分为两个部分：靠近髓心部分是每年生长季节早期形成的，细胞分裂速度快，细胞腔形态较大，壁薄，颜色较浅，组织较松，称为早材；靠近树皮的部分是生长季节晚期形成的，细胞分裂慢，细胞腔形态较小，壁厚，颜色较深，组织致密，材质较硬，称为晚材。早材与晚材材质交界处的界线是否明显，有助于识别树种。

④木射线　木材由无数细胞构成，许多性质相同的细胞组合在一起，构成木材中形态各异的组织。木材中与竖直方向垂直排列的薄壁细胞构成的辐射状的线条叫木射线。

木射线在不同切面上有不同形态。横切面上木射线呈径向辐射状细线；径切面上木射线呈横向短带状，弦切面上木射线呈短线形。

木射线按宽度不同可分为宽木射线、窄木射线和极窄木射线。宽木射线宽度在 0.2mm 以上，如麻栎、柞木、赤杨等；窄木射线宽度在 0.05～0.2mm，如榆木、水曲柳等；极窄木射线宽度在 0.05mm 以下，如桦木、杨木等。

在木材中，木射线是唯一呈辐射状、横向排列的组织。在木材的实际利用上，它是体现木材外形美观的因素之一。在家具制造中，宽木射线的树种使用更为广泛。由于木射线由薄壁细胞组成，是木材中较脆弱、强度较低的部分，因此，木材干燥时常沿木射线方向发生开裂，降低木材使用价值。

⑤ 管孔　在阔叶树材的横切面上，我们常看到一些大小不同的小孔，在径切面和弦切面上，它们呈长短不一的沟槽，这些沟槽和小孔叫管孔。管孔在树木生长过程中起着输送水分、养分的作用。

有些阔叶树开始生长时管孔孔径较粗大，后来生长的管孔孔径则较细小，管孔在横切面上有明显的差别，在一个生长轮内早材管孔大，呈环状排列，故称环孔材。有些阔叶树的管孔孔径粗细均匀，在横切面上没有多大差别，且均匀地分散在整个生长轮中，故称散孔材。有些阔叶树的一个生长轮内，早材管孔较晚材管孔大，但其过渡是缓变的，管孔大小的界限不明显，分布不很均匀，介于环孔材与散孔材之间，称半环孔材（半散孔材）。

在横切面上导管孔径的大小是阔叶树材宏观识别的特征之一。管孔大小是以导管弦向直径为准，分为大管孔、中管孔、小管孔。大管孔肉眼下很明显，弦向直径在 $300\mu m$ 以上，如白椿木、栎木、泡桐等。中管孔肉眼下易见，弦向直径在 $100\sim300\mu m$ 之间，如楠木、槭木等。小管孔肉眼下不易见或不见，弦向直径在 $100\mu m$ 以下，如山杨、冬青、黄杨、桦木等。

⑥ 轴向薄壁细胞　由形成层纺锤状原始细胞分裂所形成的薄壁细胞群，也就是纵向排列的薄壁细胞所构成的组织称为轴向薄壁组织。轴向薄壁细胞特点是腔大、壁薄。树木进化程度越高的树种含有轴向薄壁细胞越多，轴向薄壁组织也越发达，很容易在肉眼下与其他组织区别开来。红木家具中鸡翅木美丽而独特的花纹，就是由其轴向薄壁组织所构成。

针叶树材识别时不考虑薄壁组织。针叶树材的薄壁组织不发达或根本没有，在肉眼或放大镜下不易辨别，仅在少数树种如杉树、陆均松、柏树、罗汉松等木材中存在。薄壁组织的清晰度和分布类型是识别阔叶树材的重要特征。阔叶树材的薄壁组织比较发达，占木材体积的 $2\%\sim15\%$。按轴向薄壁组织与导管是否连生分为离管型薄壁组织、傍管型薄壁组织两大类。

轴向薄壁组织的作用是储藏树木的养分、积聚废物，起到仓储功能。但是其存在自身强度不高，易被虫蛀或导致木材的开裂的加工缺陷。

⑦ 树脂道　针叶树材中长度不定的细胞间隙，其边缘为分泌树脂的薄壁细胞，间隙内储藏树脂，称为树脂道。树脂道在生长轮内多见于晚材或晚材附近部分，呈白色或浅色的小点，大的如针孔，小的须在放大镜下才可见。树脂道在纵切面上呈深色或褐色的沟槽或细线条。针叶树材中，树脂道常见于松属、落叶松属、云杉属、黄杉属、银杉属和油杉属等木材中。树脂道对识别针叶树材有着重要意义。

⑧ 树胶道　某些阔叶树材的胞间道（较树脂道小，难见）内含有树胶、

油类等胶状物质，称为树胶道。树胶道易与管孔混淆，并不是显而易见。轴向和横向两种树胶道一般少见同时出现于一种木材内。轴向树胶道常见于龙脑香科和苏木科的某些木材中，对热带树种的识别有一定的价值。横向树胶道是漆属、黄连木属和橄榄属等的特征，但只有在显微镜下才明晰。阔叶树材内也有受伤树胶道，在木材横切面上肉眼可见呈弦向点状长线分布，常出现于木棉、香椿和枫香等树材中。

（2）木材的外观特征

木材的外观特征包括颜色、光泽、气味、滋味、纹理、结构、花纹、质量和硬度等。

① 颜色 在木材组织中，各种色素、树脂、树胶、油脂等物质，使木材呈现出多种颜色，如表1-1所示。不同树种的颜色不同，例如水曲柳与黄菠萝，花纹相似，但水曲柳呈白褐色，黄菠萝呈黄色或黄褐色。而且由于生长条件或部位不同，即使同一树种，其各部位木材颜色也不尽相同，如树干阳边颜色深于阴边，根部颜色深于树梢。丰富的颜色可以赋予木材独特的装饰美感，深色的木材耐久性较好，如红木为深紫色，色质较有档次。

表1-1 木材的颜色

颜色	树种
白色至黄白色	云杉、樟子松边材、山杨、白杨、青杨等
黄绿色至灰绿色	漆树心材、木兰科心材、火力楠等
黄色至黄褐色	红松、落叶松、雪松、樟子松边材、圆柏、杉木、铁杉、水曲柳、刺槐、桑树、黄檀、黄菠萝、黄连木、冬青等
褐色	齿叶琵琶、香樟、合欢、黑桦等
红色至红褐色	香椿、红椿、厚皮香、红柳、西南桦、水青冈、大叶桉等
紫红褐色至紫褐色	紫檀、红木等
黑色	乌木、铁刀木等

② 光泽 木材的光泽是木材表面对光线的吸收和反射的结果。因树种不同，木材呈现的光泽也有强有弱。一般硬材比软材的天然光泽强而美丽。如云杉与冷杉颜色基本相同，但云杉光泽显著，而冷杉则无光泽；椴木与杨木均为白色或黄白色，但椴木的径切面和弦切面上常呈现出绢丝光泽，而杨木则没有此光泽。

木材的光泽与木材构造、渗透物、光线照射角度和腐朽等有关。当木材腐朽时，经打磨将不显示光泽。木材表面长期暴露在空气中，光泽将会逐渐减少，甚至消失。若刨切木材表面将会显露其原有光泽。

③ 气味 木材中含有树脂、树胶、单宁、芳香油等物质使木材发出特殊气味。例如针叶树材中，松脂味的松木、芳香气味的柏木、杉木香的杉木、辛辣味的雪松；阔叶树材中，樟脑气味的樟木、有浓郁的芳香气味的檀木和沉香木。一般新采伐的或刚刚锯开的木材气味较浓。如果木材长期暴露在空气里或

浸泡在水中，木材的气味也会逐渐减弱。

其次，木材的气味在识别木材方面有一定作用。木材气味在实际利用上也有一定的作用，如香樟木的气味能起到防虫、杀菌的作用。

④ 滋味　木材中所含有的水溶性抽提物中的一些特殊化学物质是木材滋味的来源。例如具有苦味的黄柏和黄连木，具有甜味的糖槭，具有单宁涩味的栎木、板栗，具有辛辣味及甜味的肉桂。

⑤ 纹理　木材的生长轮、木射线、节疤等组织在木材表面呈现的形式叫纹理或木纹。树种不同，锯解木材时的位置不同，木材表面呈现的纹理也会有所差异。树干生长时由于自然条件的影响，木材的纹理也是千变万化的。一般针叶软材纹理平淡，而阔叶硬材木射线发达、纹理丰富多变，从而形成各种各样漂亮的纹理。

纹理按排列和组合的形式不同，可分为直纹理、斜纹理和乱纹理三种。直纹理的木材强度较大，易于加工；斜纹理和乱纹理的木材强度差异大，表面易起毛刺，不光洁，不易于加工。在家具制作中，木材纹理对装饰美观起一定效果。

⑥ 花纹　花纹是木材表面因生长轮、木射线、轴向薄壁组织、颜色、节疤、纹理等产生的图案。花纹有很多种类，例如银光花纹、鸟眼花纹、树瘤花纹、树丫花纹、虎皮花纹、带状花纹等。花纹与木材构造有密切关系，对识别木材，装饰木材有帮助。

⑦ 髓斑　有些木材的横切面上，常看到呈半圆形或弯月形的斑点，长 1～3mm，颜色较深，在径切面和弦切面上呈较深的条纹，这种斑点称为髓斑。髓斑对木材的识别起到一定的作用。

⑧ 重量与硬度　木材的重量与木材的硬度有密切的联系。一般木材越重硬度越大。硬度是指木材抵抗外加压力不致发生压痕的能力。木材的重量和硬度是在家具选材中首先考虑的重要因素。木材的重量可简单分为轻、中、重三等，如椴木、杨木、红松等重量属于轻等；水曲柳、黄菠萝重量属于中等；麻栎重量属于重等。

1.1.2.2　木材的性质

（1）木材的物理性质

① 木材的水分　树木中水分使细胞壁处于膨胀状态以支持其自身的质量和避免自然界风力的变化而造成的破坏。刚采伐的树木体内的含水率很高。伐倒木中水分含量不仅与树种和树干部位有关，不同季节采伐对其体内含水率也有很大的影响。伐倒木造材后获得的原木，以及解锯后制成的板方材在存放和储运过程中，其水分含量都会发生变化。木材是由木质细胞组成的多孔性材料，干燥的木材具有一定的吸湿性，对于液态水和水蒸气均具有亲和力，这也会导致木材及其产品含水率的变化。

木材中的水分按其存在的状态可分为自由水（毛细管水）和结合水。结合水又可分为吸着水和化合水两种类型。

自由水是指以游离态存在于木材细胞的胞腔、细胞间隙和纹孔腔这类大毛细管中的水分,包括液态水和细胞腔内水蒸气两部分。自由水含量主要由木材孔隙体积(孔隙度)决定,它影响到木材质量、燃烧性、渗透性和耐久性,对木材体积稳定性、力学、电学等性质无影响。

吸着水是指以吸附状态存在于细胞壁中微毛细管的水,即细胞壁微纤丝之间的水分。吸着水含量对木材物理力学性质和木材加工利用有着重要的影响。木材生产和使用过程中,应充分关注吸着水的变化与控制。

化合水是指与木材细胞壁物质组成呈牢固的化学结合状态的水。这部分水分含量极少,而且相对稳定,是木材的组成成分之一。一般温度下的热处理难以将木材中的化合水除去,如要除去化合水必须给予更多能量加热木材,除去化合水的木材已处于破坏状态,不属于木材的正常使用范围。因此化合水对日常使用过程中的木材物理性质没有影响。木材细胞中水分的存在状态、位置以及变化情况如图1-4所示。

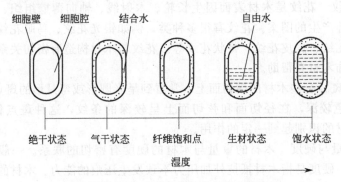

图1-4 木材细胞中水分的存在状态及位置

木材的含水率由三种水分含量决定。水分进入木材后,首先吸附在细胞壁内的微细纤维之间,成为吸着水,吸着水饱和后,其余的水成为自由水。木材干燥时,自由水首先从木材中蒸发,其次是吸着水。当木材细胞腔和细胞间隙中的自由水完全脱除,并且吸着水呈饱和状态时,木材的含水率称为木材纤维饱和点。纤维饱和点是木材物理力学性质发生改变的转折点,是木材含水率是否影响其宏观力学性能和干缩湿胀的临界值。纤维饱和点的大小因树种、温度、测定方法不同而有所差异,一般为23%~33%,但多数树种木材的纤维饱和点的含水率平均为30%。因此通常以30%作为各个树种纤维饱和点含水率的平均值。

当木材放置在某一环境中,木材中的水分会与周围空气的相对湿度达到平衡,此时的含水率称为平衡含水率。平衡含水率随环境中温度和相对湿度的变化而改变。当把生材放在周围空气相对湿度为100%的环境中时,细胞腔中的自由水慢慢蒸发，当木材的含水率达到平衡，细胞腔中没有自由水，而细胞壁中结合水处于饱和状态时，木材达到纤维饱和点。

木材构件对木材含水率有一定要求：承重木材应尽量提前备料，先经过自然干燥或人工干燥，含水率不大于25%时，应用于原木或方木结构；含水率不大于18%时，应用于板材结构件及受拉构件的连接板；含水率不大于15%时，应用于木制连接件。当受条件限制，可直接使用超过上述基本要求中规定含水率的木材制作原木或方木结构，但不可使用湿材制作板材结构件及受拉构件的连接板。

② 木材的密度　单位体积的木材的质量称为木材密度。木材中水分含量的变化会引起质量和体积的变化，使木材密度值发生变化。根据木材在生产、加工过程中不同阶段的含水特点，木材密度分为生材密度、气干密度、绝干密度和基本密度四种，它们的定义如下：

$$生材密度=生材质量/生材体积$$
$$气干密度=气干材质量/气干材体积$$
$$绝干密度=绝干材质量/绝干材体积$$
$$基本密度=绝干材质量/生材体积$$

其中，常用的是木材基本密度和气干密度。在运输和建筑上，一般采用生材密度；在比较不同树种的材性时，需使用基本密度。基本密度浸测定时对试样形状无要求，测定方法简单，最重要的是试样的干重和最大体积衡定准确，不随测定人和环境的变化而产生误差，因此应用于木材材性研究、林业生产评价、营林措施对木材性质的影响研究、森林培育、计算单位面积上生物量及林木育种等研究中。

③ 木材的干缩、湿胀特性　湿材因干燥导致尺寸与体积缩减的现象称为干缩；干材因吸收水分导致尺寸与体积增加的现象称为湿胀。干缩和湿胀是木材的固有性质，干缩和湿胀会导致木制品尺寸变化。周围环境湿度、温度的变化将影响干燥后的木材尺寸，例如木制产品发生翘曲、变形现象。干缩和湿胀是影响木材利用的重大缺点。研究防止木材干缩、湿胀的方法对木材加工和利用具有重要意义。

干缩、湿胀现象主要发生在木材含水率小于纤维饱和点的情况下。影响木材干缩和湿胀的主要因素，除了明显的各向异性外，还与下列因素有关。

a. 树种：树种不同，其构造和密度不同，树种间干缩湿胀特性差异很大。有的树种很难干燥，其干缩、湿胀很明显，使用和干燥过程中特别容易发生开裂变形。

b. 微纤丝角度：木材管胞或纤维细胞壁 S_2 层微纤丝角度对木材各向干缩有较大的影响。微纤丝角度增大，纵向干缩变大，而弦向干缩变小。当微纤丝角度大于30°时，木材纵向干缩明显增大，会引起板材翘曲现象。人工林短周期小径材或带有髓心的板材易发生此种现象，直接影响到板材的利用。

c. 晚材率：木材生长轮内早、晚材密度差异大。X射线密度仪显示晚材最大密度要比早材最小密度大2～3倍。密度大的晚材干缩性要比密度小的早材干缩性大得多。木材的顺纹干缩性与密度成反比。

d. 树干中的部位：树干中靠近髓心的木材，其纵向干缩大，径向干缩与弦向干缩小；而远离髓心的木材纵向干缩小，径向干缩与弦向干缩小。

木材干燥后，因为各部分的不均匀干缩而使其形状改变，称为变形。生材或湿材干燥时，由于木材弦向干缩远大于径向干缩，导致原木锯解后的方材、板材、圆柱等横断面发生多种形变，如图1-5所示。

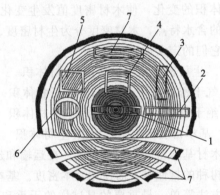

图1-5　生材状况下原木横断面上各部位锯解后板材断面形状变化

图1-5中1为径切板（包含髓心）其两端干缩甚大，中间干缩较小，结果端面变为纺锤状；2为径切板（不包含髓心）干缩颇为均匀，其端面近似矩形；3为板材表面与生长轮成45°角，干缩后两端收缩甚大，长方形变为不规则形状；4为正方形，干缩后因平行于生长轮方向的干缩率较大，垂直于生长轮方向的干缩率较小，变为矩形；5为木材端面与生长轮成对角线，干缩后正方形变为菱形；6为木材端面为圆形，干缩后变为卵形或椭圆形；7为弦切板端面，干缩后两侧向上翘起。

原木锯成板材后，如不合理干燥会导致其长度方向（纵切面）上发生较大的弯曲变形，如图1-6所示，包括翘弯、顺弯、横弯、扭弯等。

④ 木材的热学性质　木材的热学性质通常用比热容、热导率等指标来综合表示。这些物理参数是指导木材人工干燥、木材防腐改性、木材软化、人造板板坯加热预处理、纤维干燥等加工过程中重要的工艺参数。此外，木材热学性质与人们生活、环境材料方面还息息相关，如建筑上隔热和保温设计，比如住宅壁面和天花板的隔热、保温等。

a. 木材的比热容。木材的比热容受温度和含水率的影响，随木材中含水率的增加而加大。水的比热容远大于木材和空气的比热容。木材是多孔有机材料，其比热容远比金属材料大。

b. 木材的热导率。木材被局部加热时，其加热部位的分子会产生振动加剧现象，能量增加。分子在振动碰撞过程中，会将能量传递给邻近分子，这样依次传递能量，且将外加的热量向木材内部扩散，称为木材的热传导。

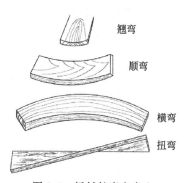

木材具有多孔性，空隙中充满空气，各空隙虽不完全独立，但空气也不能在空隙间进行自由对流，自由电子少也不能形成流畅的热传递，所以木材的热导率相对其他材料而言较低，如表 1-2 所示。

图 1-6　板材长度方向上纵切面的变形

表 1-2　木材及其他材料热导率比较

材料	热导率/$W \cdot m^{-1} \cdot K^{-1}$	材料	热导率/$W \cdot m^{-1} \cdot K^{-1}$
铝	218	玻璃	0.6~0.9
铁	46~58	松木(横纹)	0.16
铜	348~394	松木(顺纹)	0.35
花岗岩	3.1~4.1	椴木(横纹)	0.21
混凝土	0.8~1.4	椴木(顺纹)	0.41

影响木材热导率的因素有很多，主要有以下几个方面。

• 木材密度：木材热导率随木材密度增加而增大。木材密度越小，空隙率越大，则热导率越小，绝热性越好。轻软的杉木、泡桐和巴塞木等木材具有良好的保温性，故可用作保温材料。

• 木材含水率：木材中含水率增加时，部分空气会被水分替代，因而使木材的热导率增大。密度大的木材这一增大效应更明显，尤其是横纹热导率。

• 温度：热导率与热力学温度成正比，热导率随温度升高而增大。原因是温度升高，木材分子运动加剧，热阻减少，热导率增大。

• 热流方向：木材顺纹方向的热导率远大于横纹方向。当含水率在 6%~15% 之内时，木材纵向热导率比横向大 2~2.5 倍。木射线组织比量高的木材，其径向和弦向热导率存在一定差异，径向热导率比弦向热导率大 5%~10%。在实际使用时，由于径向与弦向热导率的差异，较木材纵向与横向差异要小得多，因此常以径向、弦向热导率的平均值作为横向热导率的数值。

因此，木材作为隔热保温材料时，密度小、孔隙度大、材质轻软、干燥的木材，绝热效果好。

⑤ 木材声学性质　木材是各向异性的材料，木材传声特性具有明显的方向性和规律性。木材不同的纹理方向上传声的速度也有所差异。木材顺纹传声速度是径向传声速度的 1.8 倍，是弦向传声速度的 2.3 倍以上，如表 1-3 所示。木材顺纹传声速度大，与木材中大部分细胞纵向排列和细胞壁 S_2 层微纤

丝纤维素链状分子结构方向有关。横纹方向上，木材径向声速比弦向声速稍大一些，这与木射线组织比率，早、晚材密度差异程度以及晚材比率等木材构造因素有关。

表 1-3　声音在木材各个方向的传播速度　　　　单位：m/s

树种	顺纹声速	径向声速	弦向声速
松树	5030	1450	850
冷杉	4600	1525	860
栎木	4175	1665	1400
桦木	3625	1995	1535

声音在木材中的传播速度还受含水率的影响，在纤维饱和点以下，声速随含水率的增加急剧下降；在纤维饱和点以上这种变化缓和了许多，呈平缓下降的直线关系。

当一定强度的周期机械力或声波作用于木材时，木材按照其固有频率发生振动，其连续振动的时间、振幅的大小取决于作用力的大小和振动频率。由于内部摩擦的能量衰减作用，木材这种振动的振幅会不断地减小，直至振动能量全部衰减消失为止。这种振动称为衰减的自由振动或阻尼振动，在木材内部可能发生横向振动、纵向振动和扭转振动。

根据木材不同的用途，需要了解木材振动的声辐射性能以及振动能量分配及消耗方式。声学性品质好的木材具有优良的声共振性和振动频谱特性，能够在冲击力作用下由本身的振动辐射声能，发出优美的乐声，再加上共鸣板将弦振动的振幅扩大，并美化其音色向空间辐射声能，从而使木材成为能够广泛用于乐器制作的材料。

（2）木材的环境学性质

① 木材的视觉特性　人们喜欢用木材装点室内环境，喜欢用木制家具，原因就在于木材具有优美的花纹、柔和的颜色和光泽，以及使用过程中带来的愉悦舒适之感。

在色度学上，绝大多数树种的木材颜色都在 YR（橙）色系内，呈暖色，使用时让人有"温暖感"。

在图形学上，木材的纹理是由一些平行但不等间距的线条构成，给人以流畅、井然、轻松之感，随着木材生长量、年代、气候、立地条件等的影响，木材生长轮及颜色呈现出起伏变化。这种周期变化给人以韵律感和节奏感，使木材纹理华丽、优美。

在生理学上，木纹沿径向的变化节律与人体心脏律动涨落、脑波涨落、心动周期变化的节律一致。这种节律的吻合是自然界中多有生物体都具有的共同内在特性，也从根源上赋予木材较好的视觉特性。

② 木材的触觉特性　木材的触觉特性与木材的组织构造、表面组织构造

的表现方式有关，不同树种的木材，其触觉特性也不相同。因此，木材的触觉特性反映了木材表面的非常重要的物理性质。由木材作为建筑内装饰材料制造的家具、器具和日常用具等，给人冷暖感、粗滑感、软硬感、干湿感、轻重感。当用手触摸材料表面时，界面间温度的变化会刺激人的感觉器官，使人感到温暖或寒冷。皮肤与材料间的温度变化以及垂直于该界面的热流量对人体觉器官的刺激结果决定冷暖感。木材的热导率影响热量在木材中的传递，与其他热导率高的材料对比，木材给人明显的温暖感。

粗糙感是指粗糙度和摩擦刺激人们的触觉，一般表面上微小的凹凸程度决定材料的粗滑程度。木材经过刨切或砂磨，由于细胞裸露在木材切面上，使木材表面不是完全光滑的，刨削、研磨、涂饰等表面加工效果的好坏，在很大程度上将影响木材表面的粗滑感。对于粗糙感的分布范围，针叶树材比阔叶树材窄。阔叶树材粗糙感来源于表面粗糙度、木射线及交错纹理。而针叶树材的粗糙感主要来源于木材的生长轮宽度。用手触摸材料表面时，影响表面粗糙度的主要因素有摩擦阻力的大小。摩擦阻力小的材料其表面感觉光滑。在顺纹方向，针叶树材的早材与晚材的光滑性不同，晚材的光滑性好于早材。木材表面的光滑性与摩擦阻力有关，它们均取决于木材表面的解剖构造，如早、晚材的交替变化、导管大小与分布等。

相比于其他材料，人与木材接触时，脉搏的增加、血压的升高、呼吸节奏的变化、肢体温度的变化、心率变异程度（如图 1-7 所示）、脑电波功率谱变化等方面均具有优于其他材料的表现。

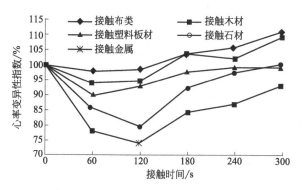

图 1-7 不同接触时间心率变异指数变化

③ 木材的湿度调节特性 材料的湿度调节功能是指当室内环境的相对湿度发生变化时，具有吸放湿特性的室内装饰材料或家具等可以相应地从环境吸收水分或向环境释放水分，从而起到缓和环境湿度变化的作用。与混凝土、塑料等材料相比，木材具有优良的吸放湿特性，因此具有明显的室内湿度调节功能。

外界的湿度变动对室内环境有影响。大气环境的温度和绝对湿度不断变化，而且一天之内的变化范围大。木材湿度调节的能力与气积比（室内装修材料的表面积与室内空间的体积之比）相关，气积比越大，木材对室内环境的湿度调节能力越强。木材的密度越大或木材越厚，其室内环境调湿特性越强。但是一般木材会进行表面处理，室内环境直接接触的是木材上施加的涂料，涂料的性能与木材的湿度调节能力有十分密切的关系。

（3）木材的力学性质

木材强度除因树种、产地、生长条件与时间、部位的不同而变化外，还与含水率、负荷时间、温度及缺陷有很大的关系。影响木材力学性能的主要因素有以下几点。

① 木材密度的影响　木材密度是决定木材强度和刚度的物质基础，木材强度和刚度随木材密度的增大而增大。木材弹性模量随木材密度增大而线性提高。木材的韧性也随密度增大而增大。

② 含水率的影响　当木材含水率低于纤维饱和点时，含水率越高，则木材强度越低；当木材含水率高于纤维饱和点时，含水率的增减，只是自由水变更，而细胞壁不受影响，含水率的变化，对受弯、受压影响较大，受剪次之，而对受拉影响较小。

③ 负荷时间的影响　木材对长期荷载与短期荷载的抵抗能力是不同的。长期荷载作用下，随着时间的增加，木材强度呈下降趋势。

④ 木材缺陷的影响　不同缺陷对木材各种受力性能的影响不同。木节对木材受拉强度影响较大，对受压和受剪影响较小。斜裂纹将严重降低木材的顺纹抗拉强度，抗弯次之，对顺纹抗压影响较小。裂缝、腐朽、虫害会严重影响木材的力学性能，甚至使木材完全失去使用价值。

⑤ 温度的影响　温度升高时，木材的强度将会降低。当温度由25℃升高到50℃时，有些木材抗拉强度降低10%～15%，抗压强度降低20%～24%；当温度超过140℃时，木材颜色逐渐变黑，原有结构被破坏，其强度显著降低。

1.1.3　木材的缺陷

木材缺陷是指呈现在木材上能降低其质量，影响其使用的各种缺点。任何树种都可能存在缺陷，有的是木材生长过程中形成的生长缺陷，如节子、应力木等；还可能是由真菌、细菌、昆虫等造成的生物危害，如变色、腐朽和虫害；还可能是木材锯解和干燥过程中形成的缺陷，如钝棱、锯痕、变形等。认识木材的各种缺陷并合理加工使用木材，可以提高木材利用率。

（1）节子

树木生长期间，生长在树上的活枝条或死枝条的基部，称为节子。节子会破坏木材的完整性和均匀性，降低木材的力学强度，增大切削阻力，使木材的使用受到影响。

　　节子按其断面形状分为圆形节、条形节和掌状节；按其和周围木材的结合程度又分为活节、死节和漏节，如图 1-8 所示。

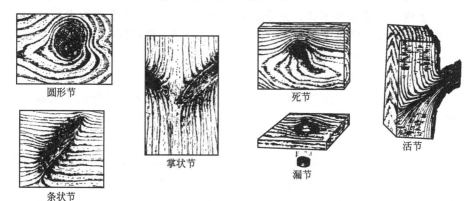

圆形节

条状节

掌状节

死节

漏节

活节

图 1-8　节子

　　a. 圆形节：圆形节多表现在原木的表面和成材的弦切面上，节子断面呈圆形或椭圆形。

　　b. 条状节：在成材的径切面上，呈单行排列的长条状，由散生节经纵剖而成。

　　c. 掌状节：在成材的径切面上，呈两相对称排列的长条状，多由轮生节经纵剖而成。

　　d. 活节：节子与周围木材全部紧密相连，节子的质地坚硬，构造正常，对木材的使用影响较小。

　　e. 死节：常见死节分为死硬节、松软节、腐朽节，节子与周围木材部分脱离或完全脱离。死节在稍微用力敲击或锯割时的撞击下很容易从木材中脱出。

　　f. 漏节：木材内部腐朽，其本身结构已大部分破坏。漏节对木材的使用影响很大必须剔除或修补。

　　(2) 虫害（虫眼）

　　有害昆虫寄生于木材中形成的孔道称为虫眼。根据蛀蚀程度，虫害可分为表皮虫沟、小虫眼和大虫眼三种。

　　a. 表皮虫沟：昆虫蛀蚀深度不足 10mm 的虫沟或虫害，一般由小蠹虫蛀蚀而成。

　　b. 小虫眼：最大直径不足 3mm 的虫眼。

　　c. 大虫眼：最小直径为 3mm 以上的虫眼。

　　表皮虫沟和小虫眼不作为木材的评级标准，对木材影响较小。大虫眼由于孔洞大，蛀蚀较深，对木材的使用影响较大，在木材等级评价时需要考虑。

（3）变色和腐朽

木材受木腐菌的侵蚀，其正常材色发生变化，叫做变色。木材腐朽的初级阶段是变色。变色多种多样，最常见的有青皮和红斑。青皮指浅青灰色的变色，圆材伐倒后干燥迟缓或保管不善导致木材受青变菌侵蚀而形成青皮。红斑位于立木内部，呈红棕色斑点。青皮对木材的力学性能和使用无影响。红斑仅对木材的冲击强度有一定的影响。

木材腐朽后，不仅颜色发生变化，而且结构松软易碎，呈筛孔状或粉末状等形态。腐朽的木材轻者降低评定等级，重者完全失去使用价值。

（4）变形

木材弯曲分为原木生长的自然弯曲和由于干燥不均或堆积不良引起的弯曲两种。影响锯材的出材率的是原木的自然弯曲，合格的板方材需要采用合理下锯法得到。因堆积不良和干燥不均匀引起的成材弯曲分为顺弯（板面和板边同时弯曲）、横弯（仅板边弯曲，板面不弯曲）和翘弯（仅材面弯曲，板边不弯曲），如图1-6所示。

（5）开裂

树木生长期间或伐倒后，由于受到外力或温湿度变化的影响，木材内部不均匀收缩产生内应力，致使木材纤维之间的薄弱环节发生裂开的现象，称为开裂。按开裂部位和方向的不同，裂纹分径裂、轮裂和干裂三种。径裂是木材横断面内沿半径方向开裂的裂纹。轮裂是木材横断面内沿生长轮开裂的裂纹。干裂是由于木材干燥不均而引起的纹裂。干裂按其在成材中的不同部位又分为端裂、表面裂和内裂，内裂包括心裂、径裂和轮裂等，如图1-9所示。开裂现象破坏了木材的完整性，降低了木材的强度，增加了工艺的复杂性，降低了木材的利用率。

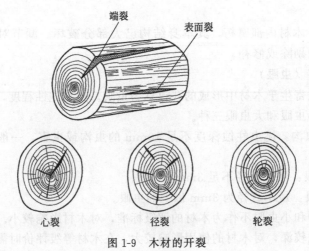

图 1-9　木材的开裂

（6）钝棱和斜纹

钝棱指成材边棱的欠缺。钝棱在有些产品部件上是允许的，但不能超过一定的限度。有些部件上钝棱必须剔除或修补。斜纹指木材纤维排列不正常而出现的木纹倾斜。斜纹在原木中呈螺旋状扭转，在成材的径切面上纹理呈倾斜方向。人为斜纹指在锯割原木时，因下锯方向不对，即使通直正常的原木也可锯割出斜纹板材。斜纹纵向收缩加大，干燥时易翘曲变形，对木材的力学性能影响较大。

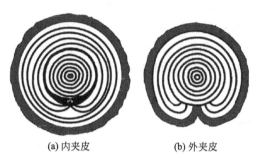

(a) 内夹皮　　　　　　　(b) 外夹皮

图 1-10　夹皮

（7）夹皮

夹皮是树木受伤后继续生长，将受伤部位包入树干而形成的。夹皮分内夹皮和外夹皮两种，如图 1-10 所示。受伤部位还未完全愈合的叫外夹皮，受伤部位完全被木质部包围的叫内夹皮。夹皮破坏了木材的完整性，并使木材带有弯曲生长轮。种类、形状、数量、尺寸及分布位置不同的夹皮，对木材使用有不同程度的影响。

1.2　木质人造板材

1.2.1　纤维板

纤维板是将边角废料、枝丫材等小料制成木纤维或其他植物纤维，经过纤维分离、纤维处理、成型和热压等特定的加工工艺制成的一类板材，如图 1-11 所示。纤维板是木质人造板中最为常用的板材之一。

图 1-11　纤维板

1.2.1.1　纤维板分类

纤维板是以木纤维或其他纤维为基本单元加工而成的板材总称。纤维板可以按照不同的分类原则和方法分为以下类别：

a. 根据密度不同，分为软质纤维板（<500kg/m³）、中密度纤维板（450～880kg/m³）、硬质纤维板（>880kg/m³）和特硬质纤维板（1000～1200kg/m³）；

b. 根据原料不同，分为木质纤维板（原料为针、阔叶树材）和非木质纤维板（原料为竹子、芦苇、甘蔗、秸秆等）；

c. 根据胶黏剂不同，分为胶黏剂生产的纤维板（脲醛树脂胶纤维板和酚醛树脂胶纤维板等）和无机纤维板（石膏纤维板和水泥纤维板等）；

d. 根据生产工艺不同，分为湿法纤维板和干法纤维板；

e. 根据使用场所不同，分为室内型纤维板（用于卧室、书房等）、防潮型纤维板（用于厨房、卫生间等）和室外型纤维板；

f. 根据功能不同，分为瓦楞纤维板、模压纤维板、浮雕纤维板、浸油纤维板和阻燃纤维板等。

1.2.1.2　纤维板标准

根据纤维板密度的不同，国家标准分为中密度纤维板 GB/T 11718—2021、湿法硬质纤维板 GB/T 12626.2—2009。由于中密度纤维板的应用较为广泛，因此本节内容以中密度纤维板为主，根据国标 GB/T 11718—2021 中的规定，介绍干法生产的中密度纤维板相关的标准要求。

（1）外观质量

产品按外观质量分为优等品和合格品两个等级，具体要求应符合表 1-4 中的规定。

表 1-4　纤维板砂光板的表面质量要求

名称	质量要求	允许范围	
		优等品	合格品
分层、鼓泡或炭化	—	不准许	
局部松软	单个面积≤2000mm²	不准许	3个
板边缺损	宽度≤10mm	不准许	允许
油污斑点或异物	单个面积≤40mm²	不准许	1个
压痕	—	不准许	允许

注：同一张板不应有两项或两项以上的外观缺陷。

（2）规格尺寸、尺寸偏差、密度及密度偏差和含水率

规格尺寸为宽度 1220mm、1830mm，长度 2440mm、2745mm，特殊规格尺寸由供需双方确定。尺寸偏差、密度及密度偏差和含水率要求应参照表 1-5 中的规定。

表 1-5　纤维板尺寸偏差、密度偏差和含水率要求

性能指标		公称厚度范围/mm		
		<8	8～12	>12
厚度偏差/mm	未砂光板	−0.30～+1.50	−0.30～+1.50	−0.50～+1.70
	砂光板	±0.20	±0.30	±0.30

续表

性能指标	公称厚度范围/mm		
	<8	8～12	>12
板内密度偏差/%	±10.0		
长度与宽度偏差/(mm/m)	±2.0，最大±5.0		
垂直度/(mm/m)	<2.0		
密度/(g/cm³)	0.65～0.80(允许偏差为±10%)		
含水率/%	3.0～13.0		

注：每张砂光板内各测量点的厚度不应超过其算术平均值的±0.15mm。

（3）物理力学性能

国标 GB/T 11718—2021 中的物理力学性能要求按照中密度纤维板的不同类型和使用条件［分别是普通型中密度纤维板（干燥状态、潮湿状态和高湿状态）、家具型中密度纤维板（干燥状态、潮湿状态、高湿状态和室外状态）、承重型中密度纤维板（干燥状态、潮湿状态和高湿状态）和建筑型中密度纤维板（干燥状态、温带-潮湿状态、热带-潮湿状态和高湿状态）］，针对板材的静曲强度、弹性模量、内胶合强度、防潮性能等具体性能进行了详细的规定，见表1-6～表1-19 所示。

表 1-6　干燥状态使用的普通型中密度纤维板性能要求

性能	公称厚度范围/mm						
	≥1.5～3.5	>3.5～6	>6～9	>9～13	>13～22	>22～34	>34
静曲强度/MPa	27.0	26.0	25.0	24.0	22.0	20.0	17.0
弹性模量/MPa	2700	2600	2500	2400	2200	1800	1800
内胶合强度/MPa	0.60	0.60	0.60	0.50	0.45	0.40	0.40
吸水厚度膨胀率/%	45.0	35.0	20.0	15.0	12.0	10.0	8.0

表 1-7　潮湿状态使用的普通型中密度纤维板性能要求

性能		公称厚度范围/mm						
		≥1.5～3.5	>3.5～6	>6～9	>9～13	>13～22	>22～34	>34
静曲强度/MPa		27.0	26.0	25.0	24.0	22.0	20.0	17.0
弹性模量/MPa		2700	2600	2500	2400	2200	1800	1800
内胶合强度/MPa		0.60	0.60	0.60	0.50	0.45	0.40	0.40
吸水厚度膨胀率/%		32.0	18.0	14.0	12.0	9.0	9.0	7.0
防潮性能	选项1：循环试验后 内胶合强度/MPa	0.35	0.30	0.30	0.25	0.20	0.15	0.10
	选项1：循环试验后 吸水厚度膨胀率/%	45.0	25.0	20.0	18.0	13.0	12.0	10.0
	选项2：沸腾试验后 内胶合强度/MPa	0.20	0.18	0.16	0.15	0.12	0.10	0.10
	选项3：70℃水浸渍处理后静曲强度/MPa	8.0	7.0	7.0	6.0	5.0	4.0	4.0

表 1-8　高湿状态使用的普通型中密度纤维板性能要求

性能			公称厚度范围/mm						
			≥1.5~3.5	>3.5~6	>6~9	>9~13	>13~22	>22~34	>34
静曲强度/MPa			28.0	26.0	25.0	24.0	22.0	20.0	18.0
弹性模量/MPa			2800	2600	2500	2400	2000	1800	1800
内胶合强度/MPa			0.60	0.60	0.60	0.50	0.45	0.40	0.40
吸水厚度膨胀率/%			20.0	14.0	12.0	10.0	7.0	6.0	5.0
防潮性能	选项1：循环试验后	内胶合强度/MPa	0.40	0.35	0.35	0.30	0.25	0.20	0.18
		吸水厚度膨胀率/%	25.0	20.0	17.0	15.0	11.0	9.0	7.0
	选项2：沸腾试验后内胶合强度/MPa		0.25	0.20	0.20	0.18	0.15	0.12	0.10
	选项3：70℃水浸渍处理后静曲强度/MPa		12.0	10.0	9.0	8.0	8.0	7.0	7.0

表 1-9　干燥状态使用的家具型中密度纤维板性能要求

性能	公称厚度范围/mm						
	≥1.5~3.5	>3.5~6	>6~9	>9~13	>13~22	>22~34	>34
静曲强度/MPa	30.0	28.0	27.0	26.0	24.0	23.0	21.0
弹性模量/MPa	2800	2600	2600	2500	2300	1800	1800
内胶合强度/MPa	0.60	0.60	0.60	0.50	0.45	0.40	0.40
吸水厚度膨胀率/%	45.0	35.0	20.0	15.0	12.0	10.0	8.0
表面胶合强度/MPa	0.60	0.60	0.60	0.60	0.90	0.90	0.90

表 1-10　潮湿状态使用的家具型中密度纤维板性能要求

性能			公称厚度范围/mm						
			≥1.5~3.5	>3.5~6	>6~9	>9~13	>13~22	>22~34	>34
静曲强度/MPa			30.0	28.0	27.0	26.0	24.0	23.0	21.0
弹性模量/MPa			2800	2600	2600	2500	2300	1800	1800
内胶合强度/MPa			0.70	0.70	0.70	0.60	0.50	0.45	0.40
吸水厚度膨胀率/%			32.0	18.0	14.0	12.0	9.0	9.0	7.0
表面胶合强度/MPa			0.60	0.70	0.70	0.80	0.90	0.90	0.90
防潮性能	选项1：循环试验后	内胶合强度/MPa	0.35	0.30	0.30	0.25	0.20	0.15	0.10
		吸水厚度膨胀率/%	45.0	25.0	20.0	18.0	13.0	12.0	10.0
	选项2：沸腾试验后内胶合强度/MPa		0.20	0.18	0.16	0.15	0.12	0.10	0.08
	选项3：70℃水浸渍处理后静曲强度/MPa		8.0	7.0	7.0	6.0	5.0	4.0	4.0

表 1-11　高湿状态使用的家具型中密度纤维板性能要求

性能	公称厚度范围/mm						
	≥1.5~3.5	>3.5~6	>6~9	>9~13	>13~22	>22~34	>34
静曲强度/MPa	30.0	28.0	27.0	26.0	24.0	23.0	21.0
弹性模量/MPa	2800	2600	2600	2500	2300	1800	1800

续表

性能		公称厚度范围/mm						
		≥1.5～3.5	>3.5～6	>6～9	>9～13	>13～22	>22～34	>34
内胶合强度/MPa		0.70	0.70	0.70	0.60	0.50	0.45	0.40
吸水厚度膨胀率/%		20.0	14.0	12.0	10.0	7.0	6.0	5.0
表面胶合强度/MPa		0.60	0.70	0.70	0.90	0.90	0.90	0.90
防潮性能	选项1:循环试验后 内胶合强度/MPa	0.40	0.35	0.35	0.30	0.25	0.20	0.18
	吸水厚度膨胀率/%	25.0	20.0	17.0	15.0	11.0	9.0	7.0
	选项2:沸腾试验后内胶合强度/MPa	0.25	0.20	0.20	0.18	0.15	0.12	0.10
	选项3:70℃水浸渍处理后静曲强度/MPa	14.0	12.0	12.0	12.0	10.0	9.0	8.0

表 1-12　室外状态使用的家具型中密度纤维板性能要求

性能		公称厚度范围/mm						
		≥1.5～3.5	>3.5～6	>6～9	>9～13	>13～22	>22～34	>34
静曲强度/MPa		34.0	30.0	30.0	28.0	26.0	23.0	21.0
弹性模量/MPa		2800	2600	2500	2400	2000	1800	1800
内胶合强度/MPa		0.70	0.70	0.70	0.65	0.60	0.55	0.50
吸水厚度膨胀率/%		15.0	12.0	10.0	7.0	5.0	4.0	4.0
防潮性能	选项1:循环试验后 内胶合强度/MPa	0.50	0.40	0.40	0.35	0.30	0.25	0.22
	吸水厚度膨胀率/%	20.0	16.0	15.0	12.0	10.0	8.0	7.0
	选项2:沸腾试验后内胶合强度/MPa	0.30	0.25	0.24	0.22	0.20	0.20	0.18
	选项3:100℃热水浸泡后静曲强度/MPa	12.0	12.0	12.0	12.0	10.0	9.0	8.0

表 1-13　干燥状态使用的承重型中密度纤维板性能要求

性能	公称厚度范围/mm						
	≥1.5～3.5	>3.5～6	>6～9	>9～13	>13～22	>22～34	>34
静曲强度/MPa	36.0	34.0	34.0	32.0	28.0	25.0	23.0
弹性模量/MPa	3100	3000	2900	2800	2500	2300	2100
内胶合强度/MPa	0.75	0.70	0.70	0.70	0.60	0.55	0.55
吸水厚度膨胀率/%	45.0	35.0	20.0	15.0	12.0	10.0	8.0

表 1-14　潮湿状态使用的承重型中密度纤维板性能要求

性能	公称厚度范围/mm						
	≥1.5～3.5	>3.5～6	>6～9	>9～13	>13～22	>22～34	>34
静曲强度/MPa	36.0	34.0	34.0	32.0	28.0	25.0	23.0
弹性模量/MPa	3100	3000	3000	2800	2500	2300	2100
内胶合强度/MPa	0.75	0.70	0.70	0.70	0.60	0.55	0.55
吸水厚度膨胀率/%	30.0	18.0	14.0	12.0	8.0	7.0	7.0

续表

性能			公称厚度范围/mm						
			≥1.5～3.5	>3.5～6	>6～9	>9～13	>13～22	>22～34	>34
防潮性能	选项1：循环试验后	内胶合强度/MPa	0.35	0.30	0.30	0.25	0.20	0.15	0.12
		吸水厚度膨胀率/%	45.0	25.0	20.0	18.0	13.0	11.0	10.0
	选项2：沸腾试验后内胶合强度/MPa		0.20	0.18	0.18	0.15	0.12	0.10	0.08
	选项3：70℃水浸渍处理后静曲强度/MPa		9.0	8.0	8.0	8.0	6.0	4.0	4.0

表 1-15 高湿状态使用的承重型中密度纤维板性能要求

性能			公称厚度范围/mm						
			≥1.5～3.5	>3.5～6	>6～9	>9～13	>13～22	>22～34	>34
静曲强度/MPa			36.0	34.0	34.0	32.0	28.0	25.0	23.0
弹性模量/MPa			3100	3000	3000	2800	2500	2300	2100
内胶合强度/MPa			0.75	0.70	0.70	0.70	0.60	0.55	0.55
吸水厚度膨胀率/%			20.0	14.0	12.0	10.0	7.0	6.0	5.0
防潮性能	选项1：循环试验后	内胶合强度/MPa	0.40	0.35	0.35	0.35	0.30	0.27	0.25
		吸水厚度膨胀率/%	25.0	20.0	17.0	15.0	11.0	9.0	7.0
	选项2：沸腾试验后内胶合强度/MPa		0.25	0.20	0.20	0.18	0.15	0.12	0.10
	选项3：70℃水浸渍处理后静曲强度/MPa		15.0	15.0	15.0	15.0	13.0	11.5	10.5

表 1-16 干燥状态使用的建筑型中密度纤维板性能要求

性能	公称厚度范围/mm						
	≤2.5	>2.5～4	>4～6	>6～9	>9～12	>12～19	>19～30
静曲强度/MPa	25.0	25.0	27.0	27.0	25.0	25.0	25.0
弹性模量/MPa	2100	2100	2300	2300	2000	2000	2000
内胶合强度/MPa	0.50	0.50	0.50	0.50	0.40	0.40	0.40
吸水厚度膨胀率/%	35.0	30.0	25.0	18.0	12.0	9.0	6.0

表 1-17 温带-潮湿状态使用的建筑型中密度纤维板性能要求

性能	公称厚度范围/mm						
	≤2.5	>2.5～4	>4～6	>6～9	>9～12	>12～19	>19～30
静曲强度/MPa	28.0	28.0	28.0	28.0	28.0	26.0	26.0
弹性模量/MPa	2400	2400	2400	2400	2400	2000	2000
内胶合强度/MPa	0.50	0.50	0.50	0.50	0.50	0.40	0.40
吸水厚度膨胀率/%	20.0	16.0	14.0	11.0	8.0	7.0	6.0
防潮性能：70℃水浸渍处理后静曲强度/MPa	12.5	12.5	12.5	12.5	12.5	12.5	12.5

表 1-18　热带-潮湿状态使用的建筑型中密度纤维板性能要求

性能	公称厚度范围/mm						
	≤2.5	>2.5~4	>4~6	>6~9	>9~12	>12~19	>19~30
静曲强度/MPa	30.0	30.0	30.0	30.0	30.0	30.0	30.0
弹性模量/MPa	2500	2500	2500	2500	2500	2500	2500
内胶合强度/MPa	0.50	0.50	0.50	0.50	0.50	0.50	0.50
吸水厚度膨胀率/%	15.0	15.0	12.0	10.0	7.0	5.0	4.0
防潮性能:70℃水浸渍处理后静曲强度/MPa	15.0	15.0	15.0	15.0	15.0	15.0	15.0

表 1-19　高湿状态使用的建筑型中密度纤维板性能要求

性能	公称厚度范围/mm		
	>6~9	>9~12	>12~19
静曲强度/MPa	30.0	30.0	30.0
弹性模量/MPa	2500	2500	2500
内胶合强度/MPa	0.50	0.50	0.50
吸水厚度膨胀率/%	8.0	6.0	4.0
防潮性能:70℃水浸渍处理后静曲强度/MPa	15.0	15.0	15.0

（4）甲醛释放限量

甲醛释放限量应符合国家标准 GB 18580—2017 中的规定，室内装饰装修材料人造板及其制品中甲醛释放限量值为 0.124mg/m³，限量表示 E_1。按照 1m³ 气候箱法的规定进行测定。

1.2.1.3　纤维板制备工艺

纤维板因产品类型和生产方法不同具有不同的工艺流程，包括湿法纤维板生产工艺、半干法纤维板生产工艺、干法纤维板生产工艺。其中干法纤维板因生产过程基本不产生污水、对原材料要求低、热压周期短、生产效率高等优势而被广泛应用。下面针对干法纤维板的生产工艺流程进行详细介绍。

a. 原料准备：纤维板的原料大体上分为木质纤维和非木质纤维，木质纤维是纤维板生产的主要原料，多为红松、落叶松、云杉、桦木、水曲柳、榆木、马尾松、枫香等树种的森林经营剩余物。纤维板生产中要求纤维素含量达到 30% 以上，由于树皮的纤维素含量极低，因此纤维板原料准备时要除去树皮。此外，为了保证加工后木片的规格和质量，原料的含水率不低于 35%~50%，所以要对原料进行浸泡或浸煮。

b. 削片：采用削片机将去皮后的木段切削成大小均匀、切口平整、光滑的木片，标准的木片规格为长 16~30mm、宽 15~25mm、厚 3~5mm。

c. 筛选：削片后的木片需要通过筛选机进行筛选，去除其中的碎屑，分离出的大木块再用碎料机破碎，然后再分级筛选，保证木片组成的均匀性，进而保证纤维质量。

d. 纤维分离：采用热磨机将预热后的木片送入磨盘，使木片在磨片的作用下受压缩、拉伸、剪切、扭转、冲击、摩擦和水解等作用，使纤维分离。

e. 施胶：将脲醛树脂胶、酚醛树脂胶或三聚氰胺树脂胶等胶黏剂通过输胶泵送入热磨机的排料阀前，纤维借助热磨机内高压蒸汽高速喷出，处于较好的分散状态，此时喷嘴喷出雾状胶液，从而使纤维与胶黏剂充分均匀地混合。

f. 纤维干燥：干法中密度纤维板制板时要求热压前板坯含水率在8%～12%，因此在生产过程中，采用管道干燥系统调控其含水率。干燥过程中，湿纤维在常压的管道中，由高速热气流带动，在管道内呈悬浮状态，从而使纤维表面完全暴露在热气流中，实现快速干燥。

g. 纤维分级：纤维板制作时需将纤维分成粗纤维和细纤维，去除粗大的纤维束，粗纤维将作为芯层原料，较细的纤维作为表层原料。纤维分级需要通过专门分级设备完成，也可以在铺装成型时，借助粗细纤维质量差异，在离心力或浮力的作用下完成分离。

h. 板坯铺装：铺装机分为机械成型和气流成型等类型，机械成型是由各种运输带均匀定量供料，利用各种辊、刷、针刺的机械作用将纤维打散抛松，在离心力和纤维重力的作用下沉降到网带上，再均匀铺装成板坯。气流成型是借助气流的作用，将纤维吹起分散并自由下落沉积在成型网带上，形成一定厚度的板坯。

i. 板坯预压：铺装后板坯较蓬松，为防止其松散变形，一般需要进行预压。通常采用常温加压法增加板坯的密实度，提高其支承强度。预压机有周期式平面预压机和连续带式预压机，后者使用较为普遍，保压时间一般为6～7s，加压和保压时间总和在10～30s。

j. 板坯截断：预压后的板坯边部松软，不符合密度和厚度要求，因此需要将板坯进行裁边处理。裁边后的板坯经同位素检测密度，金属探测器检测是否有金属杂物后，合格的预压板材被输送至热压工段。

k. 热压：借助热压机的热量和压力的作用，使板坯中的水分蒸发、密度增加、胶黏剂固化，从而增加纤维之间的作用力。一般中密度纤维板热压温度为180～200℃，热压压力为3.5MPa，热压时间需要根据胶种、含水率、加热方式等因素综合确定。热压机分为周期式和连续式，周期式热压机有单层和多层两种，目前普遍采用的是周期式多层热压机。

l. 裁边：最终生产的中密度纤维板幅面尺寸应当符合国家标准，干法中密度纤维板一般采用圆锯机裁去板边，单边裁边量为25～50mm，最少为15mm。

m. 调湿处理：热压后，纤维板含水率较低，与大气接触时，吸收空气中的水分，使含水率与大气湿度相平衡。调湿处理的方法分为自然调湿和人工调湿两种。自然调湿主要针对脲醛树脂胶合的纤维板，用自动堆垛机将冷却的纤维板堆置后，用叉车送进热储存区，存放时间为48～72h。人工调湿主要针对酚醛树脂胶合的纤维板，将其存放在温度70～80℃、相对湿度75%～90%的循环空气处理室中，处理5～6h，使含水率达到7%～8%。为了使板内的含水率分布均匀，还需放置 2～3d。

n. 砂光：采用宽带式砂光机对调湿处理后的纤维板进行砂光处理，保证板材的厚度和厚度公差，正常两面的砂光量为 1.5mm 左右。

1.2.1.4　纤维板特点及应用

纤维板的结构特点可以避免天然木材各向异性、易变形的缺陷，表面较光滑、平整，易粘贴饰面，变形小，翘曲小，内部结构均匀，有较高的抗弯强度和冲击强度，便于加工、起线、铣型。

纤维板以其良好的性能而广泛应用于家具制造业、建筑业、交通和乐器制造业等。纤维板主要用于家具制造，包括书房家具、卧室家具、厨卫家具、办公家具和公共设施等的表面、侧面和底面材料。纤维板制作板式家具时，一般需要采用薄木、装饰板、浸渍纸等材料进行贴面处理，从而增加产品的多样性和附加值。纤维板也可应用在建筑业，如墙壁、隔板、天棚、地板、门板、楼梯扶手、暖气罩、混凝土模板等工程中，能够节约建筑面积、减轻建筑物重量、减少湿作业量和减轻工人劳动强度。此外，软质纤维板由于表面密度小、结构疏松等特点，可以作为保温、隔热、吸声和绝缘的良好材料。

纤维板的厚度一般在 3～25mm 之间。常用幅面尺寸主要有 610mm×1220mm、915mm×1830mm、915mm×2135mm、1220mm×1830mm、1220mm×2440mm、1220mm×3050mm 等几种规格。

1.2.2　刨花板

刨花板是将木材或其他植物纤维原料经专门的机械加工设备制成一定规格的刨花，加入一定量的胶黏剂后，在一定温度和压力作用下压制而成的一种人造板材，如图 1-12 所示。

1.2.2.1　刨花板分类

刨花板按照不同的分类方式，可以分成如下类型：

a. 按照原料不同，可分为木质刨花板和非木质刨花板；

图 1-12　刨花板

b. 按照胶凝材料不同，可分为脲醛树脂刨花板、酚醛树脂刨花板、异氰酸酯刨花板、水泥刨花板、石膏刨花板、矿渣刨花板等；

c. 按照加压方法不同，可分为平压刨花板、挤压刨花板、辊压刨花板和模压刨花板；

d. 按照结构不同，可分为单层结构刨花板、三层或多层结构刨花板、渐变结构刨花板、均质刨花板、定向结构刨花板、华夫板和空心结构刨花板；

e. 按照密度不同，可分为低密度刨花板（$0.2\sim0.4g/cm^3$）、普通（中密度）刨花板（$0.55\sim0.8g/cm^3$）和高密度刨花板（$>0.8g/cm^3$）；

f. 按照表面装饰不同，可分为无表面装饰刨花板、塑料贴面刨花板、薄木贴面刨花板、薄膜贴面刨花板和印刷装饰刨花板；

g. 按照用途不同，可分为干燥状态下使用的普通刨花板、干燥状态下使用的家具及室内装修刨花板、干燥状态下使用的结构用刨花板、潮湿状态下使用的结构用刨花板、干燥状态下使用的增强结构用刨花板和潮湿状态下使用的增强结构用刨花板。

1.2.2.2　刨花板标准

刨花板的主要技术性能指标和测试方法在国家标准中有明确规定。我国现行的刨花板国家标准 GB/T 4897—2015 中有具体的技术要求。

（1）通用要求

a. 厚度要求：由供需双方协商确定。常用刨花板的厚度为 4mm、6mm、8mm、9mm、10mm、12mm、14mm、16mm、19mm、22mm、25mm 和 30mm 等。

b. 幅面要求：刨花板的幅面尺寸为 1220mm×2440mm。

c. 尺寸偏差：应符合表 1-20 中的规定。

表 1-20　刨花板的尺寸偏差要求

项目		基本厚度范围	
		≤12mm	>12mm
厚度偏差	未砂光板	$^{+1.5}_{-0.3}$mm	$^{+1.7}_{-0.3}$mm
	砂光板	±0.3mm	
长度和宽度偏差		±2mm/m,最大值±5mm	
垂直度		<2mm/m	
边缘直度		≤1mm/m	
平整度		≤12mm	

d. 外观质量：应符合表 1-21 中的规定。

表 1-21　刨花板的外观质量

缺陷名称	允许值
断痕、透裂	不允许
压痕	肉眼不允许
单个面积>40mm² 的胶斑、石蜡斑、油污斑等污染点	不允许
边角残损	在公称尺寸内不允许

e. 理化性能共同指标：应符合表 1-22 中的规定。

表 1-22　刨花板在出厂时的通用指标

项目		指标
板内密度偏差/%		±10
含水率/%		3~13
甲醛释放量(1m³ 气候箱法)/(mg/m³)	E₁	≤0.124

（2）干燥状态下使用的普通刨花板质量要求

在满足对所有类型刨花板的通用要求外，还要符合其他物理力学性能指标要求，如表 1-23 所示。

表 1-23　干燥状态下使用的普通刨花板其他物理力学性能指标

性能指标	基本厚度范围/mm					
	≤6	>6~13	>13~20	>20~25	>25~34	>34
静曲强度(MOR)/MPa	11.5	10.5	10.0	9.5	8.5	6.0
内胶合强度/MPa	0.30	0.28	0.24	0.18	0.16	0.14

（3）干燥状态下使用的家具型刨花板质量要求

在满足对所有类型刨花板的通用要求外，还要符合其他物理力学性能指标要求，如表 1-24 所示。

表 1-24　干燥状态下使用的家具型刨花板其他物理力学性能指标

性能指标	基本厚度范围/mm					
	≤6	>6~13	>13~20	>20~25	>25~34	>34
静曲强度(MOR)/MPa	12.0	11.0	11.0	10.5	9.5	7.0
弹性模量(MOE)/MPa	1900	1800	1600	1500	1350	1050
内胶合强度/MPa	0.45	0.40	0.35	0.30	0.25	0.20
表面胶合强度/MPa	0.8	0.8	0.8	0.8	0.8	0.8
2h 吸水厚度膨胀率/%	8.0					

（4）干燥状态下使用的承载型刨花板质量要求

在满足对所有类型刨花板的通用要求外，还要符合其他物理力学性能指标要求，如表 1-25 所示。

表 1-25　干燥状态下使用的承载型刨花板其他物理力学性能指标

性能指标	基本厚度范围/mm					
	≤6	>6~13	>13~20	>20~25	>25~34	>34
静曲强度(MOR)/MPa	15	15	15	13	11	8
弹性模量(MOE)/MPa	2200	2200	2100	1900	1700	1200
内胶合强度/MPa	0.45	0.40	0.35	0.30	0.25	0.20
24h 吸水厚度膨胀率/%	22.0	19.0	16.0	16.0	16.0	15.0

（5）干燥状态下使用的重载型刨花板质量要求

在满足对所有类型刨花板的通用要求外，还要符合其他物理力学性能指标要求，如表 1-26 所示。

表 1-26　干燥状态下使用的重载型刨花板其他物理力学性能指标

性能指标	基本厚度范围/mm				
	>6～13	>13～20	>20～25	>25～34	>34
静曲强度(MOR)/MPa	20	18	16	15	13
弹性模量(MOE)/MPa	3100	2900	2550	2400	2100
内胶合强度/MPa	0.60	0.50	0.40	0.35	0.25
24h吸水厚度膨胀率/%	16.0	15.0	15.0	15.0	14.0

（6）潮湿状态下使用的普通型刨花板质量要求

在满足对所有类型刨花板的通用要求外，还要符合其他物理力学性能指标要求，如表 1-27 所示。

表 1-27　潮湿状态下使用的普通型刨花板其他物理力学性能指标

性能指标		基本厚度范围/mm					
		≤6	>6～13	>13～20	>20～25	>25～34	>34
静曲强度(MOR)/MPa		13	13	12	11	10	7
内胶合强度/MPa		0.30	0.28	0.24	0.20	0.17	0.14
24h吸水厚度膨胀率/%		23.0	18.0	15.0	13.0	13.0	12.0
防潮性能	选项1： 循环试验后内胶合强度/MPa	0.14	0.13	0.11	0.08	0.07	0.06
	循环试验后吸水厚度膨胀率/%	23.0	21.0	20.0	18.0	17.0	15.0
	选项2： 沸水煮后内胶合强度/MPa	0.09	0.08	0.07	0.06	0.05	0.04
	选项3： 70℃水中浸渍处理后静曲强度/MPa	4.9	4.6	4.2	3.9	3.5	2.5
注：由供需双方确定选用方法，选项1、选项2、选项3中只需选择一种即可							

（7）潮湿状态下使用的家具型刨花板质量要求

在满足对所有类型刨花板的通用要求外，还要符合其他物理力学性能指标要求，如表 1-28 所示。

表 1-28　潮湿状态下使用的家具型刨花板其他物理力学性能指标

性能指标		基本厚度范围/mm					
		≤6	>6～13	>13～20	>20～25	>25～34	>34
静曲强度(MOR)/MPa		14	14	13	12	11	8
弹性模量(MOE)/MPa		1900	1900	1900	1700	1400	1200
内胶合强度/MPa		0.45	0.45	0.40	0.35	0.30	0.25
表面胶合强度/MPa		0.8	0.8	0.8	0.8	0.8	0.8
24h吸水厚度膨胀率/%		20.0	16.0	14.0	13.0	13.0	12.0
防潮性能	选项1： 循环试验后内胶合强度/MPa	0.18	0.15	0.13	0.12	0.10	0.09
	循环试验后吸水厚度膨胀率/%	20.0	18.0	16.0	14.0	13.0	11.0
	选项2： 沸水煮后内胶合强度/MPa	0.09	0.09	0.08	0.07	0.07	0.06
	选项3： 70℃水中浸渍处理后静曲强度/MPa	5.6	4.9	4.5	4.2	3.9	3.2
注：由供需双方确定选用方法，选项1、选项2、选项3中只需选择一种即可							

(8) 潮湿状态下使用的承载型刨花板质量要求

在满足对所有类型刨花板的通用要求外，还要符合其他物理力学性能指标要求，如表 1-29 所示。

表 1-29　潮湿状态下使用的承载型刨花板其他物理力学性能指标

性能指标		基本厚度范围/mm					
		≤6	>6~13	>13~20	>20~25	>25~34	>34
静曲强度(MOR)/MPa		18	17	16	14	12	9
弹性模量(MOE)/MPa		2450	2450	2400	2100	1900	1550
内胶合强度/MPa		0.50	0.45	0.40	0.35	0.30	0.30
24h 吸水厚度膨胀率/%		16.0	13.0	11.0	11.0	11.0	10.0
防潮性能	选项1： 循环试验后内胶合强度/MPa	0.23	0.20	0.20	0.18	0.16	0.14
	循环试验后吸水厚度膨胀率/%	16.0	15.0	13.0	12.0	11.0	10.0
	选项2： 沸水煮后内胶合强度/MPa	0.15	0.14	0.14	0.12	0.10	0.09
	选项3： 70℃水中浸渍处理后静曲强度/MPa	6.7	6.4	5.6	4.9	4.2	3.5
注：由供需双方确定选用方法,选项1、选项2、选项3中只需选择一种即可							

(9) 潮湿状态下使用的重载型刨花板质量要求

在满足对所有类型刨花板的通用要求外，还要符合其他物理力学性能指标要求，如表 1-30 所示。

表 1-30　潮湿状态下使用的重载型刨花板其他物理力学性能指标

性能指标		基本厚度范围/mm				
		>6~13	>13~20	>20~25	>25~34	>34
静曲强度(MOR)/MPa		21	19	18	16	14
弹性模量(MOE)/MPa		3000	2900	2700	2400	2200
内胶合强度/MPa		0.75	0.70	0.65	0.60	0.45
24h 吸水厚度膨胀率/%		10.0	10.0	10.0	10.0	9.0
防潮性能	选项1： 循环试验后内胶合强度/MPa	0.34	0.32	0.29	0.27	0.20
	循环试验后吸水厚度膨胀率/%	11.0	10.0	10.0	10.0	8.0
	选项2： 沸水煮后内胶合强度/MPa	0.23	0.21	0.20	0.18	0.14
	选项3： 70℃水中浸渍处理后静曲强度/MPa	7.7	7.0	6.3	6.0	5.6
注：由供需双方确定选用方法,选项1、选项2、选项3中只选择一种即可						

(10) 高湿状态下使用的普通型刨花板质量要求

在满足对所有类型刨花板的通用要求外，还要符合其他物理力学性能指标要求，如表 1-31 所示。

表 1-31　高湿状态下使用的普通型刨花板其他物理力学性能指标

性能指标		基本厚度范围/mm					
		≤6	>6~13	>13~20	>20~25	>25~34	>34
静曲强度(MOR)/MPa		14	13	12	11	10	7
内胶合强度/MPa		0.30	0.28	0.24	0.20	0.17	0.14
24h 吸水厚度膨胀率/%		14.0	12.0	12.0	10.0	10.0	10.0
防潮性能	选项1: 循环试验后内胶合强度/MPa	0.18	0.17	0.14	0.11	0.10	0.08
	循环试验后吸水厚度膨胀率/%	15.0	13.0	12.0	11.0	10.0	9.0
	选项2: 沸水煮后内胶合强度/MPa	0.15	0.14	0.12	0.09	0.08	0.07
	选项3: 70℃水中浸渍处理后静曲强度/MPa	8.4	7.8	7.2	6.6	5.4	4.2
注:由供需双方确定选用方法,选项1、选项2、选项3中只需选择一种即可							

(11) 高湿状态下使用的家具型刨花板质量要求

在满足对所有类型刨花板的通用要求外,还要符合其他物理力学性能指标要求,如表 1-32 所示。

表 1-32　高湿状态下使用的家具型刨花板其他物理力学性能指标

性能指标		基本厚度范围/mm					
		≤6	>6~13	>13~20	>20~25	>25~34	>34
静曲强度(MOR)/MPa		18	16	15	13	12	10
弹性模量(MOE)/MPa		2200	2000	1900	1700	1600	1400
内胶合强度/MPa		0.50	0.45	0.40	0.35	0.30	0.25
表面胶合强度/MPa		0.8	0.8	0.8	0.8	0.8	0.8
24h 吸水厚度膨胀率/%		14.0	12.0	12.0	10.0	10.0	10.0
防潮性能	选项1: 循环试验后内胶合强度/MPa	0.28	0.22	0.18	0.16	0.14	0.12
	循环试验后吸水厚度膨胀率/%	13.0	12.0	11.0	10.0	9.0	8.0
	选项2: 沸水煮后内胶合强度/MPa	0.25	0.22	0.20	0.17	0.15	0.12
	选项3: 70℃水中浸渍处理后静曲强度/MPa	11.2	9.6	9.0	7.8	7.2	6.0
注:由供需双方确定选用方法,选项1、选项2、选项3中只需选择一种即可							

(12) 高湿状态下使用的承载型刨花板质量要求

在满足对所有类型刨花板的通用要求外,还要符合其他物理力学性能指标要求,如表 1-33 所示。

表 1-33　高湿状态下使用的承载型刨花板其他物理力学性能指标

性能指标	基本厚度范围/mm					
	≤6	>6~13	>13~20	>20~25	>25~34	>34
静曲强度(MOR)/MPa	19	18	16	15	14	12
弹性模量(MOE)/MPa	2600	2600	2400	2100	1900	1700

续表

性能指标		基本厚度范围/mm					
		≤6	>6~13	>13~20	>20~25	>25~34	>34
内胶合强度/MPa		0.55	0.50	0.45	0.40	0.35	0.30
24h 吸水厚度膨胀率/%		13.0	12.0	10.0	10.0	10.0	9.0
防潮性能	选项 1： 循环试验后内胶合强度/MPa	0.30	0.25	0.22	0.20	0.17	0.15
	循环试验后吸水厚度膨胀率/%	10.0	10.0	9.0	9.0	8.0	8.0
	选项 2： 沸水煮后内胶合强度/MPa	0.30	0.28	0.20	0.17	0.15	0.12
	选项 3： 70℃水中浸渍处理后静曲强度/MPa	11.4	10.8	9.6	9.0	8.4	7.2
注：由供需双方确定选用方法，选项 1、选项 2、选项 3 中只需选择一种即可							

（13）高湿状态下使用的重载型刨花板质量要求

在满足对所有类型刨花板的通用要求外，还要符合其他物理力学性能指标要求，如表 1-34 所示。

表 1-34　高湿状态下使用的重载型刨花板其他物理力学性能指标

性能指标		基本厚度范围/mm				
		>6~13	>13~20	>20~25	>25~34	>34
静曲强度（MOR）/MPa		22	20	18	17	16
弹性模量（MOE）/MPa		3350	3100	2900	2800	2600
内胶合强度/MPa		0.75	0.70	0.65	0.60	0.55
24h 吸水厚度膨胀率/%		9.0	8.0	8.0	8.0	7.0
防潮性能	选项 1： 循环试验后内胶合强度/MPa	0.45	0.42	0.39	0.36	0.33
	循环试验后吸水厚度膨胀率/%	10.0	9.0	9.0	8.0	7.0
	选项 2： 沸水煮后内胶合强度/MPa	0.37	0.35	0.32	0.30	0.27
	选项 3： 70℃水中浸渍处理后静曲强度/MPa	13.2	12.0	10.8	10.2	9.6
注：由供需双方确定选用方法，选项 1、选项 2、选项 3 中只选择一种即可						

1.2.2.3　刨花板制备工艺

刨花板的制备工艺由于原料和设备的不同而有所差异，但主要工序是相同的，具体如下。

a. 原料准备：刨花板原料通常是原木、采伐剩余物和加工剩余物，含水率控制在 30%～40%，同一批生产的刨花板使用的树种不宜超过三种。刨花板使用的胶黏剂有脲醛树脂、酚醛树脂、异氰酸酯或三聚氰胺甲醛树脂等，还有固化剂、缓冲剂、防水剂、甲醛捕捉剂、阻燃剂和防腐防虫剂等添加剂。

b. 刨花制备：用鼓式削片机或盘式削片机将原木或小径级木材切削成厚度为 3～6mm 的木片，再用环式刨片机将木片在厚度方向碎解，制成符合要求的刨花。

c. 刨花干燥：用转子式刨花干燥机烘干刨花，使含水率达到 2%～5%。

d. 分选：用圆形摆动筛将刨花分为过大刨花、粗刨花、细刨花和木粉尘。粗刨花和细刨花分别作为表层材料和芯层材料，进入下一道工序；过大刨花进一步碎解和分选。

e. 拌胶：采用环式拌胶机将调配好的胶黏剂和其他添加剂按照配比施加到刨花中，为保证施胶的均匀性，粗、细刨花要分开拌胶。

f. 铺装：采用机械式铺装机和气流式铺装机将施胶的刨花按照一定厚度和结构，连续均匀地铺在垫板或板坯带上。

g. 预压：铺装好的刨花板坯结构松散，热压前需要预压定型。采用连续式预压机对板坯进行预压，也可用周期式热压机进行预压，预压后根据刨花板尺寸进行裁边处理。

h. 热压：采用连续式热压机对预压后的板坯进行热压，使板坯中的水分蒸发、密度增加、胶黏剂固化，从而获得具有一定密度和厚度的刨花板。

i. 冷却：生产中一般采用翻板冷却运输机对压好的板件进行冷却，扇架周期性转动，完成刨花板的冷却。

j. 裁边：一般采用纵横裁边机将毛边刨花板锯割成标准规格的板材，一般每边裁掉 20～30mm。

k. 砂光：采用宽带砂光机去除刨花板表面疏松的表层，减小板材的厚度误差，提高刨花板的表面质量。

1.2.2.4 刨花板特点及应用

刨花板利用小径级木材和碎料制造，可以综合利用木材、节约木质资源、提高木材利用率。刨花板幅面尺寸大、表面平整、结构均匀、无生长缺陷、隔音隔热效果好。但是刨花板密度大，平面抗拉强度低，厚度膨胀率大，边部易脱落，握钉力差，存在游离甲醛释放的问题，表面需要二次加工装饰方可用于家具及室内装修。

刨花板主要应用于家具制造业，经过三聚氰胺浸渍纸或装饰板贴面后，常常用来制造各种办公家具、客厅家具、卧室家具、书房家具、厨房家具和各种橱柜等。刨花板也可用于建筑和室内装修材料，普通刨花板可用于干燥的非承重场所，经过防火贴面等特殊处理的刨花板还可用于火车、客车车厢，轮船船舱的内部装饰板材等。此外，刨花板还可用于音响和电视机壳体及包装箱箱体的制造。

1.2.3 胶合板

胶合板是由原木旋切或刨切成具有一定幅面尺寸的薄板，通过在其表面涂布胶黏剂，按相邻层单板纤维纹理方向互相垂直排列堆积后，在温度和压力的作

用下制造而成的三层或三层以上的薄型板
材。通常胶合板的层数为奇数，根据层数
的不同俗称为三合板（三层）、五合板（五
层）、七合板（七层）等，如图1-13所示。

1.2.3.1　胶合板分类

　　根据胶合板的制备或者使用情况，可
将胶合板分成不同种类：

　　a. 根据树种不同，胶合板可分为针叶
树材胶合板和阔叶树材胶合板；

图1-13　七层胶合板（七合板）

　　b. 根据结构和制造工艺不同，胶合板可分为普通胶合板、厚胶合板、
特殊胶合板（如防火胶合板、难燃胶合板、混凝土模板用胶合板、异型胶合
板、结构胶合板、车厢胶合板、集装箱底板用胶合板、航空胶合板、船舶胶
合板等）；

　　c. 根据胶黏剂不同，胶合板可分为Ⅰ类胶合板、Ⅱ类胶合板、Ⅲ类胶合
板和Ⅳ类胶合板四大类。Ⅰ类胶合板指的是耐气候、耐沸水胶合板，其具有耐
久、耐沸水煮或蒸汽处理和抗菌等性能；Ⅱ类胶合板指的是耐水胶合板，其能
够在冷水中浸泡，经受短时间热水浸泡，具有抗菌等性能，但不能在沸水中蒸
煮；Ⅲ类胶合板是指耐潮胶合板，其能承受短时间冷水浸泡；Ⅳ类胶合板是指
不耐潮胶合板，其具有一定的胶合强度，但不具有耐久、耐冷热水浸泡和抗菌
等性能。上述四类胶合板，Ⅱ类胶合板是常用胶合板，Ⅰ类胶合板次之，Ⅲ类
胶合板和Ⅳ类胶合板则使用较少。

1.2.3.2　胶合板标准

　　胶合板参照标准GB/T 9846—2015，标准共分为八个部分，本节仅详细说
明胶合板的尺寸公差和通用技术条件。

　　（1）长度和宽度偏差

　　胶合板长度和宽度偏差：±1.5mm/m，最大±3.5mm/m。

　　（2）厚度偏差

　　胶合板厚度偏差应符合表1-35中的要求。

表1-35　胶合板的厚度偏差要求　　　　　　　　　　　单位：mm

公称厚度范围(t)	未砂光板		砂光板（面板砂光）	
	板内厚度公差	公称厚度偏差	板内厚度允差	公称厚度偏差
$t \leqslant 3$	0.5	+0.4 -0.2	0.3	±0.2
$3 < t \leqslant 7$	0.7	+0.5 -0.3	0.5	±0.3

续表

公称厚度范围(t)	未砂光板		砂光板(面板砂光)	
	板内厚度公差	公称厚度偏差	板内厚度允差	公称厚度偏差
7＜t≤12	1.0	+(0.8+0.03t)	0.6	+(0.2+0.03t) −(0.4+0.03t)
12＜t≤25	1.5	−(0.4+0.03t)	0.6	+(0.2+0.03t)
t＞25			0.8	−(0.3+0.03t)

（3）垂直度偏差

垂直度偏差不大于 1mm/m。

（4）边缘直度偏差

边缘直度偏差不大于 1mm/m。

（5）平整度偏差

当幅面为 1220mm×1830mm 及其以上时，平整度偏差不大于 30mm。

当幅面小于 1220mm×1830mm 时，平整度偏差不大于 20mm。

注：厚度 $t \geq 7mm$ 时，检测平整度。

（6）含水率

胶合板出厂时的含水率值应符合表 1-36 中的规定。

表 1-36　胶合板的含水率值

胶合板材种	Ⅰ、Ⅱ类	Ⅲ类
阔叶树材(含热带阔叶树材)	5%～14%	5%～16%
针叶树材		

（7）胶合强度

胶合板的胶合强度指标值应符合表 1-37 中的规定。

表 1-37　胶合板的胶合强度指标值　　　　　单位：MPa

树种名称/木材名称/国外商品材名称	类别	
	Ⅰ、Ⅱ类	Ⅲ类
椴木、杨木、拟赤杨、泡桐、橡胶木、柳安、奥克榄、白梧桐、异翅香、海棠木、桉木	≥0.70	≥0.70
水曲柳、荷木、枫香、槭木、榆木、柞木、阿必东、克隆、山樟	≥0.80	
桦木	≥1.00	
马尾松、云南松、落叶松、云杉、辐射松	≥0.80	

注：用不同树种搭配制成的胶合板的胶合强度指标值，应取各树种中胶合强度指标值要求最小的指标值。其他国产阔叶树材或针叶树材制成的胶合板，其胶合强度的指标值可根据其密度分别比照上表中所规定的椴木、水曲柳或马尾松的指标值。

（8）静曲强度和弹性模量

静曲强度和弹性模量指标值应大于或等于表 1-38 中的规定。

表 1-38　胶合板静曲强度和弹性模量要求

试验项目		公称厚度 t/mm				
		7≤t≤9	9<t≤12	12<t≤15	15<t≤21	t>21
静曲强度/MPa	顺纹	32.0	28.0	24.0	22.0	24.0
	横纹	12.0	16.0	20.0	20.0	18.0
弹性模量/MPa	顺纹	5500	5000	5000	5000	5500
	横纹	2000	2500	3500	4000	3500

（9）甲醛释放量

室内用胶合板的甲醛释放限量应符合表 1-39 中的规定。

表 1-39　胶合板的甲醛释放限量

级别标志	限量值/(mg/L)	备注
E_0	≤0.5	可直接用于室内
E_1	≤1.5	可直接用于室内
E_2	≤5.0	必须饰面处理后才可允许用于室内

1.2.3.3　胶合板制备工艺

胶合板制备一般常采用干热法生产，其具体工艺如下。

a. 原木准备：将采伐的原木按照胶合板产品幅面尺寸的要求，对原木进行画线锯解，截成一定长度的木段。

b. 蒸煮：原木蒸煮的目的是提高木材的塑性，便于后期剥皮和旋切加工。蒸煮过程分为介质升温、保温和自然冷却三个阶段，蒸煮的具体工艺受到树种、单板厚度、制造方法和木材含水率等因素的影响。

c. 剥皮：由于树皮的结构疏松，在旋切刀具压缩时易发生变形，回弹时容易堵塞刀门导致夹刀现象，另外树皮中含有金属物和泥沙等也会在加工过程中磨损刀具，因此在旋切前要进行剥皮处理，可采用手工剥皮、机械剥皮或水力剥皮。

d. 旋切：将剥皮软化的木段放入到旋切机两个卡轴之间，木段在旋切机卡轴的带动下旋转，旋刀与木段接触，将木段旋切成连续的单板。在旋切的过程中控制木段旋转一周时刀架的进刀量来确定单板的厚度。在旋切过程中要合理确定角度参数、切削速度、旋刀位置和压尺位置等参数，以确保单板质量。

e. 干燥：旋切的单板需要对其含水率进行控制，以免在胶合板热压过程中产生较大内应力引起鼓泡现象。可采用天然干燥、干燥室干燥或干燥机干燥等方式进行单板干燥，干燥的终含水率要依据树种、胶黏剂种类和胶压条件而定。

f. 齐边和胶拼：将干燥后的单板中有缺陷的位置剔除，并且将其剪切成整齐的单板。为了便于组坯，需要将裁剪后的窄长单板按照长度和宽度要求进行胶拼。在接头处用涂有胶黏剂的牛皮纸或胶线将两张单板拼合。

g. 涂胶：用双辊筒和四辊筒涂胶机将胶黏剂均匀地涂布在单板表面。

h. 组坯：组坯时面板、背板和中板应选用整幅单板，芯板可用拼接的单板，胶合板组坯时要保证相邻层单板纹理互相垂直。

i. 冷压：组坯之后采用冷压机对板坯进行预压，防止板坯在运输过程中发生错位。

j. 热压：冷压后的板坯还需要装入热压机中进行热压处理，使板材具有一定的胶合强度。

k. 齐边：胶合板压合后需要将不齐的板边进行纵横裁边，所以单板加工时要留 25～30mm 的加工余量。

l. 砂光：将齐边后的胶合板在宽带砂光机上进行砂光，去除胶合板表面的杂物和胶带纸，减小板面的厚度误差。

m. 检验：根据要求对胶合板进行检验、分等、包装。

1.2.3.4　胶合板特点及应用

胶合板改变了木材各向异性的特点，其板面平整，纹理美观，不易翘曲变形，横纹抗拉性能好，并且幅面大，方便加工。胶合板在柜类、橱类、桌类家具的背板和底板中有广泛应用。此外，胶合板还可用于室内装修的天花板、墙裙、地板衬板等。在室外工程建筑中，也可以选用耐水性较好的 I 类胶合板和 II 类胶合板。

1.2.4　细木工板

细木工板是以同向平行拼合的厚度相同的木条或实木拼板作为芯料，两面用一层或多层单板胶合而成的人造板，如图 1-14 所示。细木工板中的芯料为木质方材，其更多地保留了天然木材的特征，目前市场上也叫"生态板"。采用小料制造的细木工板很大程度上消除了木材的各向异性特点，具有较好的尺寸稳定性。

图 1-14　细木工板

1.2.4.1　细木工板分类

细木工板可分为如下类型。

a. 根据芯料结构，可分为实心细木工板和空心细木工板。

b. 根据芯料拼接方式，可分为芯板胶拼细木工板和芯板不胶拼细木工板（排芯板）。

c. 根据表面砂光度，可分为单面砂光细木工板、双面砂光细木工板和不砂光细木工板。

d. 根据耐水性，可分为Ⅰ类胶细木工板，具有耐久、耐候、耐沸水和抗菌性能，胶种为酚醛树脂胶或三聚氰胺树脂胶等，通常用于室外；Ⅱ类胶细木工板，具有耐水、短时间耐热水和抗菌性能，胶种常选用脲醛树脂胶，大多用于室内场所。

e. 根据层数不同，可分为三层细木工板、五层细木工板和多层细木工板。

1.2.4.2 细木工板标准

细木工板的国家标准为 GB/T 5849—2016，具体规定如下：

（1）幅面尺寸

细木工板的幅面尺寸应符合表1-40中的规定。

表 1-40 细木工板的幅面尺寸

宽度/mm	长度/mm				
915	915	—	1830	2135	—
1225	—	1220	1830	2135	2440

（2）厚度及厚度偏差

细木工板厚度为 12mm、15mm 和 18mm，经供需双方协议可生产其他厚度的细木工板，厚度偏差应符合表1-41中的规定。

表 1-41 细木工板的厚度偏差　　　　　　　　　单位：mm

公称厚度	未砂光		砂光（单面或双面）	
	每张板内厚度公差	厚度偏差	每张板内厚度公差	厚度偏差
≤16	1.0	±0.6	0.6	±0.4
>16	1.2	±0.8	0.8	±0.6

（3）波纹度

砂光表面波纹度不超过 0.3mm，未砂光表面波纹度不超过 0.5mm。

（4）边缘直度

边缘直度不超过 1.0mm/m。

（5）平整度

幅面 1220mm×1830mm 及其以上时，平整度偏差不大于 10mm；幅面小于 1220mm×1830mm 时，平整度偏差不大于 8mm。

（6）含水率

细木工板出厂时的含水率应为 6%～14%，单张细木工板的三个含水率试件的算术平均值为该板的含水率。

（7）胶合强度

细木工板的胶合强度应符合表1-42中的规定。

表 1-42　细木工板的胶合强度

树种名称/木材名称/商品材名称	单个试件的胶合强度/MPa
椴木、杨木、拟赤杨、泡桐、橡胶木、柳安、杉木、奥克榄、白梧桐、异翅香、海棠木	≥0.70
水曲柳、荷木、枫香、槭木、榆木、柞木、阿必东、克隆、山樟	≥0.80
桦木	≥1.00
马尾松、云南松、落叶松、云杉、辐射松	≥0.80

（8）外观分等

表板可以是整张单板，也可以是由多片单板按要求拼接而成；背板可以是整张单板，也可以是由任意宽度的单板拼接或不拼接而成。表板和背板的外观允许缺陷详见国标 GB/T 5849—2016 中"细木工板外观分等"的相关规定。

1.2.4.3　细木工板制备工艺

细木工板的生产工艺流程如图 1-15 所示。其主要工序详细介绍如下。

a. 芯条制备：芯条的原材料通常选用材质较软、结构均匀、干缩系数小的木材，芯条占细木工板体积的 60% 以上。将芯条锯解成一定的规格尺寸，并在双面刨中刨光处理，获得等厚的芯条。

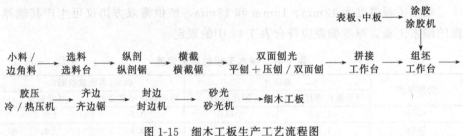

图 1-15　细木工板生产工艺流程图

b. 截拼和刨光：将芯条涂胶并横向胶拼成规定的尺寸，可采用机拼和手拼两种拼板方式，手拼的挤压力小、缝隙大、握钉力差，可用于承重不大的零部件制作中，拼板后要采用压刨加工；机拼挤压力大、芯板缝隙小、承重力均匀，不受使用限制，拼板后可用砂光代替刨光。

c. 组坯：不同结构细木工板的组坯方式不同，以五层结构的细木工板为例，有两种组坯方法：一种是将经双面涂胶的内层单板与未涂胶的细木工芯板和表背板一起组坯，一次配坯后再预压；另一种是在细木工板芯板的两面先各配置一张单面涂胶的内层单板，预热压后进行修补整理，再双面涂胶，与表、背板进行二次预热压。第二种组坯方式使用较多。

1.2.4.4　细木工板特点及应用

与其他木质人造板相比，细木工板具有横向强度大、刚度大、握钉力好的优点，常用于门、窗、隔断、台面、座面板部件和结构承重部件等的制作。

1.2.5　单板层积材

单板层积材是利用小径材、弯曲材、短原木等原料旋切出的厚单板顺纤维方向组坯并平行层积胶合而成的一种高性能产品，如图 1-16 所示。单板层积材与胶合板的区别在于相邻单板之间纤维的层积方向，胶合板木材纤维方向相互垂直，单板层积材木材纤维方向互相平行。因此单板层积材的顺纹抗压性能很高。

图 1-16　单板层积材

1.2.5.1　单板层积材分类

单板层积材目前可分为如下类型：

a. 按照用途，可分为非结构用单板层积材和结构用单板层积材；

b. 按照使用环境，可分为干燥状态用单板层积材、潮湿状态用单板层积材和高湿状态用单板层积材；

c. 按照是否二次胶合，可分为单板层积材和二次胶合单板层积材；

d. 按照是否防虫处理，可分为未防虫处理单板层积材和防虫处理单板层积材；

e. 按照是否防腐处理，可分为未经防腐处理的单板层积材和经防腐处理的单板层积材。

1.2.5.2　单板层积材标准

国家标准 GB/T 20241—2021 中对单板层积材的产品的质量进行了规定。

（1）非结构用单板层积材质量要求

非结构用单板层积材的结构为相邻两层单板的纤维方向应互相平行，特定层单板可垂直放置，但其厚度不得超过单板层积材总厚度的 20%。

非结构用单板层积材表层单板应为同一树种，厚度相同，且应紧面朝外；内层单板应无腐朽，无明显横向开裂、夹皮、树脂道等，拼缝应紧密，且相邻层单板的拼缝要相互错开。

非结构用单板层积材常见的规格尺寸：长度为 1830～6405mm，宽度为 915mm、1220mm、1830mm、2440mm，厚度为 19mm、20mm、22mm、25mm、30mm、32mm、35mm、40mm、45mm、50mm、55mm、60mm、90mm。

非结构用单板层积材尺寸偏差和理化性能指标应符合表 1-43 和表 1-44 中的规定。

表 1-43　非结构用单板层积材尺寸偏差

项目		偏差
长度/mm		+10.0 0
宽度/mm		+5.0 0
厚度/mm	≤20	±0.3
	>20～≤40	±0.4
	>40	±0.5
边缘直度 垂直度 平整度		由供需双方协商确定,以不影响使用为准

表 1-44　非结构用单板层积材理化性能指标

检测项目	各项性能指标要求
含水率/%	6～14
浸渍剥离	热水浸渍剥离试件同一胶层的任一边胶线,剥离长度应不超过该胶线长度的 1/3
甲醛释放限量/(mg/m³)	≤0.124(1m³ 气候箱法)

（2）结构用单板层积材质量要求

结构用单板层积材常用树种有落叶松、马尾松、湿地松、云南松、欧洲赤松、辐射松、南方松、花旗松、北美黄杉、云杉、冷杉、桉木、杨木等。

结构用单板层积材常用的胶黏剂为酚醛树脂胶黏剂或性能不低于酚醛树脂的其他胶黏剂。

结构用单板层积材所用单板中,表板可以是整张单板,也可以是采用斜接方式接长的单板;内层单板可采用任意宽度的单板以对接、斜接的方式拼宽。

根据组坯和静曲强度不同,结构用单板层积材可分为三个等级:SLVL Ⅰ型、SLVL Ⅱ型和 SLVL Ⅲ型,其组坯要求如表 1-45 所示。

表 1-45　结构用单板层积材组坯要求

检测项目		SLVL Ⅰ型	SLVL Ⅱ型	SLVL Ⅲ型
单板层数[1]	最少层数	12	9	6
单板接长	相邻层单板接缝间距与单板厚度的最小倍数[2]		30	
	接缝水平间距小于 10 倍单板厚度的最小层数间隔(不含横向组坯的单板)	6	4	2
	拼缝	无离缝	—	—

[1] 第二层单板如横向放置,则第二层和表板均不计入总层数
[2] 若供需双方协议要求使用不同厚度的单板,以最大的单板厚度计算

结构用单板层积材常见的规格尺寸:长度大于或等于 1830mm,宽度为915mm、1220mm、1830mm、2440mm,厚度大于或等于 25mm。其尺寸偏

差、力学性能和理化性能指标应符合表 1-46～表 1-50 中的规定。

表 1-46　结构用单板层积材尺寸偏差

项目	偏差
长度/mm	+10 0
宽度/mm	±2
厚度/mm	±1.5
边缘直度	由供需双方协商确定，以不影响使用为准
垂直度	
平整度	

表 1-47　结构用单板层积材弹性模量和静曲强度指标

弹性模量级别	弹性模量/MPa		静曲强度/MPa		
	平均值	最小值	SLVL Ⅰ型	SLVL Ⅱ型	SLVL Ⅲ型
180E	18.0×10^3	15.5×10^3	67.5	58.0	48.5
160E	16.0×10^3	14.0×10^3	60.0	51.5	43.0
140E	14.0×10^3	12.0×10^3	52.5	45.0	37.5
130E	13.0×10^3	11.0×10^3	49.0	42.0	34.5
120E	12.0×10^3	10.5×10^3	45.0	38.5	32.0
110E	11.0×10^3	9.0×10^3	41.0	35.0	29.5
100E	10.0×10^3	8.5×10^3	37.5	32.0	27.0
90E	9.0×10^3	7.5×10^3	33.5	29.0	24.0
80E	8.0×10^3	7.0×10^3	32.0	25.5	21.5
70E	7.0×10^3	6.0×10^3	26.0	22.5	18.5
60E	6.0×10^3	5.0×10^3	22.5	19.0	16.0

表 1-48　结构用单板层积材横纹抗压强度指标

横纹抗压强度级别	部分压缩比例限度	
	平均值/MPa	最小值/MPa
180B	12.0	8.0
160B	10.8	7.5
135B	9.0	6.0
90B	6.0	4.0

表 1-49　结构用单板层积材水平剪切强度指标

水平剪切强度级别①	平行胶层加载/MPa	垂直胶层加载/MPa
65V-55H	6.5	5.5
60V-51H	6.0	5.1
55V-47H	5.5	4.7
50V-43H	5.0	4.3
45V-38H	4.5	3.8
40V-34H	4.0	3.4
35V-30H	3.5	3.0

注：① 产品垂直胶层加载和平行胶层加载水平剪切强度的质量水平。

表 1-50　结构用单板层积材理化性能指标

检测项目	各项性能指标的要求
含水率/%	6～14
浸渍剥离	试件 4 个侧面剥离总长度不超过胶层总长度的 5%，且任一胶层剥离长度（小于 3mm 的剥离长度不计）不超过该胶层四边之和的 1/4

1.2.5.3　单板层积材制备工艺

单板层积材的生产工艺流程如图 1-17 所示。

原木 → 选料 选料台 → 截断 圆锯机 → 旋切 旋切机 → 旋切单板 → 干燥 人工干燥 → 单板拼接 短接机 → 单板涂胶 涂胶机 →

组坯 工作台 → 热压 热压机 → 裁边 裁边机 → 砂光 砂光机 → 单板层积材

图 1-17　单板层积材生产工艺流程图

单板层积材的生产工艺与胶合板类似，只是在组坯时木纤维的排列方向有所差异。单板层积材组坯时采用纤维方向同向胶合。单板层积材虽可胶合后作为板材使用，但更多情况下作为方材使用，宽度小，长度方向具有很好的抗压强度。

1.2.5.4　单板层积材应用

由于具有很高的抗压强度，单板层积材可作为承重结构材料，用于屋顶桁架、门窗横梁、高级地板、楼梯踏步板和梯架等；也可用于家具面板、框架、内部装饰、乐器和运动器材等。

1.2.6　覆面板

1.2.6.1　覆面实心板

覆面实心板是指芯料为实心的覆面板，是在实心芯料表面胶贴覆面材料制作而成。

芯料分带木框的和不带木框的两种，其芯板一般由刨花板、纤维板、细木工板、胶合板、模压板等人造板制作而成。面层材料主要有薄木、单板、塑料贴面板、PVC 薄膜、浸渍纸、印刷装饰纸等。根据芯料板材的种类，覆面实心板分为覆面刨花板、覆面纤维板、覆面细木工板、覆面胶合板等。

（1）覆面刨花板

覆面刨花板是指利用刨花板作芯板，表面胶贴一层单板、薄木、印刷装饰纸、PVC 薄膜等材料获得的人造板材，如图 1-18 所示。覆面刨花板的强度比板面不进行贴面处理的刨花板提高 30% 左右，并且改善了刨花板的质量，充分利用木材，材料成本较低。其缺点是密度大，为了防止板边脱落必须进行封边处理。

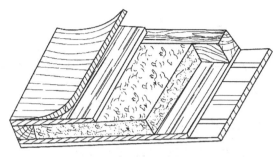

图 1-18　覆面刨花板

（2）覆面纤维板

覆面纤维板以中密度纤维板为芯料，表面胶贴一层单板、薄木、印刷装饰纸、PVC 薄膜等材料，如图 1-19 所示。因中密度纤维板与刨花板相比，密度较小，变形较小，握钉力较强，故覆面纤维板应用广泛。覆面纤维板是现代板式家具常用的原材料。

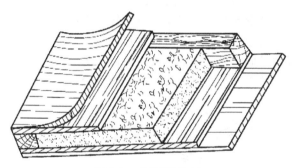

图 1-19　覆面纤维板

（3）覆面细木工板

覆面细木工板由细木工板作为芯板，周边可根据部件尺寸要求制成定型框，上下表面胶贴一层或两层单板，其表层最好覆贴装饰性能较好的薄木，以提高其装饰效果，如图 1-20 所示。覆面细木工板既有实木的特点，又有着幅面宽、结构稳定、使用方便、木材利用率高等优点，同时可在任何部位开榫打眼，适应各种接合方法，是制造中、高级板式家具的理想原材料，应用十分广泛。

（4）覆面胶合板

覆面胶合板是利用多层单板胶压而成，一般板厚在 12mm 以上，表层贴有薄木。使用时按部件幅面要求进行锯解，再进行封边处理，便成为所需要的部件。

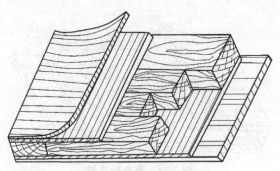

图 1-20 覆面细木工板

1.2.6.2 覆面空心板

覆面空心板是由轻质材料作为芯料，表面胶贴覆面材料制作而成的板材。通常覆面空心板部件的芯层材料边缘都带有木框。木框中的芯层材料主要有实木条、人造板条、波状单板条、格状单板条、蜂窝状纸等。覆面材料多为薄胶合板、硬质纤维板或装饰板，在薄胶合板表面再贴薄木，提高板材表面美观性。这种覆面板具有形状和尺寸稳定、重量轻、表面装饰性能好等优点，为广大用户所喜爱，常用于中、高档家具的制造。

按芯料的种类不同，最常用的空心板可以分为覆面栅状空心板、覆面格状空心板、覆面蜂窝状空心板、覆面波纹状空心板等，如图 1-21 所示。

(a) 覆面栅状空心板　　(b) 覆面格状空心板　　(c) 覆面蜂窝状空心板　　(d) 覆面波纹状空心板

图 1-21　覆面空心板类型

栅状空心填料用木条、刨花板条、中密度纤维板条等作为木框横衬，与木框立边用门形钉或榫槽接合，组成栅状结构，其中榫接合主要用于单包镶部件中，如图 1-22(a) 所示。横衬之间的净空距离，需根据覆面材料厚度、覆面空心板部件使用功能要求及家具等级来确定。覆面材料厚，横衬数目少，横衬之间的净空距离可以大些。覆面板部件受力较大或表面平整度要求较高，其横衬之间的净空距离要小一些。如用于柜面、桌面等部件的表面时，板面平整度要求较高，受垂直载荷较大，覆面栅状空心板横衬间的净空距离应当小一些；用于柜类家具的旁板或中隔板部件时，覆面栅状空心板横衬间的净空距离可适当增大。

格状空心填料是在圆锯机上将单板、胶合板或纤维板锯成一定宽度的长条（其宽度一般比木框厚度大约 0.5mm），然后在多片锯上锯出深度为板条宽度的 1/2 的切口（切口间距为 50~100mm），将加工好的板条交错插合成格状芯

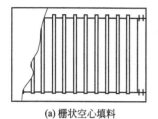
(a) 栅状空心填料

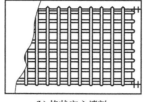
(b) 格状空心填料

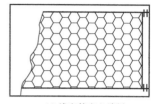
(c) 蜂窝状空心填料

图 1-22　空心填料

料，放入木框内而制成，如图 1-22(b) 所示。格状空心填料的长度和宽度与木框中空格相配合。为了防止由于格状结构间距太大而使覆面空心板表面凹陷，要注意格状空隙的间距不可超过表层覆面材料厚度的 20 倍。

蜂窝状空心填料一般用 $100\sim120g/m^2$ 牛皮纸、纱管纸或草浆纸为原料，在纸的正反面涂上与条间距等距的胶液，将涂胶的纸叠放整齐并施加压力胶合。胶液固化后按照板件的厚度要求切割成条状，拉开后即得六角形蜂窝状空心填料，如图 1-22(c) 所示。

波纹状空心填料指用一定厚度的单板（有时为提高单板塑性，会在两面粘贴牛皮纸）压制成波纹状，经干燥定型后制成波纹状单板，然后将波纹状单板剪裁或锯割成一定长度、一定间距后放在木框中，便成为波纹状空心填料。

覆面空心板经过裁边后需要进行封边处理，可以起到保护与美化的作用。没有封边的覆面板，芯料周边的胶层就会暴露在外，易受环境中温湿度变化的影响，造成脱胶破坏；对于刨花板、纤维板芯料来说，容易吸湿膨胀变形，引起刨花、纤维脱落，使其使用年限大大缩短。

封边的材料一般有薄木、浸渍纸层压封边条、塑料薄膜封边带、预油漆纸封边条、实木条等多种材料。

详细的封边方法参见 6.4 节。

1.3　五金配件

1.3.1　钉类

1.3.1.1　水泥钢钉

水泥钢钉主要用于将制品钉在水泥墙壁或制件上，如图 1-23 所示。

1.3.1.2　骑马钉

骑马钉又名止钉、"U"字钉等，如图 1-24 所示。主要用于固定金属板网、金属丝网、绑木箱的钢丝或室内挂镜线等。

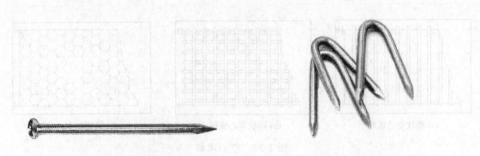

图 1-23 水泥钢钉   图 1-24 骑马钉

1.3.1.3 圆钉

圆钢钉用于钉固木竹器材。各种钉固对象适用的圆钉长度大致为：家具竹器、乐器及文教用具等用 10～20mm；墙壁内的板条、木制农具一般用 20～50mm；木箱用 30～50mm；地板用 50～60mm；混凝土木模用 70mm；模型泥芯用 60～100mm；桥梁工程、土木结构房屋用 100～150mm。

（1）扁头圆钢钉

主要用于木模板制作、地板等需将钉帽埋入木材的场合，如图 1-25 所示。

（2）拼合用圆钢钉

又名拼钉、两头尖钉、枣核钉等，适用于木箱、家具、农具、门扇等需要拼合木板时作销钉用，如图 1-26 所示。

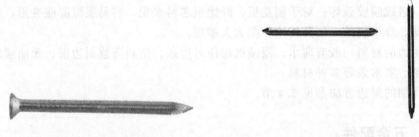

图 1-25 扁头钢钉   图 1-26 拼合用圆钢钉

1.3.2 明铰链（合页）

1.3.2.1 抽芯合页

合页轴芯（销子）可以抽出。抽出后，门窗扇可取下，便于擦洗。主要用于需经常拆卸的木制门窗上，如图 1-27 所示。

1.3.2.2 T 形合页

适用于较宽的门扇上，如工厂、仓库大门等，如图 1-28 所示。

图 1-27　抽芯合页

1.3.2.3　纱门弹簧合页

可使门扇开启后自动关闭，只能单向开启。合页的销子可以抽出，以便调整和调换弹簧，多用于实腹钢结构纱门之上，如图 1-29 所示。

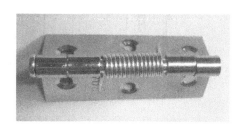

图 1-28　T 形合页　　　　　　　　　　图 1-29　纱门弹簧合页

1.3.2.4　轴承合页

轴承合页的每片页板轴中均装有单向推力球轴承，门开关轻便灵活，多用于重型门或特殊的钢骨架的钢板门上，如图 1-30 所示。

1.3.2.5　冷库门合页

冷库门合页表面烘漆，大号用钢板制成，小号用铸铁制成，用于冷库门或较重的保温门上，如图 1-31 所示。

1.3.3　暗铰链

暗铰链安装时安全隐藏于家具内部，如图 1-32、图 1-33 所示，使家具表面清晰美观。暗铰链按照门板与旁板或中隔板的开启方式不同，分为盖门式（直臂）、半盖门式（小曲臂）、嵌门式（大曲臂）暗铰链。

1.3.4　木螺钉

木螺钉用于将各种材料制品固定在木制品上，木螺钉可配合合页、暗铰链

图 1-30 轴承合页

图 1-31 冷库门合页

图 1-32 暗铰链

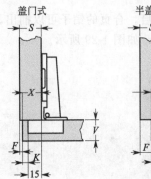
盖门式

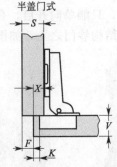
半盖门式

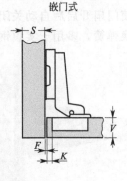
嵌门式

图 1-33 暗铰链的安装形式

等进行安装使用，木螺钉也用于桌面、椅面、凳面板和脚架结构的接合，俗称"木螺钉吊面"。常见的有沉头木螺钉（又称平头木螺钉）、半沉头木螺钉、圆沉头木螺钉、半圆头木螺钉、六角头木螺钉，如图 1-34 所示。

(a) 沉头木螺钉

(b) 半沉头木螺钉

图 1-34 木螺钉

1.3.5 门锁

1.3.5.1 大门锁

大门锁的锁芯一般为磁性材料或电脑芯片；面板的材质是锌合金或不锈

钢；锁舌有防手撬、防插功能，具有反锁或者多层反锁功能，反锁后从门外无法开启，如图 1-35(a) 所示。

(a) 大门锁　　　　　　　　　　　　(b) 房门锁

图 1-35　门锁

1.3.5.2　房门锁

房门锁的防盗功能并不需要太强，主要要求美观、耐用、开启方便、关门声小，具有反锁功能与通道功能，表面纹理随意选择，把手符合人体力学的设计，手感较好，容易开关门，如图 1-35(b) 所示。

1.3.6　插销

插销用于固定门窗扇，如图 1-36 所示。

图 1-36　插销

1.3.7　滑轨

1.3.7.1　抽屉滑轨

抽屉滑轨（图 1-37）是用于各种家具抽屉的开关活动配件，多采用优质铝合金、不锈钢制作。抽屉滑轨由动轨与定轨组成，分别安装在抽屉与柜体内侧两处。新型滚珠抽屉滑轨分为二节轨、三节轨。

1.3.7.2 推拉门滑轨

推拉滑轨是带凹槽的导轨，与滑轮配合使用用于推拉门、窗，使其开、关，推拉门滑轮如图 1-38 所示。

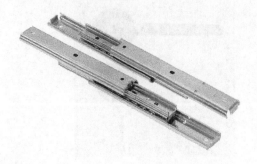

图 1-37 抽屉滑轨

图 1-38 推拉门滑轮

1.3.8 紧固连接件

除各种钉类和螺栓外，还有一些为达到紧固目的而配套的五金配件，如直角连接件、偏心连接件、螺旋式连接件、拉挂式连接件等，详细内容请参考4.2 节内容。

1.3.9 液压闭门器

液压闭门器（图 1-39）用于单向开启的门，分为定位闭门器和不定位闭门器。定位闭门器是门开到最大 90°时自动停住，小于 90°时会自动关闭。不定位闭门器门最大可开到 180°，并且会自动关闭。

图 1-39 液压闭门器

1.4　木工胶黏剂

1.4.1　白乳胶

白乳胶又称聚醋酸乙烯酯乳液，是由醋酸与乙烯合成醋酸乙烯，再经乳液聚合而成。白乳胶固化温度低，通常在常温即可固化，具有使用方便、粘接强度较高、胶层韧性较好、耐老化、固化速度较快等特点。

将白乳胶以内增塑的方法引入其他单体（乙烯、N-羟甲基丙烯酰胺、丙烯酸丁酯等）共聚改性来制备新型白乳胶，可以改善白乳胶耐水性、耐热性、耐化学腐蚀性差及易蠕变的缺点。

1.4.2　酚醛树脂胶

以酚类（苯酚、甲酚、二甲酚、间苯二酚等）与醛类（甲醛、糠醛等）在催化剂作用下，缩聚得到的树脂，统称为酚醛树脂。在实际的应用中最常使用的是以苯酚和甲醛缩聚形成的酚醛树脂胶。酚醛树脂胶黏剂具有胶合强度高、耐水、耐热、耐腐等性能特点。酚醛树脂胶可用于制备Ⅰ类胶合板、航空胶合板、船舶胶合板、车厢板等，可在室内外长期使用。由于酚醛树脂胶成本较高，胶层颜色也较深，因此其在使用上受到一定限制。

酚醛树脂胶按形态分类，可分为溶液型酚醛树脂胶、粉末状酚醛树脂胶、膜状酚醛树脂胶；按固化温度分类，可分为高温固化型酚醛树脂胶（固化温度为 130～150℃）、中温固化型酚醛树脂胶（固化温度为 105～110℃）、常温固化型酚醛树脂胶（固化温度为 20～30℃）。

1.4.3　脲醛树脂胶

脲醛树脂胶是尿素与甲醛在催化剂（碱性催化剂或酸性催化剂）作用下，缩聚而成的初期脲醛树脂，在固化或助剂作用下形成不溶、不熔的树脂。脲醛树脂胶具有较好的胶合强度、耐水性、耐热性及耐腐性，制造简单，使用方便，成本低廉，是我国人造板材生产的主要胶种，但是脲醛树脂胶液中含有游离甲醛，并易发生胶层老化。

脲醛树脂胶可分为液状树脂胶和粉状树脂胶两种。液状树脂胶是糖浆状或乳状的黏稠液体，溶液的黏稠程度随固体含量的多少而变化。脲醛树脂性质不稳定，如果生产中对工艺控制不好，其储存期将大大缩短，一般可储存 2～6个月。粉状树脂胶是经喷雾干燥而制得，由于其低分子缩聚物能溶于水，无需特殊溶剂，并且在常温或加热条件下均能很快固化。粉状脲醛树脂胶的储存期较长，可长达 1～2 年。

1.4.4　蛋白质胶黏剂

蛋白质胶黏剂是以含蛋白质的植物蛋白或动物蛋白为主制成的天然胶黏剂。主要有皮骨胶、鱼胶、血胶、豆胶、干酪素胶等。由于蛋白质胶黏剂耐热性和耐水性较差，一般仅用于木制工艺品以及乐器、木钟等特殊用品。

1.4.5　热熔胶

热熔胶是一种无溶剂型热塑型胶，在热作用下会变成熔融状态，其主要特点是熔点高（在室内环境温度中可迅速固化）、胶合强度高、安全无毒、无溶剂、耐化学性能好等，但其热稳定性和润湿性较差。其在家具生产中主要用于板式部件自动化封边。

1.4.6　环氧树脂胶

环氧树脂胶是目前性能最为优良的胶黏剂之一。环氧树脂不仅可以胶合木材，而且还可胶合玻璃、陶器、塑料、金属等。胶黏层在水、非极性溶剂、酸、碱环境下都很稳定，具有很好的抗剪强度，绝缘性好。因成本高，故其在家具生产中使用较少。

1.4.7　三聚氰胺甲醛树脂胶

三聚氰胺甲醛树脂胶由三聚氰胺和甲醛在催化剂作用下缩聚而成，简称三聚氰胺树脂。该树脂呈无色透明黏稠液体，具有很高的胶接强度，耐水性、耐化学腐蚀性、耐磨性和耐热性好，硬度高，光泽好，耐污染，常用作塑料贴面板的装饰纸、表层纸和人造板饰面纸的浸渍，可用于室外环境；但其价格较贵，由于交联密度大、硬度大和脆性高而易产生裂纹。

1.4.8　聚氨酯胶

聚氨酯胶是由各种异氰酸酯和含羟基化合物（如聚酯多元醇、聚醚多元醇等）化合而成，在高分子化合物主链上含有氨基甲酸酯基团（—NHCOO—）或异氰酸酯基团的一类胶黏剂。

1.4.9　间苯二酚树脂胶

间苯二酚树脂胶是由含醇的线性间苯二酚树脂液体和一定量的甲醛在使用时混合而成。间苯二酚树脂胶可用于热固化和常温冷固化，其耐水、耐候、耐腐、耐久以及胶接性能等极其优良，主要用于特种木质板材、建筑木结构、指接材或集成材等木制品的胶接。

1.4.10　橡胶类胶黏剂

橡胶类胶黏剂是以合成橡胶或天然橡胶为主制成的胶黏剂。在木材和家具工业中应用较多的是氯丁橡胶胶黏剂和丁腈橡胶胶黏剂。

氯丁橡胶胶黏剂是由氯丁二烯聚合物为主加入其他助剂而制成，具有优良的自粘性和综合性能，胶层弹性好，涂覆方便，广泛用于木材及人造板的装饰贴面和封边黏结，也用于木材与沙发布或皮革等的柔性黏结和压敏黏结。

丁腈橡胶胶黏剂是由丁二烯和丙烯腈经乳液聚合并加入各种助剂而制成。其胶层具有良好的挠曲性和耐热性，在木材和家具工业中，主要用于塑料、金属等饰面材料胶贴到木材或人造板基材上进行二次加工，提高基材表面的装饰性能。

扫码领取
- 新手必备
- 拓展阅读
- 案例分享
- 书籍推荐

第2章

木 工 识 图

2.1 制图基本知识

一件设计产品需要将设计者的思维进行传递、表达并交流设计的构思和制作的方法，这时候表达的语言就是图纸。图纸需要有通识的规范才能将设计者的思维进行有效、正确地表达。

(1) 图纸幅面和格式

木工设计制图需要根据中华人民共和国国家标准 GB/T 14689—2008《技术制图　图纸幅面和格式》绘制。图纸根据幅面尺寸不同，分为 A0、A1、A2、A3、A4 等，图纸幅面长、宽尺寸之比为 $\sqrt{2}$：1，A0 号图纸幅面面积为 $1m^2$。图纸基本幅面尺寸如表 2-1 所示。

表 2-1　图纸基本幅面及图框尺寸　　　　　　单位：mm

幅面代号	幅面尺寸 $B \times L$	图框距图纸边缘长度		
		c	a	e
A0	841×1189			20
A1	594×841	10		
A2	420×594		25	
A3	297×420			10
A4	210×297	5		

从表 2-1 中幅面尺寸可以看出，相邻幅面代号之间的面积相差一半，即 0 号图纸对折为 1 号图纸，1 号图纸对折为 2 号图纸，2 号图纸对折为 3 号图纸，3 号图纸对折为 4 号图纸，如图 2-1 所示。绘制技术图样时，应优先选用表 2-1 中基本幅面的图纸，如有特殊需要，可根据国家标准规定选用其他幅面图纸。

图纸以图框为界，图框线到图纸边缘的距离如表 2-1 所示。图框的形式有两种：一种有装订边，另一种无装订边。有装订边图框又分为横向和竖向，横向装订边在左边，竖向装订边在上边，如图 2-2(a)、（b）所示，图框装订边与图纸边缘的距离均为 25mm，其他各边与图

图 2-1　图纸幅面

纸边缘的距离根据图纸大小有所差异，A0、A1 和 A2 图纸为 10mm，A3 和 A4 图纸为 5mm。无装订边图框各边与图纸边缘的距离根据图纸大小有所差异，A0、A1 图纸为 20mm，A2、A3 和 A4 图纸为 10mm，如图 2-2(c)、(d) 所示。

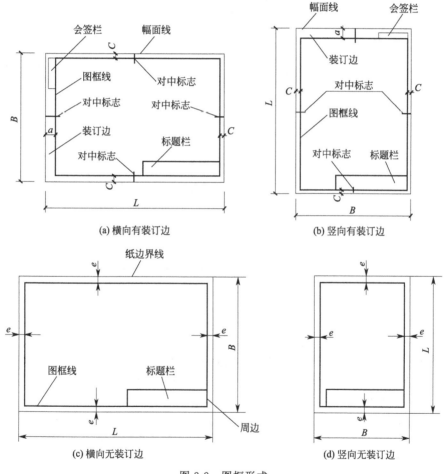

(a) 横向有装订边　　　　　　(b) 竖向有装订边

(c) 横向无装订边　　　　　　(d) 竖向无装订边

图 2-2　图框形式

图框中必须要有标题栏，一般情况下，标题栏画在图纸的右下角，紧贴下边框线和右边框线。需要会签的图纸应有装订会签栏。标题栏和会签栏的一般形式和尺寸如图 2-3、图 2-4 所示。国家标准对标题栏内容并没有硬性规定，

可以根据实际需要添加相关内容。

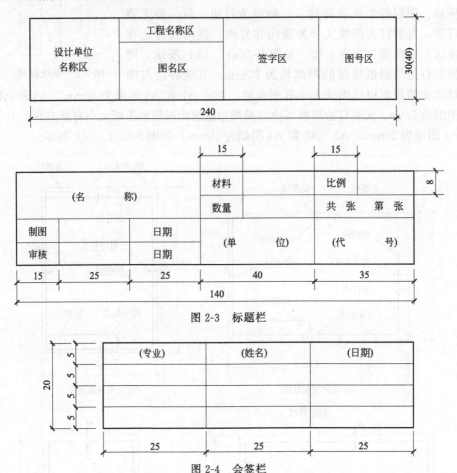

图 2-3 标题栏

图 2-4 会签栏

（2）图线

为了使图纸表达的内容清晰、主次分明，绘图时采用不同的线型和线宽绘制，以表达不同的意义和用途。各种图线的线宽及用途按照 GB/T 50104—2010《建筑制图标准》规定选用，如表 2-2 所示。

表 2-2 图线

名称	线型	线宽	用途
粗实线	————————	b	1. 平、剖面图中被剖切的主要建筑构造（包括构配件）的轮廓线 2. 建筑立面图或室内立面图的外轮廓线 3. 建筑构造详图中被剖切的主要部分的轮廓线 4. 建筑构配件详图中的外轮廓线 5. 平、立、剖面图的剖切符号

续表

名称	线型	线宽	用途
中粗线		0.7b	1. 平、剖面图中被剖切的次要建筑构造(包括构配件)的轮廓线 2. 平、立、剖面图中建筑构配件的轮廓线 3. 建筑构造详图及建筑构配件详图中的一般外轮廓线
中实线		0.5b	小于 0.7b 的图形线,尺寸线,尺寸界线,索引符号,标高符号,详图材料做法引出线,粉刷线,保温层线,地面、墙面的高差分界线,等等
细实线		0.25b	图例填充线、家具线、纹样线等
中粗虚线		0.7b	1. 建筑构造详图及建筑构配件不可见的外轮廓线 2. 平面图中的起重机(吊车)轮廓线 3. 拟建、扩建建筑物轮廓线
中虚线		0.5b	投影线,小于 0.7b 的不可见轮廓线
细虚线		0.25b	图例填充线、家具线等
粗单点长画线		b	起重机(吊车)轨道线
细单点长画线		0.25b	中心线、对称线、定位轴线
折断线		0.25b	部分省略表示时的断开界线
波浪线		0.25b	部分省略表示时的断开界线,曲线形构件断开界线、构造层次的断开界线

根据每个图纸的复杂程度与比例的不同，先确定基本线宽 b，再从下列规定线宽系列中选取：0.18mm、0.25mm、0.35mm、0.5mm、0.7mm、1.4mm、2.0mm。在同一张图纸中，采用相同比例绘制的各个图样，应该选用相同的线宽组。图纸的图框线和标题栏线的宽度，应随图纸幅面的大小而不同，可采用表 2-3 中的线宽。

表 2-3　图框线、标题栏线的宽度　　　　　　　　单位：mm

幅面代号	图框线	标题栏外框线	标题栏分割线、会签栏线
A0、A1	1.4	0.7	0.35
A2、A3、A4	1.0	0.7	0.35

此外，图线在绘制过程中需注意以下事项。

a. 同一张图样中，同类图线的线宽应当一致。虚线、点画线和双点画线的线段长短和间隔应大致相等。

b. 图线相交时，必须是线段相交。

c. 绘制圆的水平和竖直中心线时，圆心应当为两条中心线线段的交点，首尾两端应为线段与圆相交，并超出圆形轮廓线约 2～5mm。

d. 当虚线、点画线或双点画线与粗实线重合并延长或在粗实线延长线上时，连接处应当空开再画虚线、点画线或双点画线。

e. 当各种线条重合时，应按照粗实线、虚线、点画线的顺序画出。

(3) 字体和比例

① 字体　在设计图纸中，除图线以外，还需要用文字、数字来表示名称、说明设计要求并标注尺寸。国家标准 GB/T 14691—1993《技术制图　字体》要求制图中的字体必须做到字体工整、笔画清楚、间隔均匀、排列整齐。

a. 汉字　图纸中的汉字应采用国家规范的简化字，写成长仿宋体。汉字的高度不应小于 3.5mm。在图纸上书写汉字时，应从左到右、横向书写。

汉字字体的高度应从以下系列中选用：3.5，5，7，10，14，20（mm）。字体高度与宽度的比为$\sqrt{2}$：1（表 2-4），字距为字高的 1/4～1/5。

表 2-4　长仿宋字体的规格

字高/mm	20	14	10	7	5	3.5
字宽/mm	14	10	7	5	3.5	2.5

长仿宋体的书写要领是：横平竖直、注意起落、刚劲有力、间架平正、粗细一致、填满方格、结构匀称。长仿宋体汉字笔画的写法以及偏旁部首的位置和比例关系如图 2-5 所示。

木工技能速成一本通家具建筑规范椅子凳床沙发餐桌橱柜书球课字躺屏风架贸移衣服鞋帽门压托上下左右高低前后中说明塞角抽屉造图形表达法

图 2-5　长仿宋体汉字

b. 数字和字母　手写数字和字母在标准中规定有正体和斜体两种。常用的是斜体，字头向右倾斜，倾斜角度与水平方向呈 75°，在同一图纸上只允许用一种字号的字体。字体有八种字号，其公称尺寸系列为：1.8，2.5，3.5，5，7，10，12，14（mm），如表 2-5 所示。

表 2-5　字体示例

阿拉伯数字	1234567890
大写拉丁字母	ABCDEFGHIJKLMNOPQRSTUVWXYZ
小写拉丁字母	abcdefghijklmnopqrstuvwxyz
罗马字母	I II III IV V VI VII VIII IX X

② 比例　比例是指图纸上所画图形的大小（线性尺寸）与实物大小（线

性尺寸）之比，即比例＝图形大小：实物大小。

例如实际长度为 20mm 的直线，在图纸上画出的也是 20mm，那么这条直线的绘图比例为 1∶1；若在图纸上画出的是 10mm，那么这条直线的绘图比例为 1∶2，画图尺寸按照实际尺寸缩小一半绘制（缩小比例）；若在图纸上画出的是 40mm，那么这条直线的绘图比例为 2∶1，画图尺寸按照实际尺寸放大一倍绘制（放大比例）。

但是，不管是按照放大比例绘制，还是按照缩小比例绘制，图纸上所标注的尺寸必须是实际尺寸。因此，每张图纸上均应注明图样的比例。

（4）尺寸标注方法

由于图纸需要按照一定比例进行绘制，所以图形一般都要标注尺寸，尺寸的标注关系到加工方法和产品的质量。不同行业对于尺寸标注的具体方法也有所差异，现以建筑、家具标准为例，介绍图样尺寸标注的基本方法。根据国家标准，图纸的尺寸单位统一为毫米，标注尺寸时无需标明单位。

① 尺寸的组成　图纸在进行尺寸标注时应包括尺寸线、尺寸界线、尺寸起止符号和尺寸数字 4 个要素，如图 2-6 所示。

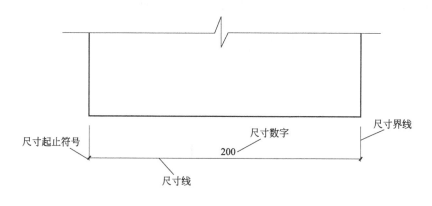

图 2-6　尺寸的组成

a. 尺寸线、尺寸界线和尺寸起止符号均为细实线，尺寸数字一般写在尺寸线上方，也可以写在中间断开的尺寸线之间。

b. 尺寸起止符号采用倾角为 45°、长度为 2～3mm 的短线或小圆点表示，同一张图纸上应采用一种起止符号。

c. 尺寸界线必要时可由轮廓线或中心线的延长线代替。尺寸界线应超出尺寸线 2～5mm。一般情况下尺寸界线与尺寸线垂直。

d. 尺寸线需要单独画出，不能用其他线代替。

② 尺寸标注的基本方法

a. 尺寸数字的标注位置需要根据尺寸线的角度有所变化。水平方向的尺寸，其尺寸数字写在尺寸线的上方；垂直方向的尺寸，其尺寸数字写在尺寸线的左方，并且字从下向上。其他倾斜角度的尺寸线，其尺寸数字标注如图2-7所示。需要注意的是，在标注尺寸时，应避免出现如图2-7所示30°范围内出现的尺寸标注，如必须标出时，可以采用引出标注的方式。

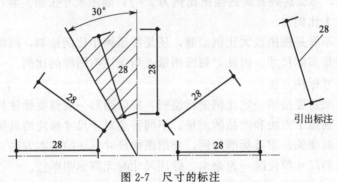

图2-7　尺寸的标注

　　b. 对于小尺寸的标注，在图纸上往往没有足够的空间，可以采用引出尺寸线的方式进行标注，并且引出线要与原尺寸线方向一致，如图2-8所示。

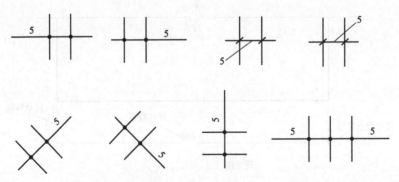

图2-8　小尺寸的标注

　　c. 角度的标注中，尺寸线是圆弧线，起止符号用箭头表示，如图2-9所示。不管绘制的角度大小如何，尺寸数字一律水平书写，小角度可以引出标

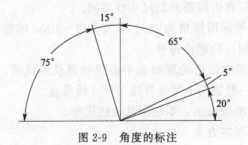

图2-9　角度的标注

注。当箭头因空间狭小无法画出时，箭头可以用小圆点代替。

　　d. 圆形的标注中，圆形或大于半圆的图形尺寸使用直径标出，在直径数字前加 "ϕ"，尺寸线必须通过圆心或在圆弧线的法线方向；起止符号为箭头，并指向圆弧线，如图 2-10 所示。

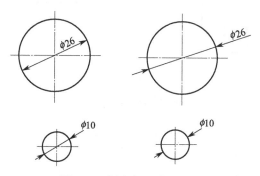

图 2-10　圆直径尺寸的标注

　　e. 半圆或者小于半圆的圆弧在标注的时候使用半径标出，在半径数字前加 "R"；半径尺寸线的方向必须通过圆心位置或者指向圆心方向；半径起止符号只需要一端带箭头，箭头指向圆弧线；较大半径的圆弧可将尺寸线画成折线，如图 2-11 所示。

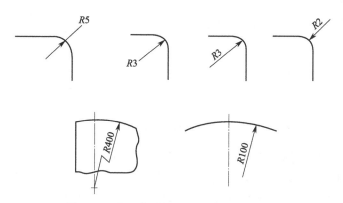

图 2-11　小于半圆的圆弧半径尺寸的标注

　　f. 球面的标注与圆和圆弧的直径和半径尺寸的标注方法相同，应在直径尺寸数字前加 "$S\phi$"，半径尺寸数字前加 "SR"（图 2-12）。

　　g. 零件的断面尺寸可以在断面上引出水平线，上面写上 "宽×高" 或 "高×宽"，要注意引出线必须从前面数字表示的一边引出（图 2-13）。

　　h. 标注坡度时，坡道上方应当加注坡度符号 "←"，箭头指向下坡方向。同时坡度表示也可使用直角三角形形式标注，见图 2-14。

　　i. 标高符号为等腰直角三角形，高约为 3mm。在总平面图中表示室外地

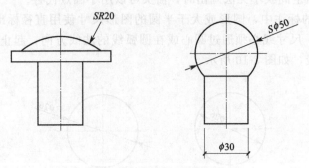

图 2-12　球面尺寸的标注

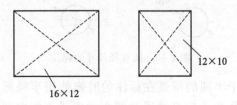

图 2-13　断面尺寸的标注

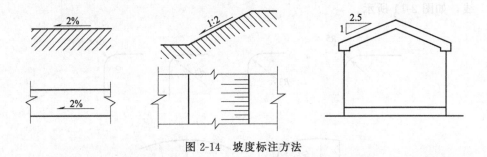

图 2-14　坡度标注方法

坪时，标高的三角形宜涂黑表示。标高符号的尖端指至被注高度，标高数字标注在符号的左侧或右侧。标高数字以"米"为单位，一般注写到小数点后三位，在总平面图中注写到小数点后两位即可。标高高度为正时，无需注"＋"，负数标高应在前面标注"－"。在同一位置表示不同高度时，标高数字可依次注写在括号中，如图 2-15 所示。

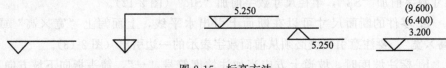

图 2-15　标高方法

2.2　图样图形表达方法

2.2.1　视图

对于产品的外形和结构，一个投影面很难表达清楚，一般采用三个投影面体系中得到的三个视图表达，即主视图、俯视图和左视图。这三个视图在图纸上的位置是固定的，而且有着相互的投影联系和等量关系。

在上述三个视图的基础上，在相对方向再各设一个投影面，可以得到后视图、右视图和仰视图，这六个视图统称为基本视图。

在一张图纸上，六个基本视图的相对位置关系是不变的，图纸需按照规定的相对位置布置，无需写出视图的名称，如图 2-16 所示。通常情况下一张图纸用主视图、俯视图和左视图表示即可，有时根据表达物体的需要，可适当增加其他视图以使表达更清晰。

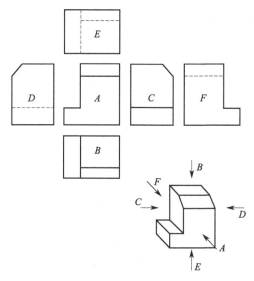

图 2-16　六个基本视图及其相对位置

视图的数量既不是都要画满三个基本视图，也不是越多越好，每一个视图都有不能被其他视图所替代的需表达的特定内容。

主视图在基本视图中是最重要的。在一张图纸中，主视图要求能反映所画对象的主要形状特征。对于家具来说，通常都以家具的正面作为主视投影的方向。但是有些家具比如椅子常常把侧面作为主视图的投影方向，因为侧面能更多地表现出一把椅子的外形及功能特征，包括靠背倾角、座倾角、座深等。所以在确定图纸主视图时，要仔细观察所画对象的特征，将能表达信息最全面的视图作为主视图，而非一定是所画对象的正面。

由于图纸幅面有限，制图时无法按照实物的原尺寸画在图纸上，因此制图时都需要按照一定的比例缩放。对于尺寸比较大或者内部结构比较复杂的产品，基本视图就无法清晰地表达产品的内部结构和接合方式，需要采用局部放大或按照实物原尺寸画出的方式清晰地表达基本视图某一投影方向上的详细信息，这种图就是局部视图（局部详图）。

局部视图的表示方式如下。

a. 局部视图中其他不需要表达的部分可用折断线断开，只画出需要表达的一部分即可，当要表达的形状为封闭的图形时，则可省略折断线，画出局部完整视图，如图 2-17 所示，柜子的装脚即采用整体表示。视图的位置可以灵活安排，但应尽可能靠近所要表达的部位。

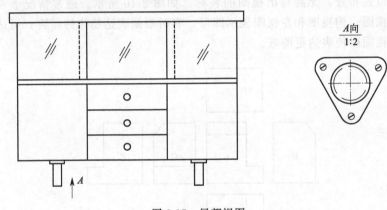

图 2-17　局部视图

b. 在主视图上需要详细表达的节点附近画直径为 8mm 的圆，圆中写数字；在局部视图上对应画出直径为 12mm 的圆，标记相同的数字，同时在通过圆心的水平线上标记制图比例，如图 2-18 所示。

c. 当画出的是某一方向或者某一剖面的局部视图时，局部视图符号如图 2-18 所示，在短线上写出方向或剖面符号，短线下写出比例。

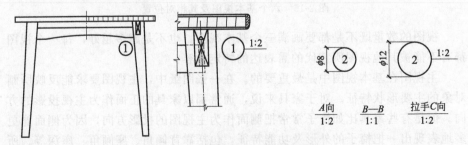

图 2-18　局部视图及局部视图符号

2.2.2 剖视

一件产品的内部结构如果比较复杂或者被遮挡的部分比较多，其图纸上的线条就会混杂不清，给看图增加困难。这时就可以采用剖视的方法解决。假想用一个剖切平面将形体剖开，移去剖切平面其中一部分，并将留下的部分投影到与剖切平面平行的投影面上，这时所得的视图称为剖视图，如图 2-19 所示。

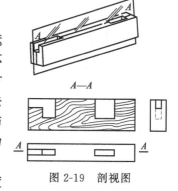

图 2-19　剖视图

剖视图可以看清零件内部孔洞的形状、深度和宽度，便于了解零件的具体信息。被剖开的零件中，剖到的实体部位需要画上剖面符号，以表示材料的类型，并方便区分剖切表面和剖不到的后面的空间关系。

剖视图中剖切位置的选择，绝大部分是采用假想平面剖切。对于回转体等的剖切面一般都要通过轴线，以显示其内部结构。

剖视图分为全剖视图、半剖视图、局部剖视图、旋转剖视图和阶梯剖视图。

2.2.2.1 全剖视图

全剖视图是用一个剖切面完全地剖开物品后所得的剖视图（图 2-20）。剖切面一般是正平面、水平面和侧平面。

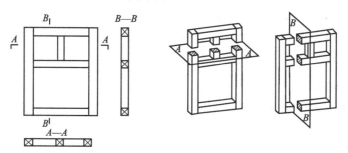

图 2-20　全剖视图

剖视图的标注方法如下。

a. 用两段长 6～8mm 的粗实线表示剖切符号，在基本视图上标明剖切平面的位置，在剖切符号的两端和相应的剖视图都标注相同的字母，剖切符号尽量不与轮廓线相交。当剖视图不在基本视图位置时，则要在剖切符号两端作垂直的短线（4～6mm）以表示投影方向。

b. 当剖切平面的位置清楚明确时，允许省略剖切符号和字母。

c. 当基本视图画成剖视图时，其位置处于规定情况下，中间无其他图形隔开，允许不画投影方向。

d. 剖视图的上方或者下方用"字母＋粗实短线＋字母"组合的形式，例如"*A-A*"标明具体是哪个位置的剖面图。

2.2.2.2 半剖视

当所画产品、零件对称（或基本对称）时，在垂直于对称面的投影面上的投影，可以中心线为分界线，一半画成剖视图，一半画外形视图，这样的视图叫半剖视图，如图 2-21 所示。

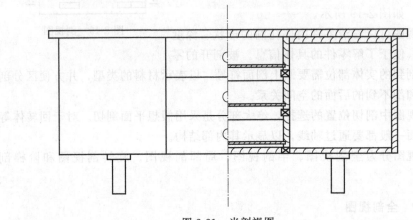

图 2-21 半剖视图

半剖视图的标注方法与全剖视图相同，剖切符号仍与全剖视图一样横贯图形，以表示剖切面位置；标注的省略条件与全剖视图相同。若半剖视图在不同的剖切位置剖视的结果不同，则必须注明剖切符号以标明具体剖切位置。

2.2.2.3 局部剖视图

剖切平面局部剖开所画产品获得的剖视图为局部剖视图，局部剖视图用波浪线与未剖开部分进行分界，如图 2-22 所示。局部剖视图能尽可能保留原始产品的外形，只对其中一部分的结构进行细化说明。局部剖视图一般不加标注。

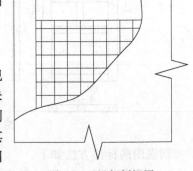

图 2-22 局部剖视图

2.2.2.4 阶梯剖视图

用两个或两个以上的互相平行的阶梯平面剖切所画产品后得到的剖视图称为阶梯剖视图，如图 2-23 所示。采用阶梯剖的形式可以很清晰地表达两个内部孔洞的大小和形状，剖面符号在阶梯剖的转折处会画在产品内部，其他画法与前述一致。

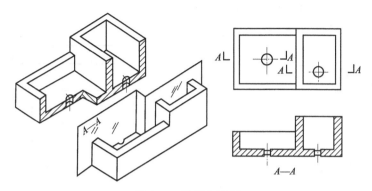

图 2-23 阶梯剖视图

2.2.2.5 旋转剖视图

当两个剖切平面相交时，需要通过旋转使两剖切平面处于同一水平面内，这样得到的剖视图称为旋转剖视图，如图 2-24 所示。剖切符号转折处也要写上字母。

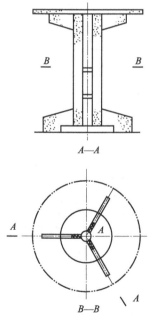

图 2-24 旋转剖视图

2.2.3 剖面和剖面符号

剖面是一个假想的剖切平面垂直于轮廓线切断零部件后画出的断面图形。

剖面分为移出剖面和重合剖面两种。移出剖面是画在视图外的剖面，重合剖面是直接在视图内画出的剖面，如图 2-25 所示。

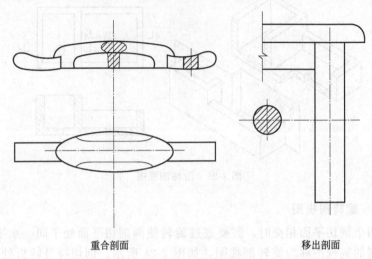

重合剖面   移出剖面

图 2-25　移出剖面和重合剖面

常见材料剖面符号的画法如表 2-6 所示。

表 2-6　常见材料的剖面符号

序号	名称	图例	备注
1	木材方材横断面		在同一图纸上需使用同一表达方式
2	木材板材横断面		为具有一定弧度的短曲线
3	木材纵向剖切图		若需大面积绘制时,为使图纸简洁,可省略不画
4	细木工板的横断面		上下两条线代表表层单板,中间竖直短线代表内部木条
5	细木工板的纵剖面		中间矩形长、宽比为 3∶1
6	基本视图上的细木工板		图形较小时免画覆面板
7	刨花板剖面		中间填充为点＋短线
8	覆面刨花板剖面		在刨花板剖面基础上画出覆面板
9	基本视图上的覆面刨花板剖面		图形较小时免画覆面板
10	纤维板剖面		中间填充为圆点
11	覆面纤维板剖面		在纤维板剖面基础上画出覆面板

续表

序号	名称	图例	备注
12	基本视图上的纤维板剖面	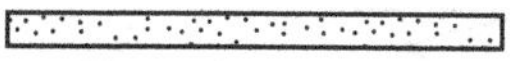	图形较小时免画覆面板
13	胶合板剖面	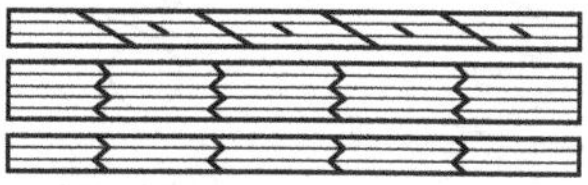	斜线与水平面倾角为 30°，注明层数
14	基本视图上的胶合板		图形较小时免画中间单板
15	金属材料剖面	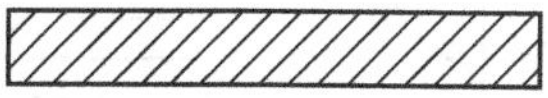	中间填充 45°斜线，剖面厚度小于 2mm 时，涂黑处理
16	塑料、有机玻璃、橡胶		中间填充 45°斜方格
17	软质填充材料：泡沫、棉花、织物等	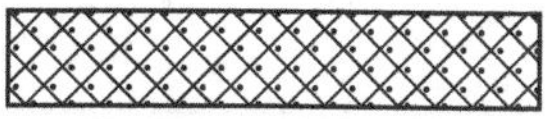	中间填充 45°斜方格加点
18	空心板的剖面	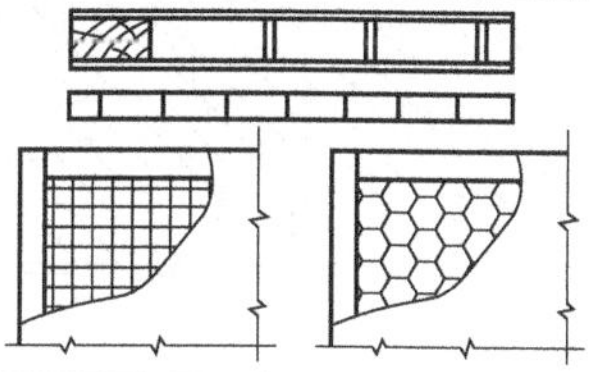	内部填充可用局部剖视图表示
19	石膏板	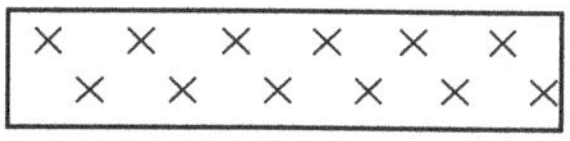	内部填充 45°斜十字
20	玻璃	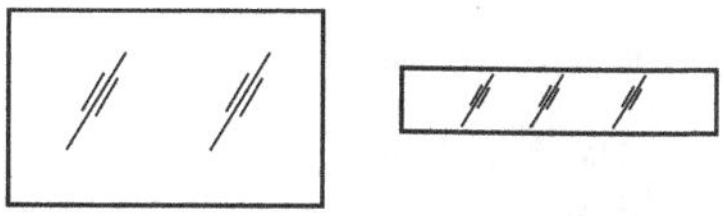	三条细实线，中间长两侧短，与轮廓线倾角为 30°或 60°
21	镜子	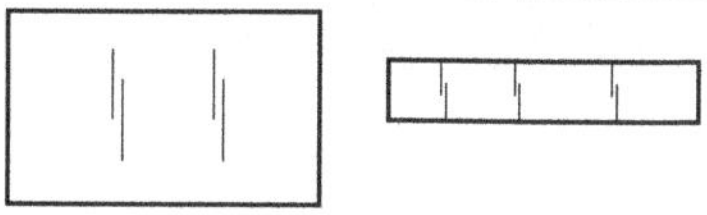	中间填充两条交错细实线，与上下轮廓线垂直
22	纱网	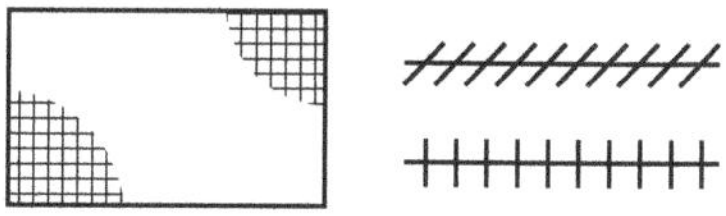	图中两种画法均可
23	竹编、藤织	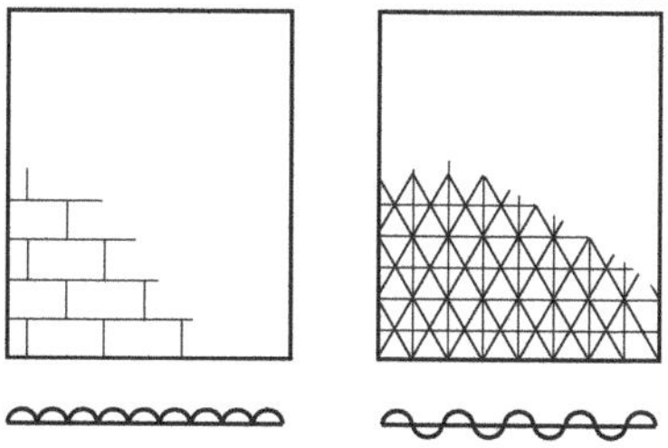	采用局部剖视图表示材质

续表

序号	名称	图例	备注
24	弹簧	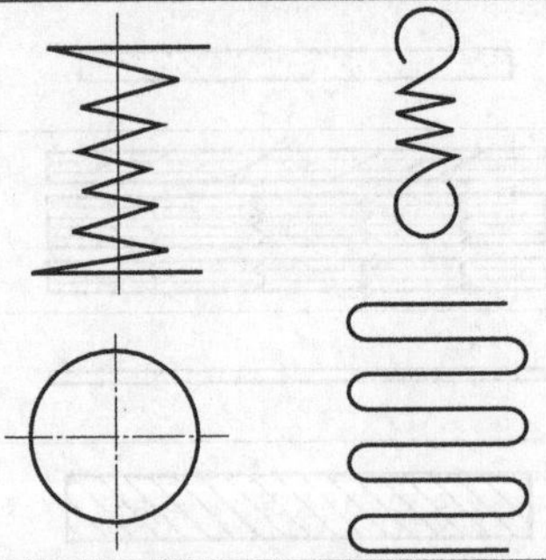	两种弹簧的表示方式,根据实际情况绘制
25	混凝土	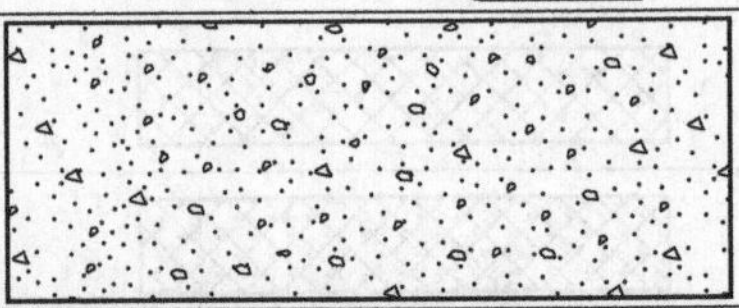	本图例指能承重的混凝土及钢筋混凝土;断面图形较小不易画出图例时,可涂黑
26	钢筋混凝土	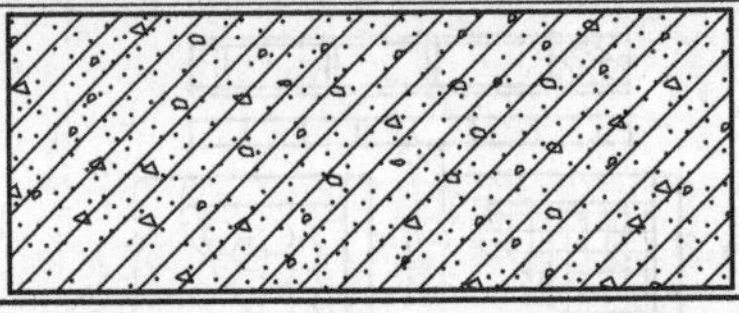	

扫码领取
- 新手必备
- 拓展阅读
- 案例分享
- 书籍推荐

第 3 章

木工工具与设备

3.1 量具和画线工具

量具和画线工具是手工木工制作时必要的工具。

3.1.1 量具

量具用于测量加工工件的具体尺寸，或用于检验加工精度，也可作为画线的辅助工具。量具可分为直尺、卷尺、角尺、折尺、水平尺、线锤等。

（1）直尺

直尺一般有木质、钢质两种，如图 3-1、图 3-2 所示。木质直尺常选用不易变形的硬杂木或竹材制成，钢质直尺一般为不锈钢制成。直尺尺寸有公制和英制之分，通常有 150mm、300mm、600mm 和 1000mm 等规格，主要用来度量精度要求较高的工件尺寸和辅助画线。

画线时，将直尺放于木料上方，零刻度线抵住木料，对齐要画的线的一端，将铅笔的笔尖贴住尺端，用笔尖在木料上画线，根据具体需要画出不同长度的直线。当需要移动直尺画出长直线时，移动直尺的动作应平缓，并保证移动后画出的直线与已画出的直线在同一条直线上。

图 3-1　木直尺

图 3-2　钢直尺

（2）卷尺

卷尺是应用最为广泛的木工装修必备工具，携带方便、实用性强。木工常用的卷尺一般为皮卷尺和钢卷尺（图 3-3），尺寸分为公制和英制。钢卷尺常用规格有 3m、5m、15m 等。皮卷尺多用于测量室内房屋尺寸，常用规格为 20m、30m 和 50m。

使用卷尺测量时，应保持工件稳定，将卷尺零刻度线对准工件端头按住保持不动，另一端拉至被测件边缘垂直进行读数。用卷尺测量木料时要防止尺头和尺面弯折。

图 3-3　钢卷尺

尺翼

尺柄

图 3-4　直角尺

（3）角尺

角尺一般分为木质和钢质两种，有直角尺、三角尺和活络角尺等。

① 直角尺　直角尺如图 3-4 所示，尺柄长度一般为 15～20cm，尺翼长度为 20～40cm，尺柄与尺翼互相垂直，在木工工作中常用来测量和标记直角、画垂直线、平行线以及检验水平和垂直。

② 三角尺　三角尺如图 3-5 所示，宽度平均为 15～20cm，尺翼与尺座夹角为 90°，其余两角为 45°。使用时将尺座紧贴被测木料面边棱，可在木料上画出 45°角直线及垂线。

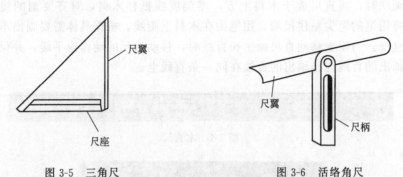

尺翼

尺座

图 3-5　三角尺

尺翼

尺柄

图 3-6　活络角尺

③ 活络角尺　活络角尺可用硬杂木、铝板或钢板制成。活络角尺的尺翼长约 30cm，中间有一个长孔，尺柄与尺翼用螺栓活动连接，尺翼叠放于尺柄之内，尺翼可在尺柄上变换任意角度。使用时先调节好角度，然后将尺柄紧贴被测木料边棱，沿着尺翼画出所需角度的斜线。活络角尺也可以用于机械结构

定位，将同一角度转画于其他木料上，如图 3-6 所示。

（4）折尺

折尺分为四折尺和八折尺两种，如图 3-7 所示。公制四折尺展开长度为 500mm，英制四折尺展开长度为 2 英尺（约为 610mm），而八折尺长度为 1000mm。除去一般测量作用外，折尺还可以用来画平行线。折尺在使用时需要将尺身拉直后再平贴于木料表面。

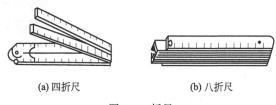

(a) 四折尺   (b) 八折尺

图 3-7　折尺

（5）水平尺

水平尺是用于检验平面是否水平的工具，工程中使用水平尺进行水平找准。水平尺的中部和端部各装有水准管，当水准管内部的气泡居中时，即为水平。为了在使用时减小误差，可先在水平面上将水平尺旋转 180°，复检气泡，确定气泡居中后再进行测量。木工常用水平尺包括木水平尺和钢水平尺两类，如图 3-8 所示。

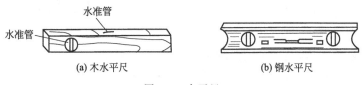

水准管

水准管

(a) 木水平尺   (b) 钢水平尺

图 3-8　水平尺

（6）线锤

线锤多为钢质的正圆锥体，如图 3-9 所示，其上端正中心设有中心带孔的螺栓盖，可通过中心孔系一根线绳。木工常用线锤来检验物体的垂直度，使用时手持线的上端，将线锤自然下垂，线锤依靠重力落下，形成垂直线，目光顺线观察线绳与物体从上至下的距离是否一致，一致则表示物体垂直。线锤在工程中也可用于垂直找准。

（7）激光测距仪

激光测距仪是利用激光发射及反射的原理，测定激光测距仪激光发射源与被测面距离的一种电子尺寸测量仪器。激光测距仪可以快速测量距离尺寸，提高测量和工程制作效率，如图 3-10 所示。

（8）激光水平尺

激光水平尺是利用激光发射的原理，在被测表面打出水平或垂直的激光束

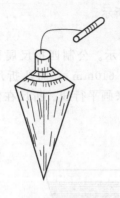

图 3-9　线锤

图 3-10　激光测距仪

（图 3-11），用于检验被测物件的水平度和垂直度，常用于工程验收。激光水平尺也可为室内装修提供水平基准和垂直基准。激光水平尺根据激光束的数量可分为两线、三线、五线激光水平尺。

3.1.2　画线工具

画线工具通常与量具配合使用，在木料上画上所需的线条。最常见的有画线笔、墨斗、勒线器、丁字尺、圆规、分度角尺等。

（1）画线笔

图 3-11　激光水平尺

木工最常用的画线笔一般为画线铅笔。木工铅笔使用时要将铅芯削成扁平形，铅芯头保持一定弧度，以保证画线准确，不易被折断。画线时要使铅芯扁平面靠着测量尺顺画。

（2）墨斗

墨斗主要是由墨仓、线轮、墨线、墨签四部分构成，是木工工具中极为常见的工具。使用墨斗弹线时，要先将线的前端钩在木料的一端，墨斗拉向木料的另一端，线绳附在木料表面，墨线两端压在工件上并绷紧，然后用手垂直地提起墨线后松手，即可在木料上留下一道墨迹，如图 3-12 所示。

（3）勒线器

勒线器由勒子挡、勒子杆、活楔和小刀片等部分组成。使用时，按需要的尺寸调整好导杆以及把翼型螺母拧紧，将勒子挡紧靠木料侧面，由前向后地勒线。刨削木料时，用线勒出木料的大小基准线，如图 3-13 所示。

（4）丁字尺

丁字尺有木质、钢质和塑料质。如图 3-14 所示，尺柄与尺翼成 90°角，尺柄厚 4～8mm，宽 50mm，长 200～300mm。尺翼厚 3～6mm，宽 50～80mm，

长 400~1000mm。其主要被木工应用于大批量工件的榫眼画线,画线时先将
工件紧密排列在画线台上,最上边放置一个已经画好的样板,然后将丁字尺的
尺柄紧贴于样板的长边,尺翼一边对着样板上的线条压于工件上,左手压紧尺
翼,并用木工铅笔在工件上画线,然后移动丁字尺重复上述步骤画好其他线。

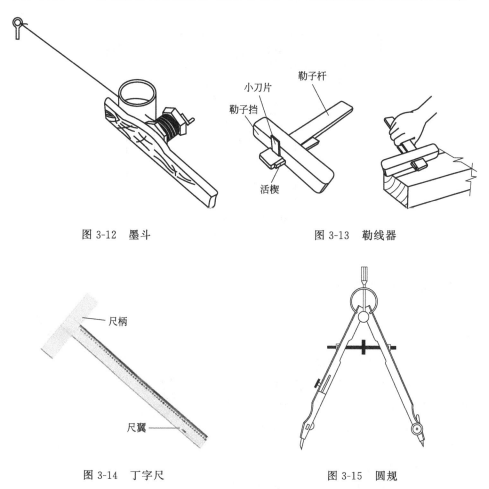

图 3-12　墨斗　　　　　　　　　　　　　　　图 3-13　勒线器

图 3-14　丁字尺　　　　　　　　　　　　　　图 3-15　圆规

(5) 圆规

木工主要是用圆规来等分线段,画圆或圆弧。圆规的一腿为可固定的活动
钢针,另一腿上可根据不同用途换成不同的插脚。使用时,首先检查两脚是否
等长,然后将针尖轻轻插在圆心上,用另一个腿顺时针在木料上画线,如图 3-
15 所示。

(6) 分度角尺

分度角尺由尺座、量角器、尺翼、销钉、螺栓等组成,如图 3-16 所示。
尺座的尺寸为长×宽×厚=(150~200)mm×20mm×(20~25)mm。量角

器直径常见为 90mm，使用时在量角器半圆直径的中心点钻一个孔。尺翼厚度为 2mm，长度为 300～500mm，宽度为 25mm，在尺翼中段中心钻一孔，孔与螺栓配合使用。在组合过程中，尺翼与量角器叠合时，量角器上 90°刻线必须垂直于尺翼，两者的孔洞需对准。

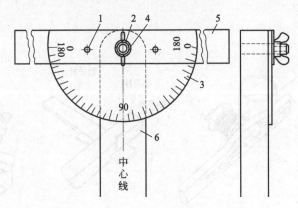

图 3-16　分度角尺
1—销钉；2—螺栓；3—量角器；4—垫圈；5—尺翼；6—尺座

3.2　木工手工工具

3.2.1　斧

斧是一种砍削或敲击的工具，包括单刃斧和双刃斧两种。双刃斧多用于劈砍木材，而木工加工常用的多为单刃斧，如图 3-17 所示。单刃斧的质量通常为 0.5～1.5kg，长度约为 400mm。

（1）斧的使用

图 3-17　斧

a. 平砍：平砍是将被加工木料放置在水平面上，双手紧握斧柄，以墨线为准，留出刨削余量，顺木纹方向挥动斧进行砍削。平砍适用于较大的木料，例如木结构建筑用料的砍削。

b. 立砍：立砍一般用在砍削较短小的工件，一只手把木料扶直，另外一只手握斧，以墨线为准，留出刨削余量，顺着木纹方向挥动斧进行砍削。当被加工工件较长时，可每隔 50～100mm 斜砍一些缺口，等斧刃顺着木纹方向砍到缺口时，木屑会自然脱落。

c. 若在砍削过程中发现节疤、腐朽等缺陷，需要将缺陷处去除，如遇到的缺陷较大，可以利用圆锯将其去除。

d. 若砍削过程中遇到戗槎，需要从工件的另一个方向再进行砍削。

e. 经常检查斧柄与斧头的连接是否牢靠，确保使用过程中的安全。

f. 在地上砍削时，木料底下要垫上木块，防止斧头触地受损。

（2）斧的打磨

斧刃要避免与铁具、石块等硬物碰撞，如果刃口出现钝口或缺口，应用磨石研磨。研磨时保持斧子的研磨面与磨石平面贴合紧密，磨好的斧刃要锋利、挺直、无缺口。

3.2.2　锛

锛是木工用的一种平木器、削平木料的平斧头，一般一侧刀刃是横向的，用于削平木材；另一侧刀刃是纵向的用于劈开木材。木工砍削较大的平面木料时，用锛（图 3-18）砍削比用斧砍削效率高。使用时只手握住锛的手柄尾端，另一只手握住锛把自尾端起 1/3 处，将锛提到一定高度后对准被平削的木料向下挥。使用锛时身体应前倾，与地面成 60°～70°。

图 3-18　锛

3.2.3　刨

刨是木工用来刨光平面、曲面，加工槽、口、线的手工工具。木料经过刨削后表面会变得平整、光滑。

（1）刨的种类

刨根据不同的加工需求，分为槽刨、平刨、边刨、凸刨、铲刨、凹刨、蝴蝶刨、平槽刨等，如图 3-19 所示。

（2）刨的使用

刨的种类不同，在使用上有一定差异，但是基本使用方法一致。以平刨为例，先调整刨刀和盖铁间的刃口距离，用螺栓拧紧后将其插入刨身中，刃口接近刨底，加上木楔往下压，左手捏住刨身左侧棱角处，大拇指在木楔、盖铁和刨刀处，用锤轻敲刨刀使刨刀刃口露出刨口槽。要根据刨削量确定刃口露出量，一般为 0.1～0.5mm，最多不超过 1mm，粗刨刃口露出量多一些，细刨刃口露出量少一些。使用时要先将刨刀研磨锋利，用右手拇指和食指压住刀身，左手扶住右手保持稳定，使刀身与磨石面紧密贴合，然后用力施压，匀速前后推动刨刀进行研磨。

刨刀研磨锋利后，开始刨削木料，双手握住刨身，拇指压在刨身后部，食指压在刨身中部靠前一点，一脚在前一脚在后，身体稍向前倾。以掌推刨，两食指对刨的前身施加压力，防止刨头上翘；推至中途，食指减压，以拇指对刨身后端施加压力；推至终端后，食指压力减小，拇指压力增大，直至全部压住，避免刨头向下吃刀。推刨过程中双腿也要与手配合进行加工。

刨削好第一个面后，拿起木料，用眼睛检查木料表面是否平顺，不平之处要进行修刨。接着再刨削相邻侧面，侧面不但要检查其是否平直，还要用角尺沿着正面来回拖动，检查这两个面是否垂直。

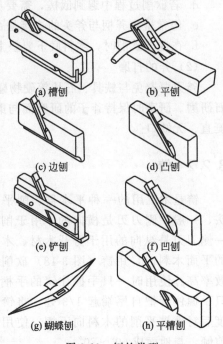

图 3-19　刨的类型

在刨削较长的木料时，当刨削完第一下后，退回刨身并向前跨一步，从第一下的终点处接着刨削第二下，如此连续向前。在刨削弯曲料时，应先刨削凹面，后刨削凸面。

刨用完后要将刨刀退出，挂在工作台板间或使其底面向上平放。使用中要经常检查刨底是否平直光滑，如有不平整应及时修理，否则会影响刨削质量。

（3）刨的研磨

刨刀长时间使用后刃口会变钝，尤其是刨削过硬质木料或节疤后，刃口会出现细小缺口，所以要经常进行研磨。研磨刨刃所用磨石有粗磨石及细磨石。刨刀上的缺口或刃口斜面可用粗磨石来研磨，细磨石研磨可使刃口更加锋利。

根据不同用途，刨刀的刃磨角度也有所差异：粗刨刨刀的刃磨角度为20°左右，细刨刨刀的刃磨角度为25°左右，光刨刨刀的刃磨角度为30°左右。

3.2.4　锯

（1）锯的种类

锯是木工用来将木材横截、纵截和曲线锯割的工具。其常用的种类有刀锯、钢丝锯、框锯、横锯、侧锯等，如图3-20所示。

① 刀锯　刀锯由锯片和锯把两部分组成，根据锯片不同有单刃刀锯、双刃刀锯和夹背刀锯，单刃刀锯一边有齿刃，有纵割锯和横割锯两种。双刃刀锯两边有齿刃，一边为纵割锯，另一边为横割锯。夹背刀锯锯齿较细，锯背上用

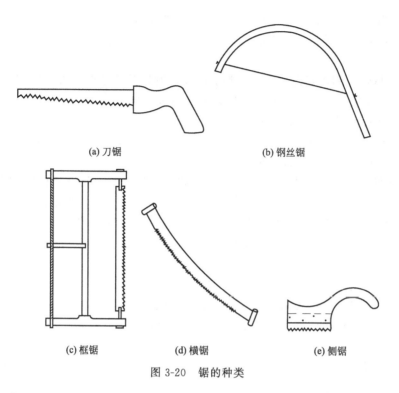

(a) 刀锯　　　　　　　　　　　　　　(b) 钢丝锯

(c) 框锯　　　　　(d) 横锯　　　　　(e) 侧锯

图 3-20　锯的种类

钢条夹直，也有纵割锯和横割锯之分。

② 钢丝锯　钢丝锯也称弓锯，是在弓形锯身两端绷装钢丝而成。钢丝上剁出锯齿形的飞棱，利用飞棱的锐刃来锯割，适用于锯割复杂的曲线或开孔。

③ 框锯　框锯也称架锯，由锯条、锯钮、锯柄、锯梁、锯索、锯标等部分组成，按其用途不同框锯又分为纵割锯（顺锯）和横割锯（截锯）。框锯根据其锯条长度及齿距不同分为粗锯、中锯、细锯、绕锯等。粗锯、中锯、细锯的锯条宽 22～44mm，厚 0.45～0.7mm；绕锯的锯条较窄，约为 10mm。

④ 横锯　横锯也称龙锯，它的锯齿方向是由中央向两端斜分，且锯齿呈弧形，两端装上手柄，供两人推拉截断木料，锯条长约为 900～1800mm。

⑤ 侧锯　侧锯也称槽锯，由手柄和锯条组成，锯条长约 200～400mm，用螺栓固定在手柄下方的凹槽内，锯齿很细，用于在木料上开槽。

（2）锯的使用

① 刀锯　刀锯主要用于人造板材的锯解。用刀锯锯板材时，应先在板上画线，将板放在桌子或凳子上，副手按着板子，主手操作锯沿线将板材锯开。在即将锯断时，要固定将被锯下的板材，或者有人配合扶着将被锯下的板材，以免锯口末端劈裂。

② 钢丝锯　钢丝锯主要用来在人造板或薄木板上挖孔或锯曲线。锯外沿曲线时，可用右手操作锯，用脚踩紧工件直接沿线锯割，边锯边转动工件。锯

内孔或内部曲线时，先在工件上钻一小孔，将钢丝从锯弓上取下，穿过工件小孔后，再装好钢丝锯割。用钢丝锯锯割圆孔或曲线时用力不要过猛，以免拉断钢丝。

③ 框锯 锯木料前应先在木料上画线，调好锯条角度，通常为 45°，拉紧锯条。操作框锯时，主手握住锯柄，无名指和小指夹住锯钮，锯齿尖要朝下。在进行纵向锯解和曲线锯割时，站在工件左边；横截时站在工件右边。锯解原木时需要将原木捆绑固定在其他物体上；而锯解小型木料时，纵向锯解或曲线锯解是以脚踩固定住工件后再进行操作。

④ 横锯 用横锯锯割时，应从木料的棱角处开始下锯，近棱角的人进行拉锯，并要瞄准墨线，推锯人高抬锯把，开始几次只需短距离地往返轻拉，待有适当锯缝时，再进行正常速度的推拉。推拉锯过程用力要均衡，以防跑锯。如果发现锯口偏斜，要及时纠正偏差，然后保持两手用力均衡。锯割到全长的2/3 后，再倒过来从大头处开始锯割。

（3）锯的维修

在锯割过程中如果感到费力、夹锯、跑线，就需要对锯进行维修。锯的维修主要是指对锯齿的修理，应先进行拨齿，然后锉锯齿即可。

3.2.5 凿

（1）凿的种类

凿是木工用来打眼、剔槽和挖孔的工具，由手柄和优质工具钢制成的凿体两部分组成。凿根据结构不同，主要分为平凿、圆凿和斜凿，如图 3-21 所示。

① 平凿 平凿根据凿刃的规格和结构不同，可分为宽刃凿、窄刃凿、轻便凿、扁凿和曲颈凿。宽刃凿的凿身轻薄，适合铲削棱角或修平表面；窄刃凿凿头宽度一般在 16mm 以下，凿刃角度为 30°～40°，用来凿较深的眼和

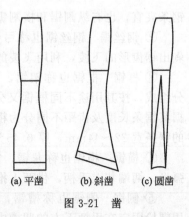

(a) 平凿 (b) 斜凿 (c) 圆凿

图 3-21 凿

槽；轻便凿形似宽刃凿，但凿刃更短、小、细、薄，主要用来凿浅眼、浅槽和安装检修门窗等。

② 圆凿 圆凿分为内圆凿和外圆凿两种，凿刃均呈弧形，内圆凿主要用来凿削圆槽，例如凿刻锁孔；外圆凿除去凿削圆形外还可以用于木料雕刻。

③ 斜凿 斜凿的凿刃为斜形，分左斜刃和右斜刃两种，按尺寸也分大型和中型两种，可以伸入孔内修整内孔表面，主要用来制作倒棱或当车刀切削圆形木件。

（2）凿的使用

凿削前应先固定木料，一般在长凳上进行加工。当木料较短时，人站在工件右边，可用夹具或左脚对木料进行固定；木料较长时则用身体坐在工件上或用多个夹具进行固定，确保凿削过程中木料不能移动，保证产品质量和自身安全。

凿削时，左手握紧凿柄，右手握斧，用斧的侧面敲击凿柄，凿刃对准事先画好的眼的墨线，下凿顺序应从榫眼的近处逐渐向远端延伸。第一凿在离眼端2～3mm处垂直凿削，刃口朝外，每次凿削深度应为5～10mm。每敲击一下，左手都要前后摇动一下凿身，以免夹凿。拔凿前移时，应以凿的两侧刃角抵住凿眼的两侧，前后摆动拔出，切勿左右摇摆，以免损伤眼壁。第二凿，凿身翻转过来倾斜75°，往第一凿向斜凿（可左右摇摆用凿刃两角抵住工件前移来准确定位）。第三凿恢复到第一凿的位置排出一块凿屑。四至八凿，下凿姿势同第二凿逐渐扩张榫眼。九至十一凿，将榫眼两端凿齐。凿完一层后仍按上述程序继续凿削，直至达到眼深为止。最后用凿的前刃贴着眼的侧壁清理修整，凿眼工序即告完成。

凿削贯通榫眼时须两面画线，凿一半眼深时，翻转工件从另一面将眼凿透，最后用宽凿将眼壁修整平齐。

（3）凿的维修

凿使用一段时间后凿刃会变钝，须将刃口磨利。平凿的粗磨在砂轮上进行，细磨在细磨石上进行研磨。圆凿的刃口呈圆弧形，要用圆棒形油石研磨。

研磨凿刃时要用右手紧握凿柄左手横放在右手前面拿住凿的中部，使凿刃斜面紧贴在磨石面上，用力压住均匀地前后推动，要注意凿刃斜面的角度。刃口磨锋利后，将凿翻转过来把平面放在磨石上磨去卷边，将刃口磨成直线，切忌磨成凸形。

3.2.6　钻

钻是用来钻孔的工具。门窗、家具及木结构上安装钉、铰链、锁等都要在工件上钻孔。常用的钻孔工具有手钻、牵钻、弓摇钻、手摇钻、螺旋钻等，如图3-22所示。

① 手钻　多用于装钉门窗五金前的钻孔定位。使用时右手紧握钻柄，钻尖对准孔中心，用力扭转，钻头即钻入木料。使用手钻时要使手钻与木料面垂直。

② 牵钻　多用于在家具上钻小孔或在硬木上预钻孔。使用时副手紧握握把，钻头对准孔中心，主手握住拉杆沿着水平方向推拉，要保持钻杆与木料面垂直，不可偏斜。

③ 弓摇钻　多用于钻木料上6～20mm孔眼，使用时副手握住顶木，主手

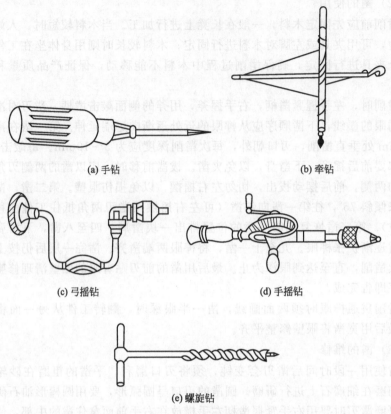

(a) 手钻

(b) 牵钻

(c) 弓摇钻

(d) 手摇钻

(e) 螺旋钻

图 3-22　钻的类型

将钻头对准孔中心，然后副手用力压住，主手摇动摇把顺时针方向旋转，钻头进入时要使钻头与木料表面保持垂直，切勿左右摇摆以免扩大钻孔或折断钻头。如果木料较硬，可将顶木贴靠前胸肩胛骨，以上身重量施压，增加钻进速度。当孔被钻透时，将倒顺器反向拧紧，摇把逆时针方向旋转，钻头即可退出。

④ 手摇钻　有较大的切削力，常用来钻孔和扩孔，工作时，钻杆上部套筒不动，下半部在齿轮的驱动下带动钻头转动。操作时左手拇指朝上握住钻杆上的套筒把手，钻尖扎入工件，右手顺时针转动即可完成钻孔作业；当钻削大直径孔时，可用左肩压住钻杆上部套筒，左手握住钻杆中部把手施力钻孔。

⑤ 螺旋钻　常用于钻木料上的圆孔。使用时要先在木料正反面划出孔的中心，然后将钻头对准孔中心，两手紧握握把，用力向前扭拧，钻到大于二分之一孔深时，将钻退出，从反面开始钻，直到钻通为止。当拧转费劲时，可钻入一定深度后，退出钻头清除木屑后再钻。垂直或水平方向钻孔时，要使钻杆与木料表面保持垂直；斜向钻孔时，应自始至终正确控制好斜面角度。

3.3　木工电动工具

木工电动工具用电作为驱动动力，可代替手工工具，提高加工效率和质量。木工常用的电动工具有电钻、电动螺丝刀、电刨、电动线锯机、电动圆锯机、电动磨光机、气钉枪等。

3.3.1　电钻

电钻是一种木工用来钻孔或扩孔的机具，配上不同的钻头可以完成打磨、抛光、拆装螺钉螺母等。使用时，应事先检查好钻头安装是否牢固。钻孔时，钻头要保持直线平稳进给，注意钻头发生弹动和歪斜时应立即停止操作，防止钻头被扭断。当加工孔较大时，可先在孔中心处钻一个小孔，然后换钻头进一步扩大。钻较深的孔时，注意观察孔内钻屑量，钻屑较多时应退出钻头排屑后再继续加工。

3.3.2　电动螺丝刀

电动螺丝刀外形与电钻类似，夹持部分略有不同，根据需求不同可更换不同的螺丝刀头，对不同的螺钉完成拧紧加工。使用时，应注意刀头的旋转方向，拧螺钉时，刀头应与螺钉平面保持垂直。当工作过程中螺丝刀出现异常抖动时应立即停止加工，保证自身和机器安全。

3.3.3　电刨

电刨是用高速回转的刀头来刨削抛光木料的工具，具有效率高、刨削效果好等优点。使用时，应用副手紧握刨机前方握柄，主手握住机身后的握把，向前匀速平稳地推刨，回退时应迅速抬起刨身，防止刨刀损坏木件。当所刨削木料较长时，应用夹具固定好后再进行刨削。

3.3.4　电动线锯机

电动线锯机主要用于较薄的木板或人造板的锯割。线锯机锯条窄，不仅可以进行直线锯割，而且可以进行曲线锯割。根据结构不同，电动线锯机分为垂直式和水平式两种。垂直式手提电动线锯机的底板与锯条的夹角可以在 $45°\sim90°$ 内调节，从而锯割出斜边。操作前需要在木料上画线或沿临时安装的导轨推进锯割。进行曲线锯割前必须先画线，双手握住握把沿所画曲线匀速平稳锯割。水平式手提线锯机没有底板，操作时双手紧握机器沿线锯割，不可左右晃动，以防锯条损伤。

3.3.5 电动圆锯机

电动圆锯机主要用来横截和纵剖大块木料。使用时，应先在木料上画线，固定好木料后，启动圆锯机沿墨线匀速平稳推进锯机。使用锯机时应与设备保持适当距离并做好安全防护。

3.3.6 电动磨光机

电动磨光机是用来磨平、抛光木料的电动工具，根据构造不同分为带式、盘式和平板式等。使用时主手握住磨光机后部手柄，副手抓住侧面的手把平放在木制产品的表面上顺木纹推进，利用转动的砂带将表面磨平。磨光机砂磨时，切勿原地停留时间过长，以免磨出凹坑损坏木料表面。用羊毛轮抛光时，压力要适度，以免磨损漆膜。

3.3.7 电木铣

电木铣是木工用来修边，修平木料，制作榫眼，加工搭口槽和铣槽，铣制各种形状的多用途电动工具。将电木铣固定安装在台上时，可作为小型立铣机使用，这种设备能朝着固定的铣刀移动板材，而不会使板材跑偏。使用过程中要牢牢控制电木铣。铣边时，要朝与切割头相反的方向移动电木铣。

3.3.8 气钉枪

气钉枪用于在木龙骨上钉木夹板、中密度纤维板、刨花板等板材，以及各种装饰线条、家具软包面层材料包覆固定等。气钉枪配有专门的枪钉，与手推式空气压缩机连接使用，使用时将枪嘴下压于被连接件，扣动扳机依靠压缩空气的动力将枪钉打入被连接件中。

3.4 木工机械

木工机械可用锯、刨、车、铣、钻等加工方式，将木料加工成精细木制产品，根据工序的不同有相应的机械种类。

3.4.1 锯割与裁板

锯机是木工企业用来将木材或板材锯解的机械，是木材加工中使用最广泛的加工机械。

（1）精密推台锯

精密推台锯（图 3-23）主要用来对各类木材进行各种方向的切割。使用精密推台锯前，必须清除台面锯屑和灰尘，检查锯片锋利度和大、小锯片的同线度。加工木料前先试机 1min，检查机器运转是否正常，观察大、小锯片旋转方向，确保锯片旋转方向正确。将板材放在推床上，调好挡位、尺寸，开始切割。加工时，操作人员要佩戴面罩，切割时板材应贴紧靠挡，不可移动。根据板材的厚度和硬度调整开料速度，将机床匀速推进，不可过快过猛。开小料时，应用木条压紧推进。严禁用手到转动的锯片旁取物。开出的板材边角有缺陷，应更换锯片。切割任务完成后，关掉电源，清理卫生。

图 3-23　精密推台锯

（2）数控裁板机

数控裁板机（图 3-24）比精密推台锯的锯解精度更高，操作过程简单，人员经过简单培训后即可操作，可为企业节省很多人工成本，因此数控裁板机被广泛应用于各个木材加工厂。数控裁板机为全自动触摸屏控制，只需在触摸屏或电脑上输入所需数据即可启动机器，机器会自动对所要加工的木料进行精准锯割，其广泛应用于胶合板、纤维板、刨花板、细木工板以及实木板等板材的精密裁切。

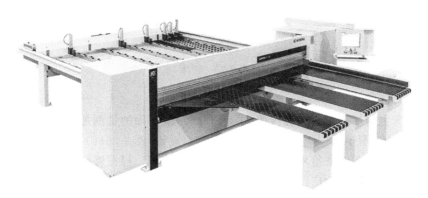

图 3-24　数控裁板锯

3.4.2 成型与塑形

当原木被锯割为板材后，要通过一系列的加工设备使木料形状、尺寸和表面质量达到要求，这一过程就要用到刨床、铣床和雕刻机来完成具体操作。

（1）刨床

刨床是将被锯解好的木料的粗糙表面刨削成光滑平面的木工机械。刨床可以将被加工表面刨削成后续工序所要求质量的光滑平面或测量基准面；也可以加工与基准面相邻的一个表面，使其与基准面成一定的角度，加工时相邻表面可以作为辅助基准面。刨床分为平刨、压刨、双面刨和四面刨等，如图 3-25 所示。

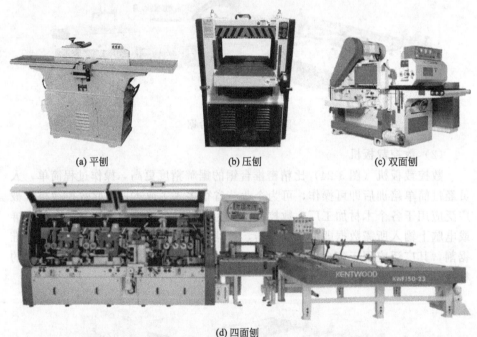

(a) 平刨　　　　　　　(b) 压刨　　　　　　　(c) 双面刨

(d) 四面刨

图 3-25　刨床

（2）铣床

铣床主要用来对木料进行曲线、直线外形或平面的铣削加工，有一个铣头的单轴立铣［图 3-26(a)］，也有两个铣头的双端铣［图 3-26(b)］。镂铣机也是铣床的一种，主要用来给木料进行镂孔、开榫、修边，根据镂孔需求不同可更换不同的模具，被企业广泛用来加工家具的部件，例如仿制浮雕加工、高密度纤维板的切割和异形板式家具的切割。

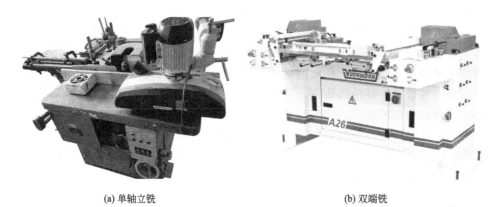

(a) 单轴立铣　　　　　　　　　　　　　(b) 双端铣

图 3-26　铣床

3.4.3　砂光

在木制品加工过程中，砂光是净料加工中表面修整的重要步骤。砂光机除了用来对各种木制品零部件进行精修加工，还主要用于实木板和各种人造板的尺寸定厚加工，减小木制品实际尺寸和图纸尺寸的误差。

图 3-27 所示的宽带砂光机主要用于对大块木制品板件、实木板、胶合板、刨花板等板材表面进行精细抛光加工，对于不同种类的板材和不同的加工需求，可更换不同的砂光辊来达到不同的效果。在砂光机运行时，会产生大量粉尘，需要佩戴护目镜、口罩等防护用具再进行操作，操作时要打开除尘设施。

3.4.4　钻床

钻床除可以钻孔外，还可以钻削掉工件上的节疤等瑕疵，根据不同的加工需求，可以更换钻头来达到不同的效果。

（1）钻孔机

钻孔机（图 3-28）可以在工件上加工孔，不同大小的孔可以通过更换不同尺寸的钻头获得。使用时要提前检查各部件是否正常，钻头与工件必须夹紧。钻削薄板时要加垫木板，并使用较小进

图 3-27　宽带砂光机

给量，当钻头快要钻透工件时，应减小进给量后轻施压力，以免折断钻头、损坏设备或发生意外事故。

（2）排钻

在大型企业中，使用较多的钻孔设备是排钻。排钻具有多个可协同工作的钻头，能有效提升钻孔加工的效率和精确度。板式家具零部件的孔是采用各种规格的排钻加工而成的，孔之间的距离为 32mm。钻孔是最后一道加工工序，必须合理地设置零部件的孔位，以便达到加工要求，实现多孔位精确钻孔的目的，确保孔的加工精度。常见的排钻有单排钻、三排钻和六排钻。图 3-29 所示的三排钻，有两排垂直钻头，一排水平钻头。图 3-30 所示为 HOMAG 自动排钻、注胶及入圆棒榫机，在排钻钻孔的基础上，又增加了施胶和装圆棒榫的功能，机械自动化程度更高。

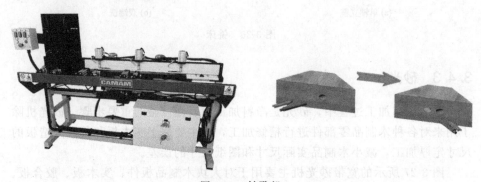

图 3-28　钻孔机

图 3-29　三排钻

3.4.5　压合

压合是指木门、木制板件和各类家具板件的压平定型，主要作用是使板材之间的胶合更加牢固。压合机械按不同的加工方式分为冷压机和热压机两种。

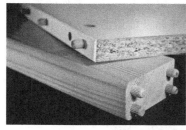

图 3-30　自动排钻、注胶及入圆棒榫机

（1）木工冷压机

木工冷压机根据工作形式的不同可以分为螺杆型和液压型，通常液压冷压机的各方面性能较好。普通家具厂一般配备的都是木工冷压机，用于压合胶合板件、实木门等。

（2）热压贴面机

热压贴面机根据构造不同分为单贴面热压机和双贴面热压机。其广泛应用于中型家具厂和小型人造板贴面加工厂，用来热压黏合家具板件、建筑装饰隔断、木饰挂板木门和各种人造板表面压贴天然薄木等装饰材料。

图 3-31 所示为 HOMAG 连续压贴线和短周期压贴线。这两种生产线可以对中密度板、刨花板或者蜂窝板等人造板进行木单板、三聚氰胺塑料贴面板、其他薄板、薄膜的贴面，用于复合地板、室内门、家具板。

3.4.6　边部处理

封边机是用来为板材封边的木工机械，根据加工方式不同分为曲直线封边机和直线封边机。曲直线封边机是手动式封边机，直线封边机为全自动式封边机。全自动直线封边机是可以自动完成板材封边工作的木工机床。曲直线手动封边机适用于曲直线封边和各种形状木饰部件的封边作业。

 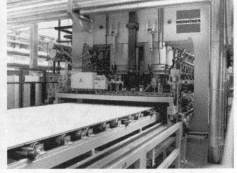

(a) 连续压贴线   (b) 短周期压贴线

图 3-31　压贴生产线

图 3-32 所示为 HOMAG 直线封边机，用于板式家具部件的直线封边，在纵、横向封边过程中，具备各类封边条的压贴及前后截断、上下粗修、上下精修等功能。

图 3-32　直线封边机

图 3-33 所示为 HOMAG 全自动激光直线封边机，适用于各种直线封边，可以一次完成不同边料的涂胶和后处理加工，可手动切换 PU/EVA（聚氨酯/乙烯-醋酸乙烯共聚物）或者激光封边，即具有激光性能激活装置，可通过激光熔化封边材料表面的活化涂层，实现板材快速封边。

图 3-33　全自动激光直线封边机

第 4 章

木 工 接 合

生活中木制品的使用范围广，涉及方方面面，包括木家具、木建筑、交通工具中的木制品、作为容器用的木制品、工农业用的木制品、军事用途的木制品、文娱器具及民用其他类型的木制品等。

木制品多数是由若干形状和尺寸各异的零件、部件按照一定的接合方式连接而成。其中，零件是木制品的最基本组成单位，可以将零件理解为木制品中不能再继续拆分的部分。一般木制品可由若干零件直接组成成品或由零件组成部件后再连接成成品，也可以由若干部件和零件按一定接合形式组装成木制品成品。

不同的接合方式会直接影响零部件接合的外观、木制品的强度以及使用效果。常用的木制品接合方式有榫接合、配件接合和胶接合等。

4.1 榫的接合

4.1.1 榫接合概述

榫接合是具有悠久历史的木制品接合方式，应用在传统的框架式木制品中，是传统木家具、传统木结构建筑的重要接合方式，是中华文明的智慧结晶，体现了我国传统文化的博大精深。榫接合是将榫头压入榫眼或榫槽内，把两个零部件连接起来的一种接合形式。榫接合在榫头和榫眼配合的基础上，会配合胶黏剂使用，以增加零部件的接合强度。榫接合各部分包括榫头、榫颊、榫肩以及榫眼（闭口）或榫槽（开口），具体结构名称与位置如图 4-1 所示。

4.1.2 榫接合的类型

作为传统木制品中最常见的接合形式，榫接合经过几千年的发展和演变，发生了丰富的变化。榫接合有很多类型。

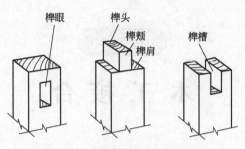

图 4-1　榫接合各部分名称

a. 按照榫头的形式分类，榫接合常采用的榫头结构有直角榫、燕尾榫、圆榫和椭圆榫，如图 4-2、图 4-3 所示。现代木结构中常见的是椭圆榫，由直角榫演变而来，椭圆榫更易于在机械设备上进行加工。

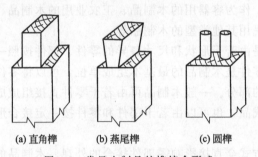

(a) 直角榫　　　　　(b) 燕尾榫　　　　　(c) 圆榫

图 4-2　常见木制品的榫接合形式

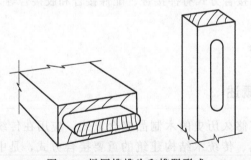

图 4-3　椭圆榫榫头和榫眼形式

b. 按照榫头与工件的关系分类，可分为整体榫和插入榫。整体榫与插入榫的区别在于榫头的加工，整体榫的榫头是在工件端面上直接加工而成；插入榫是与工件分离且单独加工而成，将插入榫涂胶后插入榫槽后进行接合。两种榫结构对比来看各有优缺点。

采用整体榫接合的零部件，优点在于接合强度较高，但对材料的要求较高，不适合应用于刨花板、中密度纤维板等的接合，与插入榫比，整体榫对木材的浪费较大；采用插入榫接合的零部件，优点是加工较容易，可用于各类木质材料的连接，但接合强度较低。圆榫是比较常用的插入榫，直角榫、燕尾榫、椭圆榫和指形榫等是常见的整体榫结构。图 4-4 所示为整体直角榫、整体燕尾榫与插入榫中的圆榫。

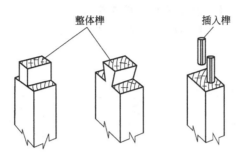

图 4-4　整体榫与插入榫

c. 按照榫接合后榫端是否外露分类，可分为贯通榫与非贯通榫。贯通榫榫端暴露在接合部的外面，也称明榫；非贯通榫榫端藏在接合部的里面，也称暗榫，在传统家具中也被叫做闷榫，如图 4-5 所示。两种榫根据各自的优势应用于木制品结构中。

贯通榫的接合强度高，但外露的榫头会影响产品的美观，同时也会更容易和环境进行水分交换，榫头易变形，因此除有特殊造型表现需求外，在现代木制品结构中使用不多。与贯通榫相比，非贯通榫的接合强度略低，但是产品外观整齐完整、美观性好，在现代木制品结构中使用较多。

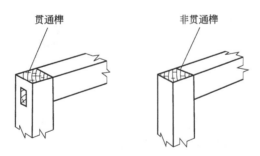

图 4-5　贯通榫与非贯通榫

d. 按照榫侧外露情况分类，可分为开口榫、闭口榫与半闭口榫。榫侧全部暴露在接合处的外部即为开口榫；榫侧全部隐藏在接合处的内部即为闭口榫；榫侧部分暴露在接合处的外部即为半闭口榫，如图 4-6 所示。三种类型榫结构各有优劣，应根据加工方式和结构特征，选择合适的榫结构，具体如下。

开口榫加工较为方便、快捷，但是接合强度较低，榫接合处容易滑动，榫端、榫侧暴露在外，易受周围空气湿度变化的影响，榫头发生干缩湿胀，造成端部凸出连接的零部件表面，或者榫头出现松动，影响连接节点的接合强度和美观性，对于接合部位外观和接合强度要求较低的木制品结构可以采用这种接合方式。

闭口榫加工相对于开口榫来说更复杂，但是美观性好，并且可以减少木材与周围水分的交互作用，接合强度较开口榫高。

半闭口榫在结构上，具有闭口榫和开口榫的特征，特点也介于两者之间。

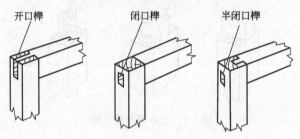

图 4-6　开口榫、闭口榫和半闭口榫

e. 按照榫头的数量分类，可分为单榫、双榫与多榫。榫头的数量可以根据零部件接合处的断面尺寸大小、榫接合强度的要求确定。多榫接合多应用在框架接合、抽屉转角等部位，如图 4-7 所示。

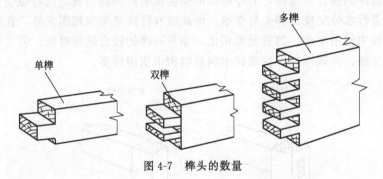

图 4-7　榫头的数量

f. 按照榫肩的个数和切削形式分类，可分为单肩榫、双肩榫、三肩榫、四肩榫与斜肩榫，如图 4-8 所示。可以结合木制品结构特征选择合适的单榫结构。

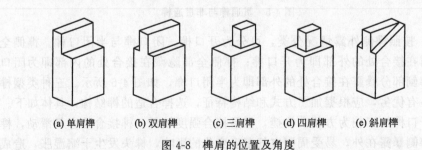

(a) 单肩榫　　(b) 双肩榫　　(c) 三肩榫　　(d) 四肩榫　　(e) 斜肩榫

图 4-8　榫肩的位置及角度

4.1.3　榫接合的技术要求

榫接合位点处的配合关系和强度决定了木制品质量的好坏，保证榫接合的质量就是保证木制产品的质量，因此榫接合必须遵循一定的技术要求进行设计、生产加工。

4.1.3.1　直角榫接合

（1）榫头厚度的要求

a. 厚度：单榫接合榫头厚度一般为方材厚度的 2/5～1/2，为保证接合强度，通常取 6mm、8mm、9.5mm、12mm、13mm、15mm，和方孔钻规格相符。

b. 配合：榫接合采用基孔制，榫头厚度等于榫眼宽度或小于榫眼宽度 0.1～0.2mm，其抗拉强度最大，否则榫眼容易被胀破。

c. 榫头个数：当断面尺寸大于 40mm×40mm 时，应采用双榫接合，双榫的榫头总厚度为方材总厚度的 1/3～1/2。

d. 榫肩宽和夹口要求：一般榫头外肩不小于 5～8mm；双榫接合时，夹口宽度等于榫头厚度，特殊情况下，夹口可以略小些，但应不小于 5mm。

（2）榫头长度的要求

a. 直角榫的榫头长度由榫接合的形式而决定。采用贯通榫接合时，榫头长度要大于榫眼深度 2～3mm，多出的榫头通过铣、刨加工，使接合处表面平整；采用非贯通榫接合时，为防止间隙误差的出现，并留一定的陈胶缝隙，榫头长度要小于榫眼深度 1～2mm。装配间隙误差的产生主要由于装配时因加工时的误差使榫头顶靠到榫眼底部形成。陈胶缝隙是指榫接合时为施加胶黏剂在榫头和榫眼之间留出的间隙。

b. 榫头长度须根据加工木制品而定。对于木家具等小件木制品而言，榫头的长度一般取 25～30mm 为宜。当榫头的长度在 15～35mm 之间时，其抗拉强度、抗剪强度随着长度的加长而提高；但当榫头的长度大于 35mm 时，其抗拉强度、抗剪强度随着长度的增加反而降低。

（3）榫头宽度的要求

a. 宽度：采用开口榫接合时，榫头的宽度等于所连接的榫槽的宽度；采用闭口榫接合时，截肩榫（三肩榫）截去部分为工件的 1/3，常取 10～15mm；采用半闭口榫接合时，阶梯榫头截去部分为 15mm，半榫长度大于 4mm，现在少用。

b. 配合：宽度比榫眼长度大 0.5～1mm，配合最紧，榫眼不会被胀破（软材取 1.0mm，硬材取 0.5mm）。

c. 榫头个数：榫头宽度大于 60mm 时，采用双榫，以提高强度。

（4）榫头角度的要求

榫颊与榫肩之间夹角应为 90°；若有误差，可以是 89°，不能大于 90°，以免榫肩接缝不严密。

（5）榫与木纹的关系

榫头长度要沿着纵向木纹，横向木纹不能做榫头；榫眼要开在纵向木纹上，即弦切面或径切面上，开在端头易裂且接合强度小。

4.1.3.2 圆榫接合

在木制品的装配中常采用圆榫进行接合和定位。圆榫接合可节约木材，提高生产效率，简化加工工艺，但与直角榫相比，圆榫的接合强度只有直角榫接合强度的70%左右，接合强度较弱。

（1）材质要求

圆榫多选用硬质阔叶树材，选用的材料要求密度较大、无疤节、无腐朽、纹理通直，具有中等硬度和较好的韧性。常用树种有榉木、水曲柳、桦木、柞木、青冈栎等。

（2）含水率

圆榫的含水率一般比被连接的零部件含水率低2%～3%。由于圆榫配合胶黏剂使用，会吸收其中的水分，导致圆榫体积略有膨胀，因此含水率低于被连接部件，可以保证接合处紧密，提高接合强度。

（3）圆榫形式

圆榫按照表面构造的不同分为光面圆榫、直纹圆榫、斜纹圆榫和网纹圆榫，如图4-9所示。为了增加圆榫的持胶量，提高接合强度，圆榫表面一般设有沟槽，如直纹圆榫、斜纹圆榫和网纹圆榫。其中网纹圆榫的表面积较大，能够很好地持胶，提高接合强度。光面圆榫的表面光滑，与表面有沟槽的圆榫相比，接合强度较弱，因此在紧固用途方面用得较少，多用于定位。

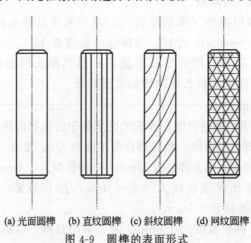

(a) 光面圆榫　(b) 直纹圆榫　(c) 斜纹圆榫　(d) 网纹圆榫

图 4-9　圆榫的表面形式

（4）配合公差

圆榫根据接合过程中的用途不同，需选择不同的配合公差。当用于定位时，在径向上应选用间隙配合，间隙量为 0.1～0.2mm；当用于紧固接合时，径向上应选用过盈配合，过盈量为 0～0.2mm，在轴向上要留有一定的陈胶缝隙，间隙量一般为 3mm，以保证被接合零部件之间接合严密。

（5）圆榫端部倒角

为便于安装，圆榫两端一般加工成 30°～45°的倒角。

（6）尺寸要求

圆榫需采用专门的设备生产，其接合强度受加工精度影响。圆榫的规格由被接合零部件的厚度确定，通常圆榫的直径是被接合零部件厚度的 2/5～1/2，圆榫的长度是圆榫直径的 3～4 倍。现代生产中为方便加工及使用，圆榫多以固定规格生产，常见圆榫的规格尺寸见表 4-1。在木家具、木门窗和木楼梯的生产中，多以直径为 6mm、8mm 和 10mm 的圆榫为主，圆榫的长度采用 32mm 为宜。

表 4-1　圆榫的规格尺寸

被接合零部件厚度/mm	圆榫的直径/mm	圆榫的长度/mm
10～12	4	16
12～15	6	24
15～20	8	32
20～24	10	30～40
24～30	12	36～48
30～36	14	42～56
36～45	16	48～64

（7）圆榫的数量

为了稳固零部件，防止发生转动，用于紧固连接时，通常需使用两个或两个以上圆榫。采用多个圆榫连接较长接合面（边）时，圆榫间距一般控制在 100～150mm 之间，并根据加工设备参数要求，采用"32mm 系统"模数确定相邻两个圆榫间距，如图 4-10 所示。

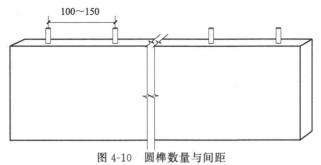

图 4-10　圆榫数量与间距

（8）圆榫的施胶

非拆装结构采用圆榫连接时，需要配合胶黏剂使用以增加接合强度，常用的胶黏剂有脲醛树脂胶、聚醋酸乙烯酯胶、脲醛树脂胶和聚醋酸乙烯酯混合胶等。圆榫涂胶通常涂在圆榫表面或圆榫表面和圆孔两面涂胶，可获得较好的接合强度。圆孔涂胶易把胶液挤至圆孔底部，接合强度较小。

4.1.3.3 燕尾榫接合

燕尾榫按照榫头是否外露可分为明燕尾榫、半隐燕尾榫和全隐燕尾榫。燕尾榫榫端大、根部小，接合强度高，装配后不易拔出，广泛应用于箱框式结构中。燕尾榫具体的接合种类和对应的技术要求如表 4-2 所示。

表 4-2　燕尾榫接合的种类与技术要求

种类	示意图形	技术要求
燕尾单榫	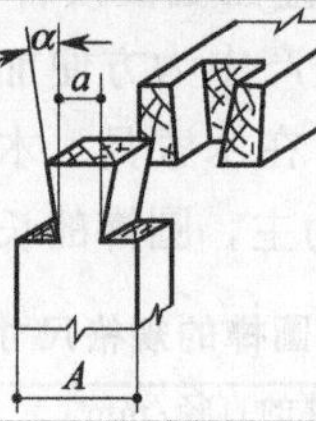	斜角 $\alpha = 8° \sim 12°$ 零件尺寸 A 榫根尺寸 $a = \dfrac{1}{3}A$
马牙单榫	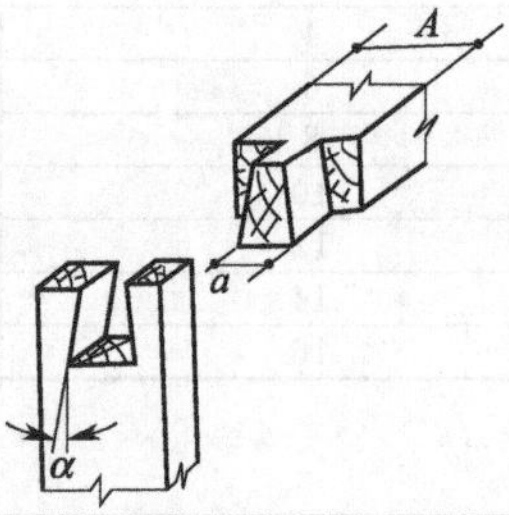	斜角 $\alpha = 8° \sim 12°$ 零件尺寸 A 榫根尺寸 $a = \dfrac{1}{2}A$
明燕尾多榫	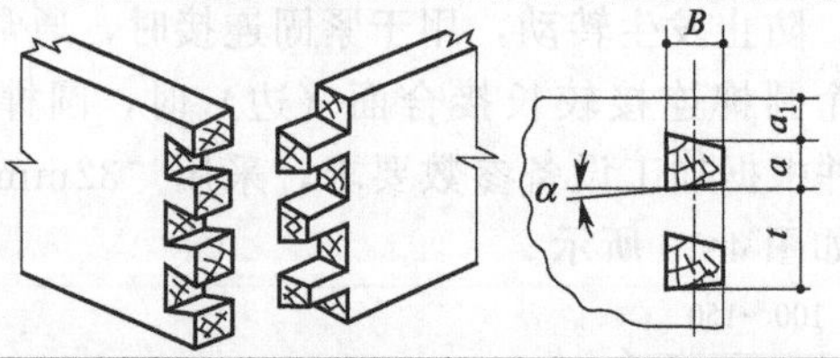	斜角 $\alpha = 8° \sim 12°$ 板厚 B 榫中腰宽 $a \approx B$ 边榫中腰宽 $a_1 = \dfrac{2}{3}a$ 榫距 $t = (2 \sim 2.5)a$
全隐、半隐燕尾榫	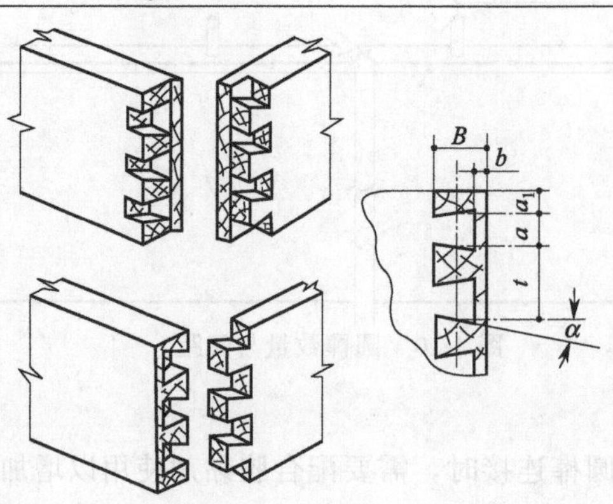	斜角 $\alpha = 8° \sim 12°$ 板厚 B 留皮厚 $b = \dfrac{1}{4}B$ 榫中腰宽 $a \approx \dfrac{3}{4}B$ 边榫中腰宽 $a_1 = \dfrac{2}{3}a$ 榫距 $t = (2 \sim 2.5)a$

4.2　配件接合

　　配件是现代木制品生产中常用到的零件，是指不需经过额外加工，可直接使用的制成品。配件种类繁多，功能各异，不同的木质结构可采用不同的配件。特别是在现代木质产品的生产中采用配件接合，拆装简单，不用工具或少用工具即可完成安装过程，对安装人员的技术要求较低，能够有效地提高生产效率。生产配件的原材料也多种多样，包括金属、塑料等。

4.2.1　配件的分类

　　配件的种类很多，根据配件的基本用途可以将配件分为紧固类配件、活动类配件、定位类配件及拉手和装饰类配件。紧固类配件用于零部件之间的接合，活动类配件用于实现可以活动的木制品零部件的开启和闭合，定位类配件用于实现木制品的锁紧或闭紧。在生产中常见的类型如图 4-11 所示。

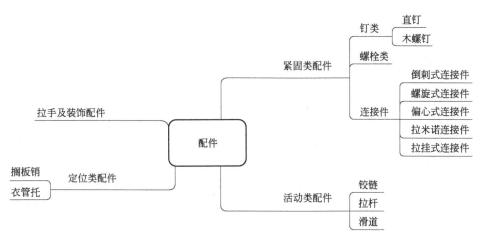

图 4-11　常用的配件类型

4.2.2　紧固类配件的结构特点及应用

4.2.2.1　钉接合

　　钉接合是用钉将木质材料连接起来的一种接合方法，借助钉子与木质材料之间的摩擦力，以及木纤维局部挤压后恢复弹性形变的作用力将材料连接在一起。为增强接合强度，钉接合会配合胶黏剂使用。钉接合的优点在于操作方便，是众多接合方式中最易实现的，多用于木制品的内部以及外部要求不高的接合点上。钉子借助外力钉入木材，会对接合点处的木质材料产生一定程度的破坏；钉头外露，会影响木制品的美观。钉子钉入木材后，再拔出会破坏木质材料结构，所以钉接合多用于不可拆装的木制品中。

根据钉子的材料进行分类，可以分为竹钉、木钉和金属钉。竹钉由竹子制成，木钉由硬杂木材制成。竹钉与木钉的自身强度较低，多用在传统的手工木制品生产中增强直角榫的接合强度，对于强度要求较高的接合或现代木制品生产中比较少见。金属钉是指由金属制作而成的钉子，种类较多，例如圆钉（洋钉）、无头钉、扁头钉、半圆头钉、鞋钉、U形钉、门形钉、T形钉和泡钉等，在现代木制品生产中较为常用。

钉接合的接合强度由握钉力决定，握钉力受基材的材料性质、含水率，以及钉子的直径、长度、打入深度和方向决定。采用钉接合应尽可能垂直木材纹理钉入钉子，可以使钉接合更加牢固，顺木纹方向钉入木材时的握钉力是垂直木纹钉入时的握钉力的三分之二。材料不同握钉力也不同，刨花板、中密度纤维板的握钉力随着密度的增加而提高。当垂直板面钉入时，刨花或纤维被压缩分开，具有较好的握钉力；而端部钉入时，刨花板、中密度纤维板平面抗拉强度较低，握钉力很差或不能使用钉接合，所以在刨花板和中密度纤维板接合时较少采用钉接合。当接合的材料一定时，钉子的长度越长，直径越大，其握钉力也相应增大。

4.2.2.2　螺钉接合

螺钉接合主要是将钉体拧入被接合的材料中，借助钉体表面的螺纹与被拧入材料之间的摩擦力将材料连接在一起的一种接合方式。在木制品生产中，螺钉接合也是比较简单、方便的接合方法，在无需多次拆装的固定家具或木制品的内部，可以采用螺钉接合以提高工作效率，常用于家具的背板、椅座面板、餐桌面板以及配件在木质材料中的安装等。

常见的螺钉类型有木螺钉、自攻螺钉和机制螺钉等。

木螺钉是木质材料接合中较为常用的一种连接件。木螺钉的特点是在钉头根部有一段没有螺纹（图4-12）。为了防止木螺钉在拧入木材时木材发生劈裂等破坏现象，使用时应当在木质材料表面预钻孔，再拧入木螺钉。木螺钉常用于实木家具中桌台面板、柜顶板和底板、椅座面板、塞脚以及拉手、门锁等的固定连接结构。

自攻螺钉，又称为快牙螺钉，是钉体为钢制经表面镀锌钝化的快装紧固件，其螺纹斜度大，类似于钻头，因此在拧入木质材料时较为省力，常被用于连接木质材料，如图4-13所示。木螺钉和自攻螺钉都属于简单连接件，方便应用，但是接合时会对接合点处的木质材料产生破坏，钉头外露也会影响螺钉接合处的美观，多应用于不可拆的零部件接合。

机制螺钉钉体无尖，如图4-14所示，被拧入的材料需预先钻孔或嵌入螺母，使用时拧入其中，因此机制螺钉可以实现多次拆卸。

图 4-12　木螺钉　　　　图 4-13　自攻螺钉　　　　图 4-14　机制螺钉

　　螺钉的接合强度同样取决于握钉力，握钉力大小与螺钉的直径、长度以及被接合材料的密度等有关，螺钉的直径越大、长度越长，持钉材料的密度越高，其握钉力越大。当螺钉顺木纹方向拧入木材时，其握钉力要比垂直木纹方向拧入时握钉力低，因此在实际应用时应尽可能地垂直木材纹理方向拧入。刨花板、中密度纤维板采用螺钉接合时，其握钉力随着密度的增加而提高，当垂直板面拧入时，刨花或纤维被压缩分开，具有较好的握钉力；当从端部拧入时，由于刨花板、中密度纤维板平面抗拉强度较低，其握钉力较差。刨花板板面的握钉力约为端面的 2 倍。

4.2.2.3　连接件接合

　　随着现代技术的发展，木材连接已经不仅限于榫卯接合，各种类型的连接件也应运而生。连接件是紧固类配件的主要部分，也是现代可拆装木制品中零部件结构的主要接合形式。常用的连接件种类有倒刺式连接件、螺旋式连接件、偏心式连接件和拉挂式连接件等。连接件大部分采用金属制成，也有部分采用塑料、尼龙、有机玻璃等材料制成的连接件。

　　（1）倒刺式连接件

　　倒刺式连接件主要由倒刺件和机制螺钉构成，倒刺件内圈设有螺纹、外圈设有倒刺，连接时将倒刺件预埋在零部件内部，再用机制螺钉穿过另一个零部件预钻好的孔，将另一个零部件与该零部件连接在一起。倒刺式连接件主要用于垂直零部件的连接，根据倒刺件的种类不同，常用的倒刺式连接件形式有普通倒刺式连接件、角尺倒刺式连接件、直角倒刺式螺母连接件等。

　　a. 普通倒刺式连接件（图 4-15）主要用于木制品垂直两零部件的角部连接。该连接件具有结构简单、操作容易、接合强度较高、定位性能好的优点，但是机制螺钉端头外露，美观性较差。

　　b. 角尺倒刺式连接件（图 4-16）主要用于木制品垂直两零部件的角部连接。此种连接件操作简便、定位性能好，但接合强度较普通倒刺式连接件低，常常用于家具望板等装饰性零部件的连接，俗称望板连接件。由于连接件暴露在外，影响美观，因此该连接件多用于家具内部结构。

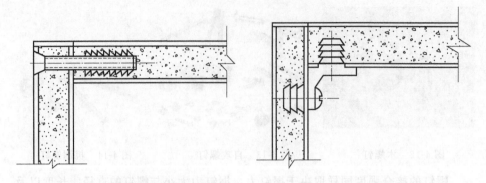

图 4-15　普通倒刺式连接件　　　　　　　图 4-16　角尺倒刺式连接件

c. 直角倒刺式螺母连接件（图 4-17）主要用于木制品垂直两零部件的角部连接。该连接件的特点和用途与角尺倒刺式连接件基本相同，主要用于家具望板等零部件的连接，只是在直角件的形式上有所差异。

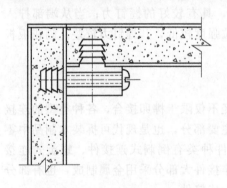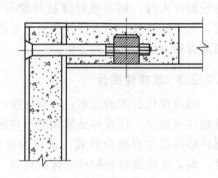

图 4-17　直角倒刺式螺母连接件　　　　　图 4-18　圆柱式螺母连接件

（2）螺旋式连接件

螺旋式连接件接合位点采用螺母、外螺纹式的空心螺母和刺爪螺纹板等形式构成，连接时将机制螺钉穿过零部件预钻好的孔洞，将另一个零部件连接在一起。现代木制品结构中螺旋式连接件主要用于垂直两零部件的连接，常用的有圆柱式螺母连接件、刺爪式螺纹板连接件，根据结构特征选择合适的形式。

a. 圆柱式螺母连接件（图 4-18）主要用于木制结构的角部连接，如实木椅类、桌类等实木类家具，以及板式柜类家具的零部件角部连接。圆柱式连接件具有接合强度高的特点，但定位性能较差，其机制螺钉头外露，影响美观。

b. 刺爪式螺纹板连接件（图 4-19）主要用于木制品两零部件的角部连接。该连接件的用途与角尺倒刺式连接件基本相同，其特点是定位性能好，但接合强度较低，机制螺钉头暴露在外，影响美观。

c. 螺钉螺母连接件（图 4-20），也称空心定位螺钉，主要用于木制品垂直两零部件的角部连接。该连接件是将一种具有内螺纹的特殊螺钉（螺钉前端呈圆柱形，后段设有外螺纹）拧入木质材料中，另一侧螺栓穿过预钻好的孔洞与特殊螺钉的内螺纹配合进行连接。由于特殊螺钉需要拧入木质材料中，因此其通常用于连接实体木材，如衣柜等柜类家具顶（面）板、底板与旁板的连接。

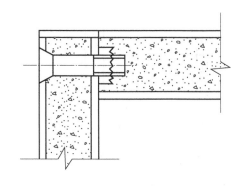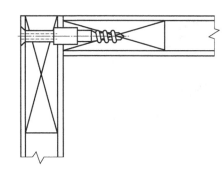

图 4-19　刺爪式螺纹板连接件　　　　图 4-20　螺钉螺母连接件

（3）偏心式连接件

偏心式连接件的种类、规格较多，在木制品家具结构中，尤其是板式家具中，是最为常用的连接件。各种偏心式连接件及接合形式如图 4-21 所示。偏心式连接件主要是由倒刺件、连接拉杆和偏心轮三部分组成，因此，市面上还会将由上述三个配件构成的偏心式连接件称为三合一连接件，简称"三合一"。连接拉杆的一端是螺纹，可拧入塞孔螺母中，另一端通过板件的端部通孔，接在开有凸轮曲线的偏心轮上，旋转锁紧偏心轮，实现两个零部件的接合。偏心式连接件主要用于木制品中垂直零部件的连接或用于平行零部件的连接。

偏心式连接件接合的特点是接合牢固性高、隐蔽性好，板件拆装灵活便捷、操作简便，但装配孔位加工较复杂、加工精度要求高、定位性能较差。因此为保证连接零部件精度，偏心式连接件必须与定位圆榫配合使用。

（4）拉米诺连接件

拉米诺连接件是利用两个分别隐藏于柜体的椭圆形连接单元，通过卡槽或卡扣等形式将两个板件连接在一起的一种连接件。图 4-22 所示为可拆装式拉米诺连接件。与使用偏心连接件时外露的安装偏心轮的大孔相比，可拆装式拉米诺连接件只需要在板侧钻 6mm 左右的锁紧孔即可实现两个板件的连接，如图 4-23 所示。拉米诺连接件可实现两个板件的多角度安装，接合牢固性好，安装简便、灵活，孔槽可采用锯片和铣刀进行加工，加工方便快捷，多角度安装可适应不同造型的家具设计，在很大程度上扩展了家具的造型形式。

（5）拉挂式连接件

拉挂式连接件是利用固定在一个零部件上的金属片式夹持口，将连接在另一个零部件上的金属片式或杆式零件卡扣住，从而将两个零部件连接在一起的

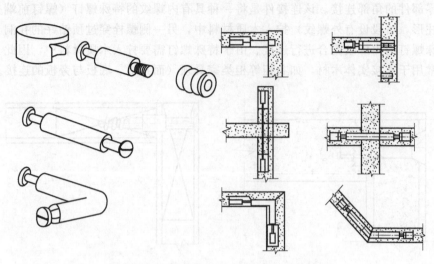

图 4-21 各种类型偏心式连接件及接合形式

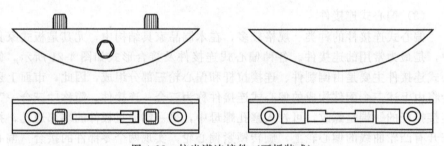

图 4-22 拉米诺连接件（可拆装式）

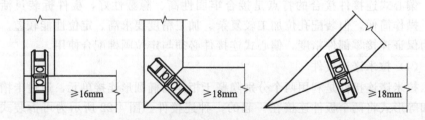

图 4-23 拉米诺连接件在板内的安装

一种连接件。拉挂式连接件具有结构简单、装配方便、可以多次拆卸的特点，互相搭扣的结构使其受到的外力越大时，接合强度越高，但安装后拉挂式连接件暴露在零部件表面，影响美观，因此多用于隐蔽在内部的两垂直板件的连接，如家具的床屏和床梃的连接等。图 4-24 中列出了常见的拉挂式连接件类型。

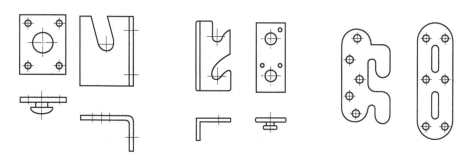

图 4-24　拉挂式连接件的类型

4.2.3　活动类配件的结构特点及应用

4.2.3.1　铰链

铰链是用来连接两个零部件并能使两者之间做相对转动的活动连接配件。铰链具有多种类型和规格，主要用于实现木制品中门类部件的开启和闭合。常见的铰链形式有明铰链、暗铰链、门头铰链、玻璃门铰链等。

（1）明铰链

明铰链，又称普通铰链、合页，是传统木制品中广泛应用的活动类连接件。明铰链结构简单，安装方便，但是安装后铰链暴露在外，影响美观。其常见的类型有抽芯合页、T 形合页、纱门弹簧合页、轴承合页、冷库门合页等，详见第 1.3.2 节内容。

（2）暗铰链

暗铰链，又称杯状暗铰链，主要用于实现木制柜类家具门的开启和闭合。暗铰链具有拆装方便、开启角度大、易于调整、设有自锁功能等特点，暗铰链上还可安装阻尼器，使门板可以缓慢闭合。

暗铰链主要由铰杯、铰臂、连接底座组成，使用紧固螺钉和调节螺钉进行连接和调整。暗铰链的开启角度有多种，如 90°、110°、135°、175°、180°等。暗铰链在门的安装中，根据门板和旁板或中隔板的配合关系的不同分为直臂暗铰链（全盖门——门板将旁板全部盖住）、小曲臂暗铰链（半盖门——门板将旁板或中隔板盖住一半）和大曲臂暗铰链（内嵌式门——门板置于旁板或中隔板内侧）三种主要形式，如图 4-25 所示。

（3）门头铰链

门头铰链是一种安装在柜门上下两端的活动式连接件，如图 4-26 所示。门头铰链一侧固定于柜体框架上，另一侧固定于门板上端或下端框架上。门头铰链在安装时需要根据门板和旁板的配合关系准确确定其旋转点的位置，为了使门在开启或关闭时不会触碰旁板的边部，需要限制门的开启角度，通常限制在 90°开启范围之内。另外，在安装门头铰链时需要预先在顶板和底板开出安

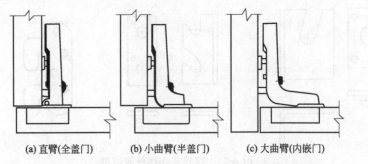

(a) 直臂(全盖门)　　(b) 小曲臂(半盖门)　　(c) 大曲臂(内嵌门)

图 4-25　门与旁板不同配合关系时采用的暗铰链接合形式

装门头铰链的槽,帮助门头铰链准确定位,并确保门头铰链安装后不会使门边有过大间隙。门头铰链正确安装后可使铰链不外露,使整体更加美观。

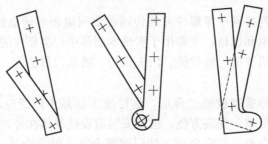

图 4-26　门头铰链

（4）玻璃门铰链

玻璃门铰链在结构上同暗铰链相差不大,只是在铰链和玻璃门的固定方式上有所差异。玻璃门铰链的安装形式主要分为打孔式和夹门式两种。打孔式是在玻璃上钻出用于安装铰杯的孔,将铰链固定在玻璃上;夹门式是利用夹紧装置将玻璃门夹住,与打孔式相比省去了在玻璃上钻孔的工序,如图 4-27 所示。

(a) 打孔式　　　　　　(b) 夹门式

图 4-27　玻璃门铰链

4.2.3.2　拉杆

　　拉杆主要用于木制品翻门的接合。木制产品的结构采用水平翻门设计时，多采用拉杆来代替铰链接合。采用拉杆连接的翻门，当翻门翻至水平位置时，被拉杆拉住，相比于普通铰链更加结实牢固，具有一定的承重能力。常见的拉杆形式如图 4-28 所示。

图 4-28　拉杆

4.2.3.3　滑道

　　滑道在木制品中主要用于水平滑动零部件的连接，如滑动开启的拉门、木制家具中的抽屉等。滑道的种类和规格较多，其基本形式有托底式抽屉滑道和侧向式抽屉滑道。托底式抽屉滑道常采用滚轮式滑动，因此也叫滚轮式抽屉滑道；侧向式抽屉滑道常采用滚珠式滑动，因此也叫滚珠式抽屉滑道，如图 4-29 所示。通常滑道可以采用两节拉出或者三节拉出，增加了抽屉的拉出程度。

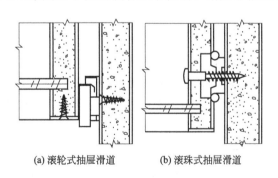

(a) 滚轮式抽屉滑道　　　　(b) 滚珠式抽屉滑道

图 4-29　抽屉滑道

4.2.4　定位类配件的结构特点及应用

　　定位类配件主要用于柜类家具内部确定位置，常见有搁板销、挂衣杆托等。搁板销主要用于搁板的支承，如图 4-30 所示。为了便于插取变换搁板的位置，搁板销通常制成活动形式，如现代柜类家具中的内部搁板就可通过搁板销的位置调整来变换空间。挂衣杆托是用于支承挂衣杆（挂衣管）的支承件，如图 4-31 所示。

图 4-30　搁板销的支承形式

图 4-31　挂衣杆托的支承形式

4.2.5　拉手及装饰配件

拉手是用于门或抽屉启闭时执手用的配件。在木制家具的机构中，拉手除了能够方便开启外，同时也是重要的装饰配件。拉手的种类、形式众多，采用的材料也多种多样，装饰性能强。常见的以实木作为主要材料的木质拉手如图 4-32 所示。

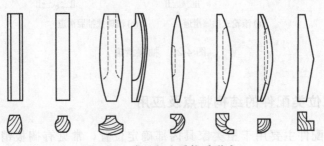

图 4-32　常见的木质拉手形式

4.3　木结构接合

在木结构建筑中使用的木材通常在体量上较大，并且要满足一定的建筑标准要求的接合强度，所以木结构中木构件的连接方式存在一些特有的形式和要求。现代木结构常见的连接方式包括螺栓连接、钉连接、齿连接和齿板连接等。

4.3.1　螺栓连接

螺栓连接是木制品生产中比较简单、方便并且普遍应用的接合方法，螺栓连接的接合强度较高。螺栓类配件一般是由螺母和螺杆构成，图 4-33 所示为常见的螺栓连接形式。螺栓连接是用螺杆穿过预钻好孔的若干个被连接件，并在端部用螺母锁紧的一种连接方式，螺母预埋在被连接板件中，能够进行多次拆装。图 4-34 所示为通柱与横架梁的连接中使用的螺栓连接。

图 4-33　螺栓类配件的接合形式

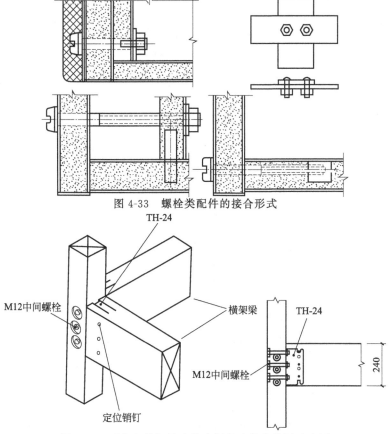

图 4-34　通柱与横架梁连接中螺栓连接的使用示意图

　　木结构用螺栓的类型包括普通六角螺栓和方头螺栓两种，如图 4-35 所示，其规格见表 4-3。

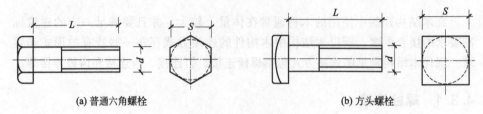

(a) 普通六角螺栓　　　　　　　　　　　(b) 方头螺栓

图 4-35　螺栓的类型

表 4-3　螺栓的规格　　　　　　　　　　　　　　　　　　　　　　单位：mm

普通六角螺栓			方头螺栓		
螺纹直径 d	螺杆长度 L		螺纹直径 d	方头边宽 S	螺杆长度 L
	GB/T 5780 部分螺纹	GB/T 5781 全螺纹			
M5	25～50	10～40	M10	16	45～120
M6	30～60	12～50	M12	18	50～140
M8	35～80	16～65	(M14)	21	55～160
M10	40～100	20～80	M16	24	60～180
M12	45～120	25～100	(M18)	27	65～200
(M14)	60～140	30～140	M20	30	70～220
M16	55～160	35～100	M22	34	45～120
(M18)	80～180	35～180	M24	36	80～240
M20	65～200	40～100	(M27)	41	90～260
(M22)	90～220	45～220	M30	46	90～300
M24	80～240	50～100	M36	55	110～300
(M27)	100～260	55～280	M42	65	130～300
M30	90～300	60～100	M48	75	140～300
(M33)	130～320	65～360			
M36	110～300	70～100			
(M39)	150～400	80～400			
M42*	160～420	80～420			
(M45)	180～440	90～440			
M48*	180～480	100～480			
(M52)	200～500	100～500			
M56*	220～500	110～500			
(M60)	240～500	120～500			
M64*	260～500	120～500			

　　注：表中带括号的规格尽可能不采用，带"＊"的规格为通用规格。

　　普通六角螺栓螺杆长度系列：6、8、10、12、16、20、25、30、35、40、45、50、(55)、60、(65)、70、80、90、100、110、120、130、140、150、160、180、200、220、240、260、280、300、320、340、360、380、400、420、440、460、480、500 (mm)。

　　方头螺栓螺杆长度系列：20、25、30、35、40、45、50、55、60、(65) 70、75、80、90、100、110、120、130、140、150、160、180、200、220、240、260、280、300 (mm)。

螺栓连接按照螺栓排列方式的不同，分为两纵行齐列和两纵行错列，如图 4-36 所示。

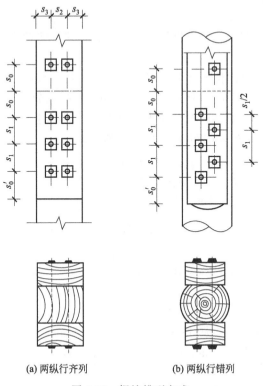

(a) 两纵行齐列　　　　　　(b) 两纵行错列

图 4-36　螺栓排列方式

在上述螺栓的排列中，相邻螺栓在进行排列时，需要留有一定的间距，以免木构件在使用过程中破坏，强度降低。螺栓排列的最小间距如表 4-4 所示。

表 4-4　木结构螺栓排列的最小间距

排列形式	顺纹		横纹	
	端距	中距	边距	中距
	s_0 / s'_0	s_1	s_3	s_2
两纵行齐列	7d	7d	3d	3.5d
两纵行错列		10d		2.5d

注：d 为螺栓直径，s_0、s'_0、s_1、s_3、s_2 所指代的距离如图 4-36 所示。

同时值得注意的是当采用湿材制作木构件时，上述顺纹端距 s_0 应加长 70mm；当两木构件呈直角相交且木材顺纹方向与作用力垂直时，螺栓排列的横纹最小边距，在受力边应不小于 4.5d，在非受力边不小于 2.5d；当采用钢夹板连接时，钢夹板上的端距 s_0 取 2d，边距 s_3 取 1.5d。

近年来，国内学者针对提高木结构螺栓连接的接合强度方面开展了大量研究，包括采用自攻螺钉、双头光圆螺杆等对螺栓节点进行横纹增强；采用预应力套管等方式缓解木材在节点域附近的破坏，提高承载和转动能力。

4.3.2 钉连接

钉连接是利用圆钉、水泥钢钉等钉入木构件中，将两个及两个以上木构件连接起来的一种接合方式。

当木构件的接合部位尺寸较大时，需要若干钉子按照一定的排列方式钉入木构件接合部位。钉子的排列形式包括齐列、错列或斜列。与螺栓连接相同，钉连接在钉的排列间距上也需要大于规定的最小间距进行设计和连接，如表 4-5 所示，表中代号所代表的距离如图 4-37 所示。

表 4-5　钉排列的最小间距

木构件被钉穿的厚度 a	顺纹		横纹		
	端距 s_0	中距 s_1	边距 s_3	中距 s_2	
				齐列	错列或斜列
$a \geqslant 10d$		$15d$			
$10d > a > 4d$	$15d$	$15d \sim 25d$	$4d$	$4d$	$3d$
$a = 4d$		$25d$			

注：d 为钉子直径。

表 4-5 中的尺寸规定如应用于软质阔叶树材时，其顺纹中距和端距需要在表中数据的基础上增加 25% 来确定；如果是硬质阔叶树材或落叶松，在钉连接之前应当预钻孔，避免木材在钉子钉入时被破坏。一个节点中，不应少于两颗钉子。

采用螺栓连接和钉连接的木构件在不同受力情况下，对木构件的最小厚度有一定的要求，如表 4-6 所示。木构件连接后的受力情况包括双剪连接和单剪连接，具体连接方式如图 4-38 所示。

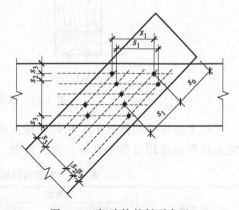

图 4-37　钉连接的斜列布置

表 4-6　螺栓连接和钉连接木构件的最小厚度

连接形式	螺栓连接		钉连接
	$d < 18mm$	$d \geqslant 18mm$	
双剪连接	$c \geqslant 5d$	$c \geqslant 5d$	$c \geqslant 8d$
	$a \geqslant 2.5d$	$a \geqslant 4d$	$a \geqslant 4d$
单剪连接	$c \geqslant 7d$	$c \geqslant 7d$	$c \geqslant 10d$
	$a \geqslant 2.5d$	$a \geqslant 4d$	$a \geqslant 4d$

注：c 为中部构件的厚度或者单剪连接中较厚构件的厚度；a 为边部构件的厚度或者单剪连接中较薄构件的厚度；d 为螺栓或钉子的直径。

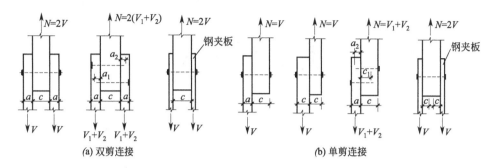

图 4-38　螺栓和钉连接的连接形式

表 4-6 中 a 和 c 的值应取钉子在木构件中的实际有效长度。若钉子没有穿透木构件，应扣除钉尖的长度（按 $1.5d$ 计）；若钉子穿出最后木构件表面，则该构件计算厚度也应减少 $1.5d$。

当从两面对钉时，若钉子钉入中间构件的深度不超过该构件厚度的 $2/3$，可从两面正对钉入，无需考虑钉子相互交搭的影响；若从一面钉入中间构件的深度超过该构件厚度的 $2/3$，则两面钉子需要错位钉入，错位间距不应小于 $15d$，如图 4-39 所示。

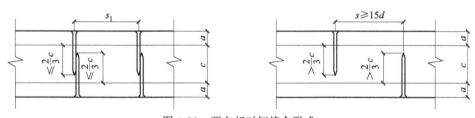

图 4-39　两向相对钉接合形式

4.3.3　齿连接

为了提高齿连接的质量，在设计和制造过程中适合采用正齿构造的单齿连接和双齿连接，即齿槽的承压面正对所抵承的承压构件，如图 4-40 所示。齿连接在实际木结构中的应用示意如图 4-41 所示。

正确的齿构造应符合下列规定。

a. 应保证承压面与所连接的压杆轴线垂直。

b. 应使压力明确作用在承压面上，并保证剪力面上存在横向紧力，压杆轴线应通过承压面形心。

c. 对于木桁架支座节点处的上弦轴线和支座反力的作用线，当下弦为方木或板材时，应与下弦净截面的中心线交汇于一点；当下弦为原木时，可与下弦毛截面的中心线交汇于一点。

d. 对于齿连接的齿深，方木不应小于 20mm，原木不应小于 30mm。

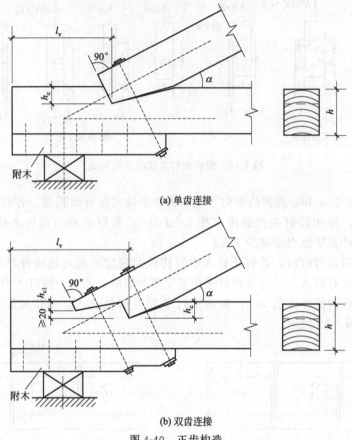

(a) 单齿连接

(b) 双齿连接

图 4-40 正齿构造

e. 木桁架支座节点齿深不应大于 $h/3$，中间节点的齿深不应大于 $h/4$，其中 h 为沿齿深方向构件的截面尺寸（方材或板材为截面的高度，原木为削平后截面的高度）。

f. 双齿连接中，第二齿的齿深 h_c 应比第一齿的齿深 h_{c1} 至少大 20mm。第二齿的齿尖应位于上弦轴线与下弦上表面的交点。

g. 单齿和双齿连接第一齿的剪面长度不应小于 4.5 倍齿深。

h. 考虑到构件木材端裂的可能性，采用湿材制作时，木桁架支座节点齿连接的剪面长度应比计算值加长 50mm。

i. 木桁架支座节点还必须设置保险螺栓，保险螺栓应与上弦轴线垂直，一般位于非承压齿面的中央。

j. 木桁架支座节点还应设置附木，其厚度尺寸不小于 $h/3$。

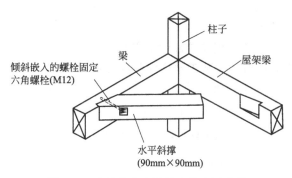

图 4-41　齿连接在木结构中的应用示意

4.3.4　齿板连接

齿板连接常用于现代轻型木结构建筑中,采用齿板连接的轻型木桁架跨度可达 30m。齿板连接常应用于预制桁架的节点、木框架结构中柱-架连接节点和受拉杆件的接长,如图 4-42 所示。

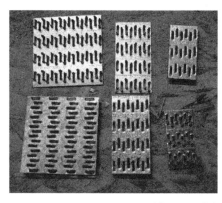

图 4-42　齿板及齿板连接的形式

齿板连接的技术要求及注意事项如下。

a. 由于齿板材质为钢材,所以在腐蚀、潮湿、有冷凝水的环境中不适宜采用齿板连接。

b. 采用镀锌钢板制作齿板,应在齿板制造前镀锌,镀锌层质量不低于 $275g/m^2$。钢板采用 Q235 碳素结构钢和 Q345 低合金高强度结构钢,其质量应符合国家标准 GB/T 700—2006《碳素结构钢》和 GB/T 1591—2018《低合金高强度结构钢》的要求。当经过充分验证时,也可采用其他型号钢材。

c. 齿板板齿应与齿板表面垂直,在安装和设计过程中,要保证齿板不变形。

d. 齿板连接中板齿的嵌入深度应不小于齿板承载力试验时板齿嵌入构件的深度；构件的厚度要大于板齿嵌入深度的 2 倍。

e. 被连接木构件在齿板连接部位不应有节子、孔洞、腐朽、钝棱等。

f. 齿板应成对地对称安装于木构件节点两侧。

g. 在与桁架弦杆平行及垂直方向，齿板与弦杆的最小连接尺寸；在桁架腹杆轴线方向，齿板与腹杆的最小连接尺寸，均应符合规定，如表 4-7 所示。

表 4-7　齿板与桁架弦杆、腹杆的最小连接尺寸　　　　　单位：mm

规格材截面尺寸 /(mm×mm)	L≤12m	12<L≤18m	18<L≤24m
40×65	40	45	—
40×90	40	45	50
40×115	40	45	50
40×140	40	50	60
40×185	50	60	65
40×235	65	70	75
40×285	75	75	85

注：L 为桁架跨度。

扫码领取
· 新手必备
· 拓展阅读
· 案例分享
· 书籍推荐

第 5 章

实木家具木工

现代家具类型主要包括实木家具、板式家具、板木结合家具等。实木家具和板式家具在加工工艺上存在较大差异，本章主要针对实木加工工艺进行介绍。

实木家具是指由天然实木原材料加工成的零部件，通过一定的接合方式装配而成的家具产品。实木家具通常被称为框式家具，是由于实木家具中的零部件组成框架主体后再在框架上开槽插入嵌板等零部件，从而组装成家具产品，如实木桌椅等家具的帽头、立梃、望板、腿、挡板、嵌板、面板等零部件，经过零部件的装配得到桌、椅、柜等家具产品。

实木木制品的生产工艺要比板式木制品的生产工艺复杂，因此在实际生产中，应根据产品的特点，合理地确定生产工艺和参数，合理地选择生产设备。实木零部件的生产工艺过程一般由配料、毛料加工、净料加工、装饰（贴面与涂饰）、装配等若干个工艺过程组成。目前木制品生产企业一般直接购进实木锯材或干燥锯材，不再设置制材和干燥的工段或车间。

5.1 实木家具木工加工定位和基准

5.1.1 定位

（1）定位与夹紧

家具的制造过程需要将原材料经过多道工序的加工使其零部件在形状、尺寸和表面质量等方面符合设计图纸的规定。在这些工序的加工过程中，需要对原材料进行切削加工，加工时必须要把待加工工件放在设备或夹具上，使它和刀具之间具有一个正确的相对位置，这种相对位置就叫定位。

工件在定位后，为了使它在加工过程中保持正确的位置，避免工件与刀具接触切削时产生的切削力使其相对位置发生改变，还需将其固定，这种固定就叫夹紧。

上述定位到夹紧的整个过程就是定基准的过程。在木家具生产过程中，合理基准的确定非常重要，它是保证加工精度、安装精度、产品质量及减少误差的根本前提。

（2）定位规则

家具工件在空间中具有六个自由度，也就是说家具工件在空间中可以沿着假想的坐标空间分别沿相互垂直的 X 轴、Y 轴、Z 轴三个坐标轴方向移动或分别以 X 轴、Y 轴、Z 轴为中心轴转动。

为了使工件相对于生产设备和刀具准确地定位，就必须约束这些自由度，使工件在生产设备或夹具上相对地固定下来。

图 5-1 所示为工件的六点定位规则：把工件放在一个 X-Y 平面上，这时工件就不能沿着 Z 轴进行上下移动，也不能绕 X 轴和 Y 轴进行转动，这样就约束了三个自由度；如果又将工件紧靠在 X-Z 平面上，工件便不能沿 Y 轴移动和绕 Z 轴转动，则又约束了两个自由度；最后当把工件靠在 Y-Z 平面上，工件便不能沿 X 轴左右移动，于是又约束了沿 X 轴移动的自由度。此时，工件的六个自由度就全部被约束，从而使工件能在设备上准确地定位和夹紧，这就是工件的六点定位规则。

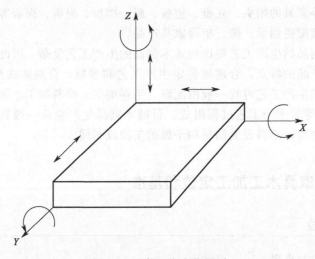

图 5-1　工件六点定位规则

不同的切削加工形式，需要约束的自由度数量也不尽相同，表 5-1 所示是不同切削设备在加工时需要约束的自由度数量。根据零部件相对工作台的状态，零部件的位置有三种可能：第一种是被加工的零部件不动（定位式加工），如排钻的加工、CNC 开料锯的加工，都必须约束六个自由度，车床仅保留沿某一轴旋转的自由度；第二种是被加工的零部件固定在可移动工作台上，能随工作台一起移动（定位通过式加工），如精密推台锯进行锯解、开槽等的加工；

第三种是被加工的零部件按需要移动（通过式加工），如四面刨床加工、压刨床加工相对面、立铣床加工曲线形型面等。

表 5-1　加工方式与自由度的关系

加工设备	约束自由度	保留自由度	加工方式
钻床、打眼机、CNC 电子开料锯	6	—	定位式
车床	5	沿 X 轴旋转	定位式
镂铣机、立铣床	3	沿 X、Y 轴移动，Z 轴旋转	通过式
平刨床	4	沿 X、Y 轴移动	通过式
四面刨床、压刨床、双端铣、宽带砂光机	5	沿 X 轴移动	通过式
开榫机、精密推台锯、双端锯（移动工作台式）、手压砂光机	5	沿 X 轴移动	定位通过式

5.1.2　基准

基准是用于定位的点、线、面。

合理基准的确定是保证加工质量的基本条件。家具生产过程中，从设计时零部件尺寸标注，到生产加工时工件尺寸的测量和定位，以及后续的加工尺寸校验，再到零部件装配时各零部件间相对位置的确定，都要按照确定的基准进行下一步的测量和加工。

基准根据其作用不同，在家具产品生产过程中分为设计基准和工艺基准两大类，如图 5-2 所示。

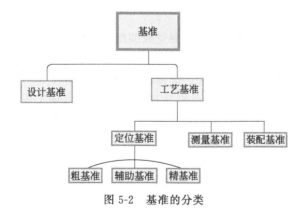

图 5-2　基准的分类

（1）设计基准

设计基准是指家具设计图纸中用于确定两零部件之间相对位置的那些点、线、面。设计图纸上通常要标注出尺寸，尺寸标注时用到的尺寸界线、中心线等即为设计基准。如果设计人员对生产工艺不了解，不是按照生产过程的加工规律进行尺寸标注，会导致实际生产加工中的工艺基准和设计基准不统一，增大人为误差，甚至在装配过程中难以装配成家具成品。不同的尺寸标注方法会得到不同的加工结果，如图 5-3 所示。其中（a）是以部件的左侧边为基准进行钻孔，误差会累积到最右侧；（b）是以两侧边为基准进行钻孔，误差累积到了部件的中间。由此可见，不同的尺寸标注方法即代表不同的加工方式。设计中尺寸界限的标注要符合设备基准的要求，否则会产生累积的加工误差。

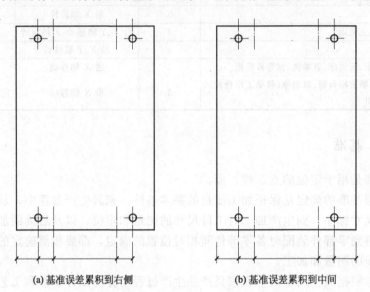

(a) 基准误差累积到右侧　　　　(b) 基准误差累积到中间

图 5-3　家具部件图不同尺寸标注对应的基准

（2）工艺基准

工艺基准是指在家具的加工、测量或装配过程中，用来确定某一表面与该工件上其余表面或在产品中某零部件与其他零部件相对位置的点、线、面。工艺基准按用途不同分为定位基准、测量基准和装配基准。

① 定位基准　定位基准是在家具加工时用来确定加工表面与设备、刀具间相对位置的点、线、面。不同的加工设备，其基准面和加工形式有一定差异：采用工件的某一个面作为基准面，同时又加工这一面，如平刨床、封边机、圆锯开槽等；采用工件的一个面作为基准面，加工其相对面，如压刨床、镂铣机、宽带式砂光机等；采用工件的一个面作为基准面，加工相邻面和相对面，如卧式精密裁板锯、万能圆锯机等；采用工件的两个相邻面作为基准面，加工其他两个相邻面，如四面刨床、带锯机、精密推台锯、镂铣机等；采用工件的三个面作为基准面进行加工，如钻床、悬臂圆锯机、精密推台锯、CNC、电子开料锯、下轴铣床等。

定位基准在加工过程中又分为粗基准、精基准和辅助基准。

a. 粗基准（俗称毛面）：凡用未经过加工的表面作为基准的称为粗基准。以工件的一个面或一个边作为基准来加工另一面或边，这个面和边就属于粗基准。如在毛料加工过程中，在平刨床上第一次加工的表面就是一个粗基准。

b. 精基准（俗称光面）：凡用已经达到加工要求的表面作为基准的称为精基准。比如经过平刨刨光的平面作为压刨加工的基准面时，这时的基准面就是精基准。

c. 辅助基准（俗称辅面）：在加工过程中，只是暂时用来确定某个加工位置的面称为辅助基准。如在卧式精密裁板锯上裁板时，起初板材的四个边中必须有一个边靠在裁板锯的侧长边上，另一个边靠在推板器上，靠在侧长边上的为粗基准，另一个靠在推板器上的边就是辅助基准。

② 测量基准　用来检验已经过加工的表面的尺寸和位置的那些边或面称为测量基准。在工件的加工过程中，其尺寸精度来自设备的加工精度和测量精度，而测量基准的选取也必须与设备的定位基准统一，这样才能减少人为的测量误差，提高产品的加工质量。

③ 装配基准　在装配时，用来确定零件或部件与产品中其他零部件相对位置的边或面称为装配基准。装配基准需要按照加工过程中的基准来确定合理的装配顺序，以保证部件或产品的精度。若装配基准选择错误，很可能导致零部件装配不上，或者装配后内部应力过大造成零部件变形或破坏。

5.1.3　确定和选择基准面的原则

工件加工的过程中，由于不同工序工艺基准与工艺基准，或者工艺基准与设计基准选择不同所产生的误差，称为基准误差。如何合理地选择基准对于保证加工精度和加工质量是非常重要的，工艺基准的选择必须遵循以下原则。

a. 在保证加工精度的前提下，应当尽量减少基准的数量，多工序间尽量选择同一工艺基准，实行"基准统一"的原则。然而基准的数量必须根据不同工序要求而定，如某一工件在压刨床上加工时，工件的下表面是基准面，而当这个工件在排钻上钻孔时，就需要利用这个工件的侧边作为基准面。所以在设计基准确定时就需要将加工过程考虑进去，确定合理的基准，保证设计基准和工艺基准统一，实行"基准重合"的原则。

b. 尽量选择较长、较宽的面作为基准面，以保证工件加工的稳定性。

c. 加工曲线形工件时，应尽可能选用工件的平直面作为基准面，或者选择工件凹面作为基准面，以增加稳定性。

d. 基准的选择要便于工件的安装及加工。

e. 在工件加工时，应尽量采用精基准作为定位基准，粗基准仅用在锯材配料过程中。

5.2 实木家具木工配料加工

实木家具制造使用的原材料的形状、尺寸与零部件的形状、尺寸等不相一致，需要经过一系列的加工将原材料加工成各种规格的方材毛料，这个过程就是实木家具木工的配料加工过程。配料是木制品生产过程中的重要环节，合理的配料过程有利于减少材料浪费，提高出材率，提高生产率。

配料过程的主要内容包括：合理选料、控制含水率、合理确定加工余量、合理确定加工工艺。

5.2.1 合理选料

实木家具制造所采用原材料的优劣或质量控制的好坏直接影响实木家具成品的质量，所以实木家具产品的合理选料十分重要。不同技术要求的实木家具产品，或者同一实木家具产品中不同部位的零部件，对原材料的要求往往不尽相同。因此，合理选料的原则或依据如下。

a. 根据木材的树种、材质、等级、含水率、纹理、色泽和缺陷等要素，在保证产品质量和加工技术要求的前提下，要尽量做到原材料木材的合理利用，做到物尽其用，提高毛料出材率和劳动生产率。

b. 根据实木家具原材料的类型进行合理选料，实木家具配料时所采用的锯材主要是毛边板或整边板，采用毛边板可以充分利用木材。许多木制品企业通常会选购厚度、宽度符合一定规格尺寸，材质、含水率、加工余量等方面满足要求的定制板方材，进厂后只需再进行简单的锯截配料即可。

c. 根据实木家具产品的品质定位进行合理选料，其原则是高档实木家具的零部件通常需要用同一树种的木材进行配料。中、低档实木家具的零部件通常要将针叶树材、阔叶树材分开，将木材材质、材色和木材表面纹理大致相似的树种混合搭配，以实现木材资源的最大化利用。

d. 根据零部件在产品中所在的部位和功能进行合理选料，其原则是选料时要考虑颜色、纹理及木材的软硬。暴露在外的零部件用料，如面板、盖板、旁板、门框、抽屉面板、腿等，必须选择材质好、木材纹理和颜色较一致或能互相搭配的木材；内部零部件用料，如搁板、隔板、底板、中旁板、抽屉旁板、抽屉背板及衬板等，可采用材质稍差一些的木材，对于小一些的裂纹、节子、虫眼等木材缺陷，在不影响外观的情况下可进行修补处理，允许存在不超过规定的腐朽、斜纹及钝棱，纹理和颜色也可稍微放宽一些要求；暗处用料如双包镶产品中的芯条和细木工板中的芯条等，材料的质量方面要求非常宽松。

e. 根据零部件在木制品中的受力状况和结构强度进行合理选料，其原则是需加工榫头的毛料，其接合部位的木材不允许有节子、腐朽、裂纹等缺陷。

如柜类家具的搁板等零部件，在放置物品承受压力时，上述缺陷会使应力集中，加速零部件的破坏。

f. 根据胶合和胶拼的零部件进行合理选料，其原则是在胶合和胶拼的零部件中，胶拼接缝处不允许存在节子，相邻两块板件纹理要搭配适当，弦径向交错搭配使用，以防止发生翘曲变形；同一胶拼件上，材质要一致或相近，针叶树材、阔叶树材不能混用。

g. 根据零部件采用的涂饰工艺进行合理选料，其原则是实木家具要求进行可保持木材本色的透明涂饰时，对其表面涂饰部位的木材材质、树种、纹理和材色等要求较高。实木家具零部件若采用浅色透明涂饰工艺，在选料和加工上要严格一些；若采用深色透明涂饰工艺，在选料和加工上可以适当放宽一些；若采用不透明涂饰工艺，则对木材材质、树种、纹理和材色要求较低。

5.2.2 控制含水率

实木家具在实际的应用中经常发生变形、开裂等问题，这主要是由于木材是一种各向异性的材料，在周围环境湿度发生变化的时候，木材会与周围空气中的水分发生交互作用，导致木材干缩湿胀现象的发生。所以木材在配料时对含水率的控制是保证实木家具产品质量的关键，并且直接关系到产品中零部件的加工工艺和劳动生产效率的提高。因此，一般在选料前木材必须先进行干燥，使其含水率符合要求，并且原材料各部位含水率应均匀一致，以免内部存在未消除的内应力，引起木材变形。

实木家具的类型和用途不同，对于锯材含水率的要求也有所差异。在进行含水率控制时，应当按照国家标准GB/T 6491—2012《锯材干燥质量》中对不同用途木材含水率的要求进行原材料的含水率控制，如表 5-2 所示。

表 5-2 不同用途的干燥锯材含水率

干燥锯材用途	平均含水率/%	含水率范围/%
家具制造(胶拼部件)	8	6～11
指接材	10	8～13
细木工板	9	7～12
采暖室内用材	7	5～10
弯曲加工用锯材	15	15～20
室内装饰用材	8	6～12
室外建筑用材	14	12～17
实木地板块(室内)	10	8～13
实木地板块(室外)	17	15～20
地热地板	5	4～7
建筑门窗	10	8～13
火车(客车)室内	10	8～12
船舶制造	11	9～15
乐器制造	7	5～10

干燥后确定的木材含水率的高低，必须要适应使用地的木材平衡含水率。气候湿润的南方与气候干燥的北方，要求材料含水率控制在不同的范围。北方要求含水率低一些，否则接合好的榫头会从榫眼脱落；南方的含水率应高一些，否则容易使零部件变形或破坏接合位点结构。一般要求配料时的木材含水率应比其使用地区或场所的平衡含水率低 2%～3%。

干燥后的锯材在后续加工之前应妥善保存，在保存期间应保证其含水率不发生变化。实木家具的毛料、零部件或成品，在加工、存放、运输过程中，最好能严密包装或有温度、湿度调节设施，以保证含水率不发生变化。

5.2.3 合理确定加工余量

实木家具由原材料加工成成品的过程中需要经过若干工序的切削加工，每次切削加工都会在原材料表面切削掉一层木材，为了保证最后加工成的零部件尺寸和形状满足设计要求，需要在配料的过程中多留出来一部分尺寸，多留出来尺寸的大小即为加工余量。配料时必须留出合理的加工余量，选用的锯材或订制材的规格尺寸要尽量和加工时的零部件规格尺寸相配合。

在确定加工余量时应注意，对于容易翘曲的木材、干燥质量不太好的木材和对加工精度和表面粗糙度要求较高的零部件，加工余量要放大一点。

由于不同企业生产设备不同、工人技术水平有所差异，因此在我国实木家具生产中还没有统一的加工余量标准，要确定零件或部件的总加工余量，需要将各工序余量进行加和计算。工序余量的确定一般可以根据木材材质、实际工艺特点、具体设备条件、产品结构特点等因素进行试验统计，凭经验反复修正至较为合适的大小。下面列出的是目前在实木家具生产中所采用的加工余量经验值。

(1) 干毛料的加工余量

a. 宽度和厚度的加工余量：

单面刨床：取 1～2mm，若方材长度 $L>1m$ 时，应取 3mm；

双面刨床：取 2～3mm（单面），若方材长度 $L>2m$ 时，应取 4～6mm（单面）；

四面刨床：取 1～2mm（单面），若方材长度 $L>2m$ 时，应取 2～3mm（单面）。

b. 长度上加工余量：

端头有单榫头时：取 5～10mm；

端头有双榫头时：取 8～16mm；

端头无榫头时：取 5～8mm；

指接的毛料：取 10～16mm（不包括榫）。

（2）湿毛料的加工余量

如果原材料采用湿材或半干材直接进行配料后，再进行毛料干燥时，在加工余量的确定中还应该考虑湿毛料的干缩性。不同的树种和纹理方向，木材干缩性也有一定的差异，配料时应视具体情况而定。由于木材纵向（顺纹方向）干缩率极小，为原尺寸的 0.1％ 左右，所以一般不计算长度方向上的干缩量。然而，沿生长轮切线方向的弦向干缩率最大，通常为原尺寸的 6％～12％；沿半径方向的径向干缩率比弦向干缩率要小，通常为原尺寸的 3％～6％。因此，一般使用湿材配料时，一定要考虑原材料在宽度和厚度方向的干缩量。一般是根据该树种的干缩率和板材的尺寸计算得出。湿毛料的尺寸和干缩量可由式 (5-1) 和式(5-2) 计算：

$$y = (D+S)(W_c - W_z)K/100 \qquad\qquad (5\text{-}1)$$
$$B = (D+S)[1 + (W_c - W_z)K/100] \qquad\qquad (5\text{-}2)$$

式中　y——含水率由 W_c 降至 W_z 后木材的干缩量，mm；

B——湿毛料宽度或厚度上的尺寸，mm；

D——零部件宽度或厚度上的公称尺寸，mm；

S——干毛料宽度或厚度上的刨削加工余量，mm；

W_c——木材初含水率，％（若大于 30％时，仍以 30％计算）；

W_z——木材终含水率，％；

K——木材含水率在 0％～30％范围内每变化 1％时的干缩系数。

如用含水率为 35％ 的水曲柳弦向湿板材为原料，先配料后干燥再加工成长度为 1200mm、宽度为 120mm、厚度为 20mm 的无榫零部件，终含水率要求为 10％。由资料可查得水曲柳的弦向干缩系数为 0.353，径向干缩系数为 0.197。通过上述公式计算，可得到宽度上干缩量约为 9mm，厚度上干缩量约为 1mm；再考虑刨削加工余量，则应将湿板材配制成长度为 1210mm、宽度为 134mm、厚度为 26mm 的湿毛料。

（3）倍数毛料的加工余量

当所需加工的毛料长度较短或断面尺寸较小时，为了便于小规格零部件的加工，可以在长度方向/宽度方向/厚度方向上，配出毛料规格尺寸的倍数毛料。在配制倍数毛料时应注意，最好只在单一方向上是毛料规格尺寸的倍数，即在长度、宽度和厚度中有两个尺寸都与毛料的规格尺寸一致，尽量不要在宽度和厚度上都是毛料的倍数，这样在锯制过程中在锯口损失增多，会影响锯材的最大化利用，降低生产效率。

倍数毛料的加工余量确定时，除了需要考虑各方向的加工余量外，还应加上锯路总余量，即锯口加工余量（或锯路宽度）与锯路数量的乘积。阔叶树材毛料的加工余量应比针叶树材毛料加工余量取得大一些；圆形零部件的加工余量应以方形尺寸计算；大小头零部件加工余量应以大头尺寸计算。

5.2.4 配料方法

实木家具的实际生产中，由于受到企业生产规模、设备条件、技术水平、加工工艺等多种因素的影响，其配料方式也是多种多样的。大体可归纳为单一配料法和综合配料法两类。

（1）单一配料法

单一配料法是指在同一锯材上，将某一家具产品中某一种规格的零部件的毛料配齐后，再逐一配备其他规格的零部件方材毛料。单一配料法的优点是加工工艺简单、生产效率较高；缺点是木材利用率较低，不能采用套材下锯的方法，对于木材原材料的浪费较大，此外裁板后的板边、截头等小规格料需要重新配料加工，增加往返运输过程，生产效率降低。所以，单一配料法适用于产品形式、规格尺寸单一，原料整齐的实木家具的配料。

（2）综合配料法

综合配料法是指将一种或几种家具产品中各零部件的规格尺寸先进行分类，按归纳分类情况及原材料规格特征统一考虑用材，一次性综合配齐多种规格零部件的方材毛料。综合配料法的优点是能够长短搭配下锯，合理地在原材料上排料，木材利用率高；但要求操作者对产品用料知识、材料质量标准掌握准确，并进行整合管理，操作人员需技术熟练。

5.2.5 配料工艺

实木家具产品零部件配料时，需要根据企业实际情况，从产品类型出发，确定合理的配料方法和配料工艺。

（1）先横截再纵剖的配料工艺

在板材上先根据零部件的长度和表面质量要求横截成短板，在锯解过程中要避开板件中的开裂、腐朽、死节等缺陷；再将锯解出的短板顺着木材纹理方向纵向锯解成满足零部件技术要求的毛料，如图 5-4 所示。

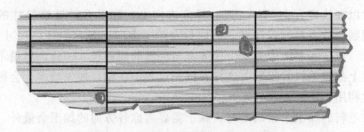

图 5-4 先横截再纵剖的配料工艺图

先横截再纵剖的工艺适用于原材料较长或尖削度较大的锯材配料，其优点是先将长材截成短板，方便车间内运输；采用毛边板配料，可充分利用尖削度较大的木材，提高出材率；可长短毛料搭配锯截，充分利用原料长度，做到长材不短用。缺点是在横截时会将缺陷所在的板宽部分都截去，锯材的出材率较低。

（2）先纵剖再横截的配料工艺

在板材上先根据零部件的宽度或厚度尺寸纵向锯解成长板条，再将长板条横截成符合零部件技术要求的毛料的配料工艺，在横截时要避开开裂、腐朽、死节等缺陷，如图 5-5 所示。

先纵剖再横截的配料工艺适用于大批量生产以及原材料宽度较大的锯材配料，具有较高的生产效率。去除缺陷时，只需要去除缺陷附近的锯材，锯材利用率高。但是若锯材较长，在纵向锯解时需要的车间面积较大，不便于车间内储存和运输。

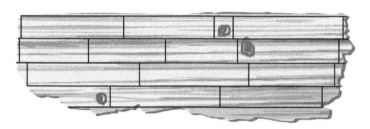

图 5-5　先纵剖再横截的配料工艺图

（3）先画线再锯截的配料工艺

在板件上先根据零部件的规格、形状和质量要求按套裁法画线，然后沿所画的线锯截为毛料。这种工艺主要用于实际生产中的曲线形零部件的加工，特别是使用细木工带锯加工的各类曲线形零部件，加工时预先根据板件幅面和零部件尺寸画线，既保证了配制毛料的质量，又可提高出材率，但是缺点是增加了画线工序和对应的场地。

画线配料有平行画线法和交叉画线法两种。

平行画线法是先将板材按毛料的长度截成短板，同时除去缺陷部分，然后用样板（根据零部件的形状、尺寸要求再放出加工余量所制作的样板）进行平行画线，如图 5-6 所示。此方法加工方便、生产效率高，但出材率稍低，适用于较大批量的机械加工配料。

交叉画线法可以在除去缺陷的同时，充分利用板材幅面上的有用部分锯出更多毛料，如图 5-7 所示。交叉画线法出材率高，但是毛料在材面上排列不规则，下锯较困难，生产效率低，不适用于机械加工及大批量产品生产配料。

（4）先粗刨再锯解的配料工艺

先粗刨再锯解的配料工艺是建立在前三种配料工艺之上的，在配料加工之前，先将板材经单面或双面压刨床刨削加工，再进行横截、纵剖、画线锯解成

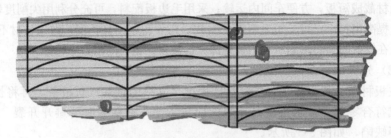

图 5-6 平行画线法先画线再锯截的配料工艺图

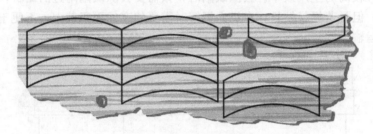

图 5-7 交叉画线法先画线再锯截的配料工艺图

毛料。由于板面先经过粗刨，板面上的缺陷、纹理及材色等能较清晰地显露出来，操作者可以准确地看材下锯，按缺陷分布情况、纹理形状和材色程度等合理选材和配料，并能及时剔除不适用的部分。先粗刨后锯解的配料工艺，主要是为了暴露木材的缺陷，在加工配制要求较高的方材毛料时，这种配料工艺被广泛采用。但是在粗刨过程中，由于板件尺寸较大，加工时需要占据较大的车间面积和空间尺寸。

（5）集成材和实木拼板的配料

集成材和实木拼板在实木家具中具有广泛应用，对于曲线形毛料，在配料时需要在配制的集成材或实木拼板上进行画线和锯解，如图 5-8 所示。

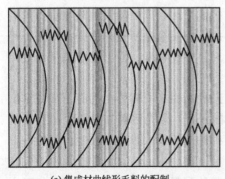

(a) 集成材曲线形毛料的配制

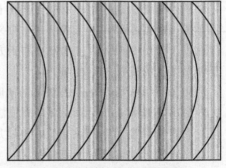

(b) 实木拼板曲线形毛料的配制

图 5-8 集成材和实木拼板曲线形毛料的配料工艺图

图 5-8（a）中集成材是将方材短料经过接长后再拼宽配制而成的板件。曲线形零件可在配制的集成材上进行配料，加工简便，可实现原材料最大化利用。图 5-9 所示是集成材曲线形毛料的配制工艺流程图。

干燥锯材 → 选料
工作台 → 横截
横截锯 → 双面刨光
双面刨床 → 纵剖
多片锯 → 截断（剔缺陷）
截锯 → 铣齿
铣齿机 → 涂胶
涂胶机

接长
接长机 → 四面刨光
四面刨床 → 涂胶
涂胶机 → 拼版
拼板机 → 画线
工作台 → 曲线加工
细木工带锯 → 曲线形毛料

图 5-9　集成材曲线形毛料的工艺流程图

图 5-8（b）中使用的实木拼板是将方材横向胶合在一起形成的板件。在实木拼板上画线配制曲线形毛料时，其工艺流程图如图 5-10 所示。

干燥锯材 → 选料
工作台 → 横截
横截锯 → 双面刨光
双面刨床 → 纵剖
多片锯 → 涂胶
涂胶机 → 拼板
拼板机

画线
工作台 → 曲线加工
细木工带锯 → 曲线形毛料

图 5-10　实木拼板曲线形毛料的工艺流程图

上面的配料工艺在实际的生产中，均可根据零部件的技术要求、原材料的规格特点、所用锯材的等级、加工方法、采用的设备和刃具、操作人员的技术水平等，综合确定配料方案，尽量提高出材率、劳动生产效率和产品质量。

在配料方案的制定过程中有以下原则。

a. 应先配大料后配小料，应先配表面用料后配内部用料，应先配弯料后配直料。

b. 应尽量采用套材下料及粗刨加工。

c. 不要过分地剔除缺陷，在不影响美观和产品质量的条件下，应尽量采用修补缺陷的方法。

d. 应尽量采用短接长、窄拼宽的生产工艺，以适应大规格毛料的需要。

e. 应尽量采用综合配料法，充分利用边角料。

f. 应尽量实行零部件尺寸规格化，使零部件和锯材的尺寸规格相匹配，充分利用锯材幅面，锯出更多毛料。

g. 对于拉手等短小零件，应采用倍数毛料加工方法，在配料时先加工成型后再截断或锯开，这样在保证加工质量的同时，可减少每个毛料的加工余量，提高生产效率，节约原材料。

5.3　实木家具毛料加工

实木家具工厂中的木材或锯材等原材料经过配料加工后制成了具有一定规格尺寸的方材毛料。但是，此时的方材毛料的尺寸、形状误差还很大，表面还很粗糙，没有平整光洁的表面作为精基准。所以经过配料粗加工的方材毛料还需要进一步进行刨、削、锯、铣等加工，使工件获得准确的基准面，作为后续规格尺寸加工的精基准，再依次加工其他面使工件的尺寸、形状和表面光洁度达到设计要求。这一系列的加工过程就是毛料加工。

5.3.1 基准面加工

工件经过配料后，没有一个表面是平整光滑的，再进一步加工时没有加工基准。所以毛料加工首先要进行基准面的加工，之后以此面作为基准进行工件其他表面的加工，方可对工件的形状、尺寸进行较好的把控。

基准面常包括大面、小面和端面三个面。根据加工质量和加工方式不同，不同的工件确定的基准面数量也有所差异。有时只需将工件中的一个或两个面精确加工后作为后续工序加工时的定位基准和（或）辅助基准；有的零部件加工精度要求不高，也可以在加工基准面的同时对其他表面进行加工。

基准面确定时需要遵守如下原则。

a. 直线形方材毛料要尽可能选择大面作为基准面，其次选择小面和端面作为基准面，用面积较大的表面作为基准面可以增加方材毛料加工的稳定性。

b. 曲线形的毛料要尽可能选择平直面作为基准面，其次选择曲面的凹面（与模具贴合）作为基准面。

c. 基准面的选择要便于方材毛料的安装、夹紧和加工，尽量选择长度和宽度尺寸较大的面和平整的面作为基准面。这样在加工过程中有利于工件保持稳定，并保证加工精度。

d. 在保证加工精度的基础上，应尽量减少基准的数量。例如在压刨床上进行加工时，只需将加工表面的相对面作为基准即可实现加工；在进行钻孔加工时，为了使加工过程中工件位置保持不动，并保证孔的位置精度，必须取它的三个面作为基准，这样才能限制其 6 个自由度，保证加工精度；精密推台锯横截加工，需要至少两个表面作为基准，一个面作为精基准，另外一个面作为辅助基准才能完成加工。

e. 尽可能采用经过精加工的面作为基准。只有在配料时尚没有精加工的表面时才允许使用粗加工表面作为基准。

f. 选择工艺基准时，应把设计基准同加工时的定位基准选择为同一基准面，这样可以避免在加工中产生基准误差，也可以将机床加工产生的误差降到最低。

g. 需要经过多道工序加工的工件，应采用"基准统一"的原则，尽量选择各道工序均适用的同一基准作为各工序的加工基准，以减少加工误差。若无法选取同一基准时，必须选取在各工序中可建立联系的基准进行加工。

5.3.1.1　直面和曲面基准面加工

对于平直面的大面和小面以及小曲面的侧平直面作为基准面，主要使用平刨床进行加工；而曲面凹面侧作为基准面，主要使用铣床进行加工。

（1）平刨床加工基准面

平刨床是利用刨床下部的刨刀对所接触的粗糙不平的方材毛料表面进行加工，使毛料表面变成平整光滑的平面。该平面可作为后续加工的基准面，也可以利用平刨床上方的靠尺，在基准面与靠尺贴合后，将基准面的相邻面加工成与基准面呈一定角度的平面，通常该加工面称为辅助基准。平刨床通常是由刀轴、床身、靠尺、前工作台、和后工作台等部分组成。平刨床前、后工作台应有一定的高度差，这个高度差就是切削层的厚度。平刨床加工基准面如图 5-11 所示。

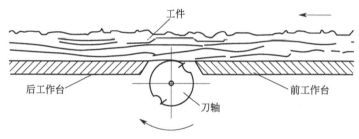

图 5-11　平刨床加工基准面

利用平刨床进行基准面和边的加工时，需要注意如下要求。

a. 平刨床加工的切削厚度一般为 1～2mm，经切削后的表面可作为精基准。在加工时，一般情况下要进行一到两次刨削，如果需要刨削的厚度大于 2mm 时，则要进行多次刨削以减小整体机床变形，保证加工精度。

b. 利用平刨床上的靠尺加工基准面的相邻面时，可以通过调整靠尺与基准面之间的角度，从而加工出呈一定角度 α 的基准面和相邻面，如图 5-12 所示。

c. 在实际生产中，平刨床以手工进料为主，劳动强度大，生产效率较低，也存在操作的不安全因素，应当在刀轴上设置安全防护装置，保护操作工人安全。

d. 手工进料进行基准面加工时，进料速度要均匀，要严格禁止进料速度忽快忽慢，以确保刨削面的平直度。在刨削硬质材料或者加工到毛料的节疤处时，应当尽量放慢进料速度，以减小切削阻力，提高加工质量。

e. 当采用机械进料方式进行加工时，为提高机械进料平刨床的刨削表面的平直度，需要在机械进料装置的压轮、覆带、尖刀上均设置弹簧缓冲机构，以减少进料装置对加工毛料的正压力，减少毛料在刨削过程中的弹性形变，提

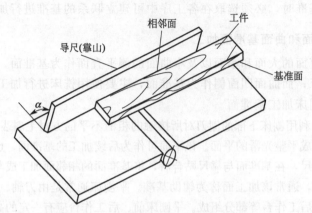

图 5-12 平刨床加工基准面和相邻面

高其加工表面的平直度。

（2）铣床加工基准面

与平刨床相比，铣床可以进行直线形平面、直线形型面、曲线形平面、曲线形型面等多种类型的铣削加工，而且可以完成开榫、裁口等加工过程。现代各种铣床类设备不仅可以用于方材的毛料加工工序，而且可以用于方材的净料加工工序。铣床根据刀轴在设备上的相对位置，可以分为上轴铣床（镂铣机）和下轴铣床（立铣床）；根据刀轴的数量可分为单轴立铣床和双轴立铣床。

① 单轴立铣床　单轴立铣床可以完成直线形平面、直线形型面、曲线形平面、曲线形型面等的加工，还可以完成开榫、裁口等加工。直线形平面加工（图 5-13）是将工件贴合于立铣床上的靠尺或将已固定工件的直线形模具与立铣床上的挡环相接触来完成平面加工；直线形型面加工是将立铣床上的铣刀换成成型铣刀，利用直线形的模具与立铣床上的挡环相接触定位而完成直线形型面加工；曲线形平面是利用曲线形的模具靠在立铣床上的挡环来完成的；曲线形型面是利用曲线形的模具靠在立铣床上的挡环和成型铣刀来完成的，如图 5-14 所示。单轴立铣床的进料有机械进料和手工进料两种，机械进料的单

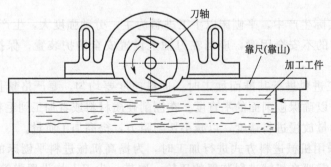

图 5-13　直线形平面加工

轴立铣床需要在工作台上配备机械进料系统。

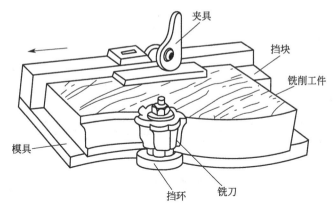

图 5-14　曲线形型面加工

　　② 双轴立铣床　与单轴立铣床相同，双轴立铣床可以完成直线形平面、直线形型面、曲线形平面、曲线形型面等的加工，特别是在长度上与中点对称或近似对称的曲线形工件加工中，一般采用双轴立铣床来加工。曲线形平面的加工是将曲线形模具靠在双轴立铣床的挡环上来完成的，曲线形型面的加工是将曲线形的模具靠在双轴立铣床的挡环和成型铣刀上来完成的。图 5-15 所示为双轴立铣床加工工艺图。立铣床可以通过更换铣头的样式改变加工工件的型面。

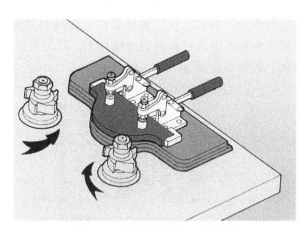

图 5-15　双轴立铣床加工工艺图

　　③ 镂铣机　与单轴立铣床和双轴立铣床不同，镂铣机的铣头在加工时处于工件上方，属于上轴铣床的一种类型。由于其可以灵活地在工件表面或者侧面进行加工，形成各种形状的零部件，现今被广泛应用于现代木制品生产中。镂铣机的加工主要是通过上轴成型端铣刀加工，其定位基准是靠镂铣机的定位

销和直线形或曲线形的模具配合完成。图 5-16 所示为镂铣曲线形边部的加工示意图。

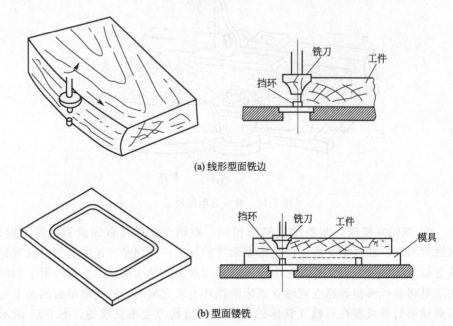

(a) 线形型面铣边

(b) 型面镂铣

图 5-16 镂铣机加工示意图

随着现代设备的不断更新迭代，有些铣刀轴在加工过程中，可以按照加工需要自动调整铣削的深度。新开发的数控镂铣机，如图 5-17 所示，已经将模具取消，通过计算机编程即可进行精确的曲线加工，同时根据加工型面需要，可以自动更换刀具，如图 5-18 所示。

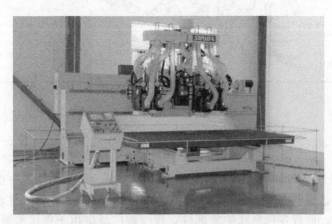

图 5-17 HOMAG 多轴 CNC 数控镂铣机

图 5-18　HOMAG 多轴 CNC 数控镂铣机的各式刀头

5.3.1.2　端面基准面的加工

通常情况下在工件加工时基准面优先选择面积较大的平面或曲面的凹面，然而在有些设备加工时，确定一个精基准后还需要有辅助基准相配合才能进行其他面的加工。比如精密裁板锯在锯解加工时，会将基准面紧贴在靠尺上，另外毛料端面作为辅助基准贴合于挡块上。

经过配料后，毛料在长度方向的尺寸仍存在误差，端面与基准面夹角的精度也未达到要求，所以还需要进行精截以提高精度。如果零部件的两端还需要加工榫头，其端面可以不专门进行精截，可在加工榫头的工序中进行精截，以保证榫头长度尺寸的精度。

端面基准面加工可采用推台锯或开料锯等设备，主要为圆锯片的加工，可以进行纵向锯解，也可以进行横向锯解，还可以进行一定角度的锯解和开槽等加工。圆锯片可以装于下方工作台，也可装在摇臂上构成摇臂式圆锯机，如图 5-19 所示。

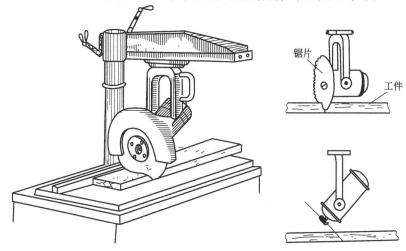

图 5-19　摇臂式万能圆锯机的加工工艺图

在现代加工设备中，常采用板材开料锯进行加工。图 5-20 所示为 HOMAG 的 HPP-180 板材开料锯。开料锯可以在实际的加工中通过 CAD matic PRACTIVE 软件实现电子图纸的自动识别，并且通过计算机电动调节槽锯加工。

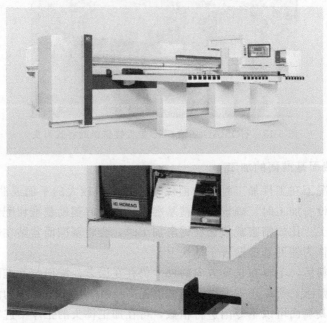

图 5-20   开料锯及计算机系统

5.3.2   其他面的加工

在加工出基准面后，还需对方材毛料的其他表面进行加工，使之表面平整光洁，并满足工件的规格尺寸和形状要求，与基准面之间具有正确的相对位置。这时需要对基准面的相对面和相对边进行加工，一般可以在压刨床、双面刨床、四面刨床、铣床和多片锯等设备上完成加工过程。

5.3.2.1   压刨床加工相对面

确定好基准面后，其相对面的加工可以在压刨床上完成，加工后可以得到精确的规格尺寸和较高的表面质量。采用分段式进料辊进料，既能防止毛料由于厚度的不一致造成切削时的振动，又可以充分利用压刨床工作台的宽度提高生产效率。加工时可用直刃刨刀或螺旋刨刀，直刃刨刀的结构较为简单，刃磨方便，在使用中最为常见。使用直刃刨刀加工时，在加工一开始刀片就直接接触毛料的整个宽度，加工瞬间切削力增大，会使整个工艺系统发生强烈的振动，使加工精度受到影响，同时产生很大的噪声；当采用螺旋刨刀加工时，加工过程是不间断地切削，不会使整个工艺系统周期性振动，增强了切削的平稳性，大大降低切削功率和振动产生的噪声，使加工质量提高，但是螺旋刨刀的制造、刃磨和安装技术都较直刃刨刀复杂。

压刨床分为单面压刨床和双面压刨床两种类型。

单面压刨床用于已经进行了基准面加工的工件相对面的刨削加工。单面压刨床可将工件刨削出具有一定厚度和光洁度的平行表面，是生产中使用最为普遍的加工设备。单面压刨床的刀轴通常安装在上工作台，当工件沿着下工作台表面向前进料时，刀轴上的刀片与工件接触，将工件刨削成一定的厚度。单面压刨床一般只有一个上刀轴，一次通过式加工只能刨光一个表面，一般情况下需要与平刨床配合起来完成工件的基准面和相对面的加工，通过调整床身上、下工作台面的高度差来适应不同厚度工件的加工要求，工作台可以调整开口间距，如图 5-21 所示。

图 5-21　单面压刨床

双面压刨床有上下两个刀轴，具有平刨和单面压刨两种机构，可以同时对工件进行上下两个表面的刨削加工，适用于大批量且宽度较大的板材加工，如图 5-22 所示。

5.3.2.2　四面刨床加工相对面

随着加工设备自动化程度的提高，对生产效率的要求也提高。在平刨床加工出基准面后，再采用四面刨床加工相对面，可以提高加工精度，因为被加工零部件的其他面与其基准面之间具有正确的相对位置，从而能准确地加工出所规定的断面尺寸及形状，而且表面粗糙度也能满足零部件要求。

对于家具中某些对加工精度要求不太高的零部件，在基准面加工以后，可通过四面刨床一次性加工出其他三个未加工的表面，生产效率较

图 5-22 双面压刨床

高。而对于家具中某些次要的和精度要求不高的零部件，还可以加工基准面，直接通过四面刨床一次性加工四个未加工表面，达到零部件表面面和形的要求，只是加工精度稍差，同时对于材料自身的质量要求也高，因为作为粗基准的表面应相对平整，而且材料不容易变形。如果毛料本身比较直且毛料不容易变形，则经过四面刨床加工之后，可以得到符合要求的零部件；如果毛料本身弯曲变形，则经过四面刨加工之后仍然弯曲，这主要是进料时进料辊施加压力的结果。

四面刨床是用来将锯材、方材毛料的四个表面进行平面刨光或型面铣型的加工设备如图 5-23 所示威力公司生产的 PROFIMAT 23 系列五轴四面刨床和UNIMAT 3000 型 CNC 控制的四面刨床。四面刨床加工时通过更换刀具的类型，可以加工出多种断面形状的零部件，如图 5-24 所示。

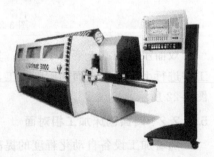

(a) 五轴四面刨床   (b) CNC控制的四面刨床

图 5-23　四面刨床

四面刨床最为常用的刀轴数为 4～8 个，在特殊情况下，刀轴数可达 10 个以上，刀轴分别布置在被加工工件的上、下、左、右四面，每个面上可分别设

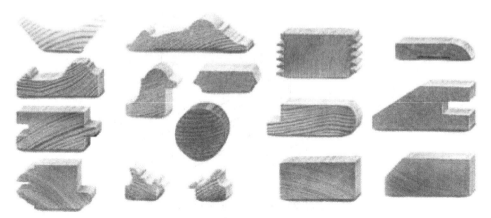

图 5-24　四面刨床加工的各种零部件的断面形状

有 1～2 个甚至更多刨刀，一次通过可完成多表面的加工。四面刨床刀轴排列的基本形式如表 5-3 所示。

表 5-3　四面刨床的刀轴排列形式

刀轴数	刀轴排列形式								
	底刨刀	右刨刀	右刨刀	左刨刀	左刨刀	上刨刀	上刨刀	底刨刀	万能刨刀
4	¤	¤		¤		¤			
5	¤	¤		¤		¤		(¤)	(¤)
6	¤	¤		¤		¤		¤	¤
7	¤	¤		¤		¤	¤	¤	¤
8	¤	¤	¤	¤	¤	¤		¤	¤

注：括号表示五轴刨床中可能是底刨刀或可能是万向刨刀。

5.3.2.3　铣床加工相对面

用铣床也可以加工其他表面。在铣床上加工相对面时，应根据零部件的尺寸，调整样模和靠尺之间的距离或采用夹具加工，这样加工过程能更加稳定，操作更安全，比较适用于较宽毛料侧面的加工，如图 5-25 所示。与基准面成一定角度的相对面加工，也可以在铣床上采用夹具进行，但因是手工进料，所以生产效率和加工质量均比压刨床低。

5.3.2.4　多片锯加工

某些断面尺寸较小的零部件，可以先配成倍数毛料，不经过平刨床加工基准面，而直接采用双面压刨床（也可以采用四面刨床）对毛料的基准面和相对面同时进行加工，得到符合要求的两个大表面。然后按照厚度（或宽度）直接用装有刨削锯片的多锯片圆锯机进行纵解剖分加工，如图 5-26 所示。此种方

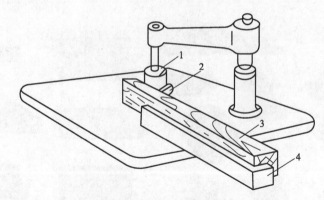

图 5-25　在铣床上加工相对面
1—刀具；2—挡环；3—工件；4—夹具

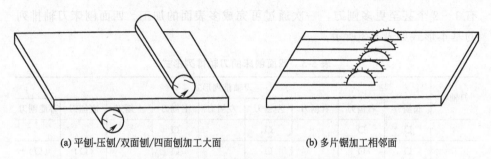

(a) 平刨-压刨/双面刨/四面刨加工大面　　　　(b) 多片锯加工相邻面

图 5-26　多片锯加工相对面工艺过程

法虽加工精度稍低，但出材率和生产效率可以大大提高，从节约木材方面考虑，这也是一种可取的加工方法，其广泛用于内框料、芯条料或特殊料的大批量加工。

在实际的生产加工中，应当根据零部件的质量要求和产量，综合确定合理的加工设备，选择适合的加工方法。毛料经基准面、相对面加工和精截加工后，一般按所得到净料的尺寸、形状精度和表面粗糙度来评定其加工质量，确定其能否满足互换性的要求。净料的尺寸和形状精度由所采用的设备和选用的加工方法来保证，而表面加工质量则取决于刨削加工的工艺规程。

5.4　实木家具净料加工

实木的净料加工是实木家具生产的前提。在实际生产加工中，首先要对毛料进行刨削、锯截等加工，得到尺寸精确、表面平整光洁的方材净料；随后根据设计的具体要求，通过铣、钻、刨、砂等若干工序，将净料加工成与其他零部件连接的榫头、榫眼、连接孔，或铣出曲面、槽簧等各种造型或型面；最后还需要对净料表面砂光，并进一步修整。通过这一系列的加工使净料达到设计所需实木家具零部件的要求。

5.4.1　榫头和榫眼加工

榫卯接合是木制品零部件常用接合方式，是将一个有榫头的零部件插接在另一个具有榫眼的零部件上，形成紧密咬合，从而使木家具获得坚固、稳定的接合。在现代实木家具生产中，为了提高生产效率，已经使用机械设备代替了手工作业。由于榫卯接合对零部件的加工精度要求较高，因此确定合理的加工工艺条件并选择合适的加工设备，可有效提高零部件质量和精度，从而使最终产品质量得以保证。

5.4.1.1　榫头的加工工艺与设备

（1）榫头加工工艺

在实际生产加工中，榫头加工质量的优劣对最终产品结构稳定性和产品质量起到决定性因素，主要是因为净料工件在加工榫头后，需要重新拟定工件的定位基准和装配基准，这不仅对后续的其他工序造成影响，而且还将直接影响实木家具装配的精度。因此对榫头部件加工是方材净料加工的主要工序。

在对榫卯部件加工中，榫眼是使用固定尺寸的刀具进行加工的，同一规格的新旧刀具会由于磨损程度不同存在误差，因此当对榫头加工时应以"基孔制"为原则，即优先加工出与榫头部件相契合的榫眼，随后以榫眼的尺寸为依据对开榫的刀具进行调整，从而降低榫头与榫眼间因刀具误差导致的公差，以避免榫头与榫眼出现接合太紧或太松的现象，使榫卯部件形成更为紧密的咬合。采用"基轴制"的原则，即优先加工出榫头再根据其具体尺寸选择合适的钻头或刀具加工榫眼，只适用于标准尺寸的圆榫件加工，如果加工其他形式的榫卯接合部件，不仅会出现生产效率降低、工时增加等问题，还难以保证榫卯间的紧密接合。

在加工不同形式的榫卯部件时，应根据榫头形状、数量、尺寸及在零部件的具体位置选择合适的刀具。如榫头的切削通常选用具有割刀的铣刀头、切槽铣刀和圆盘铣刀。

为了使榫头与榫眼两零部件紧密连接，要确保榫肩间距、榫颊与榫肩间角度的精度，除此外加工机床本身状态、刀具精度调整、净料工件精截精度、工件加工前的定位基准等因素均会对加工精度产生影响。为了确保加工精度，当对工件两端进行榫头加工时，应以同一表面作为基准。将工件安放在加工机床前应提前清理加工机床及工件表面，以确保工件与工件间、机床与基准面间没有锯末、刨花等杂物。在加工过程中要使其进行平稳加工、进料速度均匀稳定。

由于木质材料的吸湿特性，在对净料加工时工作环境的温度和湿度也会对榫头和榫眼的加工精度造成影响，因此在对榫卯部件加工时，榫头和榫眼间的加工间隔不宜过长，以避免木材因干缩湿胀导致的尺寸变化，使接合强度降低。

① 直角单榫和燕尾单榫的加工　当加工榫卯部件时，单榫头的加工工艺如表5-4中1、2、4、5所示，直角榫和燕尾榫在单头或双头开榫机上加工，加工工艺方法如图5-27所示。直角单榫也可以在铣床上加工，如图5-28所示。

表 5-4　榫头形式及加工工艺

编号	榫头形式	Ⅰ	Ⅱ	Ⅲ
1	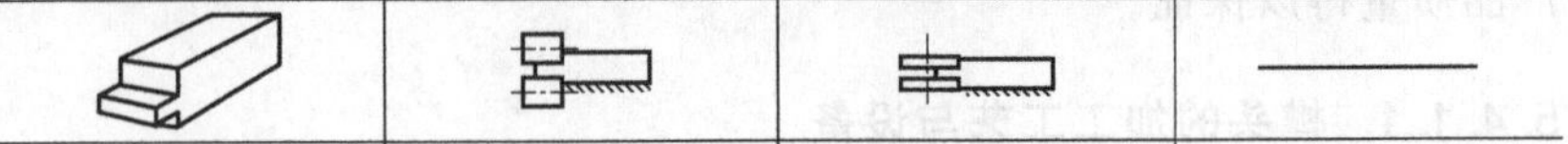			
2	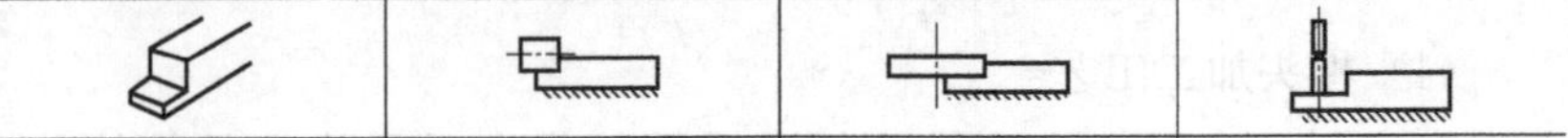			
3	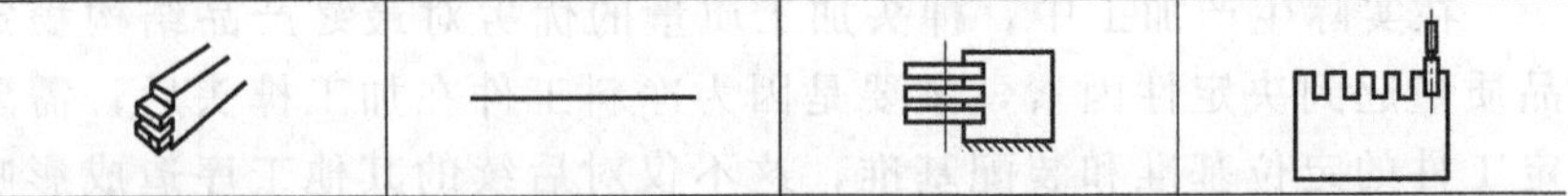			
4	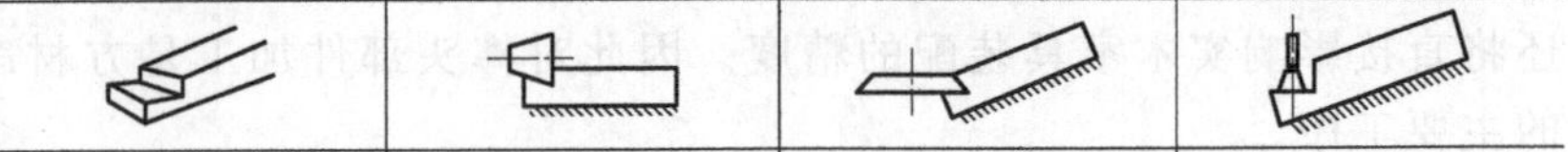			
5	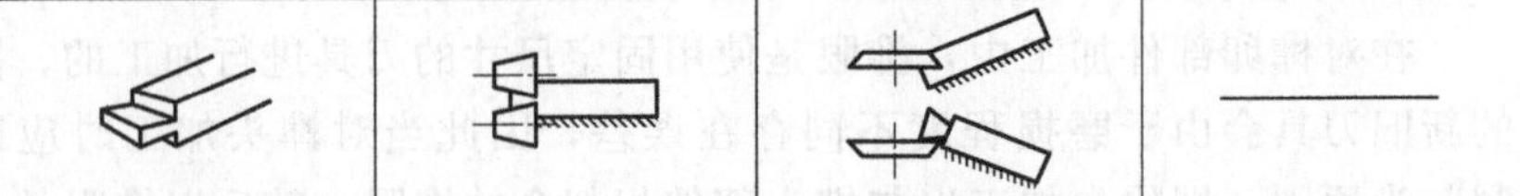			
6	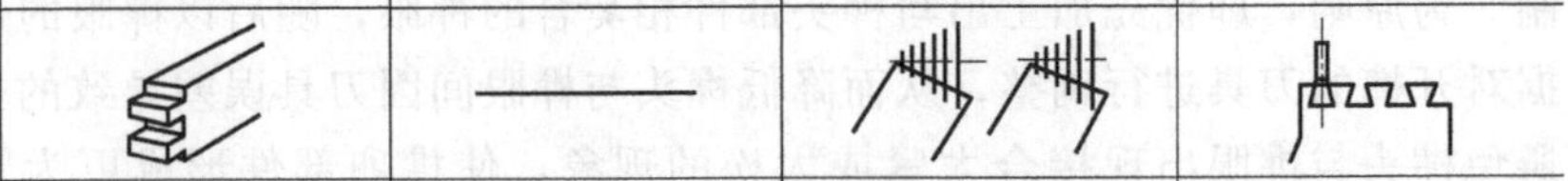			
7	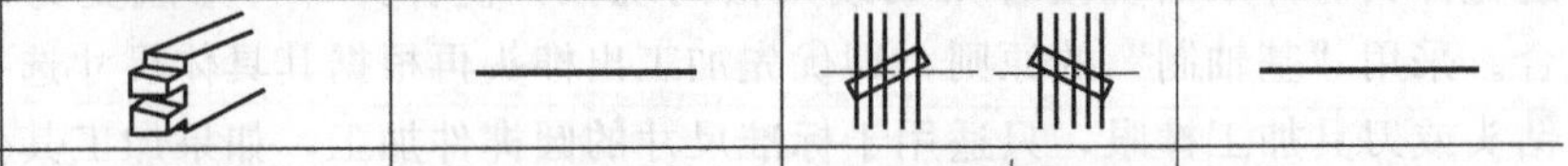			
8	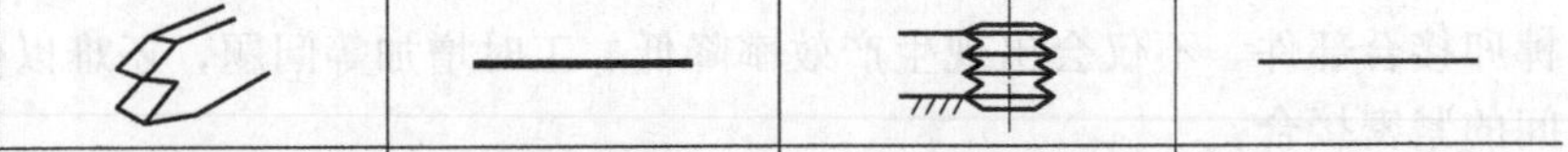			
9	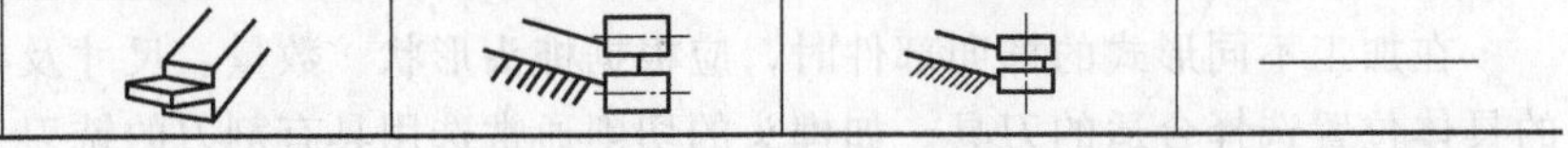			

② 直角多榫和齿形榫的加工　在对多榫头和齿形榫的加工中，可以使用装配多个刀轴的加工设备一次性完成或用单刀具设备进行多次作业，如表5-4中3所示，可采用切槽铣刀在直角榫开榫机上加工。图5-29(a)所示是通过将工件向刀具方向移动来实现直角多榫的加工，由于每次只能完成一块工件的加工，生产效率较低，榫肩呈弧形，精度较低；图5-29(b)所示是通过工件或刀轴的纵向相对移动来完成的，可一次实现多工件的加工，生产效率较高，生产

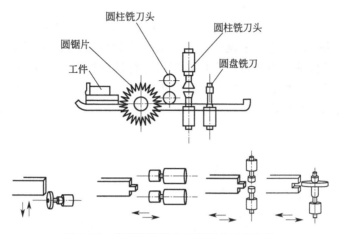

图 5-27　单榫开榫机加工榫头的工艺方法

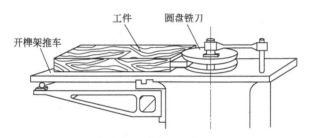

图 5-28　铣床加工直角榫的加工工艺方法

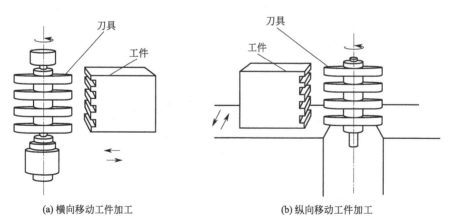

(a) 横向移动工件加工　　　　　　　(b) 纵向移动工件加工

图 5-29　直角多榫的加工工艺方法

的工件榫肩具有良好的平整性。

　　表 5-4 中 8 所示的齿形榫，同样可以采用由单片铣刀和整体铣刀组成的指接组合刀具，在开榫机上进行加工。

③ 燕尾多榫的加工　对燕尾多榫的加工一般采用不同直径的鱼尾形铣刀（又称燕尾形铣刀）组合成组合刀具进行加工。如表 5-4 中 6 所示，加工时每一端都需要进行两次定位和两次铣削，其加工过程如图 5-30 所示。首次定位时要优先对工件的基准边进行定位，随后进行铣削加工；在进行二次定位时，要以首次定位的基准边为基准将工件翻转 180°，随后进行二次铣削加工，最终得到尺寸与加工精度较高的燕尾多榫。燕尾多榫也可以在单轴或多轴燕尾开榫机上采用端铣刀沿导板移动进行加工。

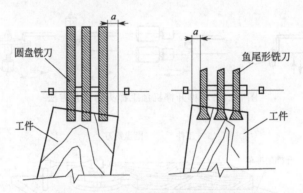

图 5-30　加工燕尾形多榫定基准的方法

④ 半隐燕尾多榫的加工　半隐燕尾榫又称半透燕尾榫，其用于接合的燕尾榫隐藏于工件内侧，因此更加美观。半隐燕尾多榫可以在单轴或多轴的开榫机上完成加工，具体加工工艺方法如图 5-31 所示。首先确定工件的基准边，根据设计要求调整梳形导板与工件的相对位置，并将其夹紧在机床上，根据工件的厚度与所需榫头长度调整铣刀的高度和位置，在加工开始后定位销在梳形导板中引导端铣刀移动完成对工件的加工。

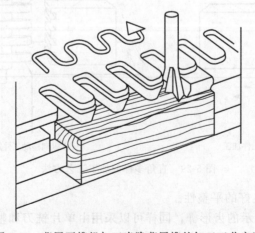

图 5-31　燕尾开榫机加工半隐燕尾榫的加工工艺方法

⑤ 梯形多榫的加工　梯形多榫一般在铣床上或直角箱榫开榫机上采用组合刀具进行加工。如表 5-4 中 7 所示，其加工工艺特点是可以同时完成单个工件或多个工件的加工，如图 5-32 所示。在实际生产中，通常将多个同一厚度的工件同时加工，从而提高生产效率。在加工该工件时也需要对工件进行两次定位和铣削。首次定位时，需要使用楔形的垫板将水平排列的多个工件夹紧，随后使用铣刀完成首次铣削加工；再将垫板调转 180°，始终保持垫板与工作台垂直，然后将工件调整至反方向倾斜，并在工件下方增加一块垫板以调整工件加工基准边的高度并夹紧在楔形夹具上进行二次铣削加工，完成梯形多榫的加工。

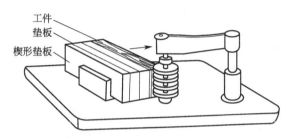

图 5-32　采用铣床加工梯形榫的加工工艺方法

⑥ 直肩斜榫的加工　如表 5-4 中 9 所示，直肩斜榫通常在开榫机上进行加工。如图 5-33(a) 所示，在加工时通过在工件下方放置垫板，起到抬高加工基准并固定工件的作用，以辅助铣刀加工出符合设计要求的直肩斜榫。

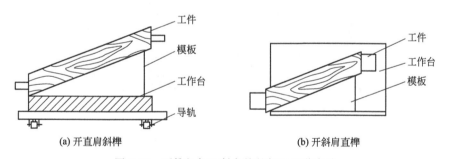

(a) 开直肩斜榫　　　　　　　　　(b) 开斜肩直榫

图 5-33　开榫机加工斜角榫的加工工艺方法

⑦ 斜肩直榫的加工　斜肩直榫通常也在开榫机上完成加工，如图 5-33(b) 所示，其加工工艺过程与直肩斜榫的加工类似，需要在工作台上放置斜肩模具以使工件达到设计要求的斜肩角度以完成加工。

⑧ 椭圆榫和圆榫的加工　椭圆榫和圆榫是现代实木家具生产加工中最常见的榫卯接合形式，如图 5-34 所示的椭圆榫和圆榫，通常使用圆锯片和铣刀的组合刀具对工件进行加工，其中两个刀具各司其职，圆锯片用于截断榫头端部，而铣刀则用于铣削出不同长度的榫头。在加工时，首先要将工件固定在工作台上，以确保随后铣刀加工榫头时不会因为刀轴振动导致工件移动，随后操

作铣刀按照固定的路径在工件基准面上进行一周的相对移动，从而完成椭圆榫或圆榫的加工。该方法同样适用于直角榫和斜榫的加工，但是要根据不同类型榫头进行调整。

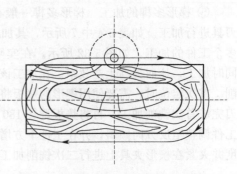

图 5-34　椭圆（圆）榫的加工示意图

（2）加工榫头时常用的生产设备

由于榫卯形式较多，其榫头数量、长度以及在零部件上的位置等方面均有不同，因此应合理选择加工设备，如铣齿机、双端铣、单端开榫机和双端开榫机等。下面以生产中最常用的指形榫和椭圆榫为例，列举适合该类型榫卯形式的主要加工设备。

① 单端榫头机　椭圆榫结合了直角榫和原榫的特点，不但加工简单而且具有较强的接合强度，因此在现代木制品生产中椭圆榫是最常见、应用最广泛的榫卯接合形式。单端榫头机加工的椭圆榫榫头形式和角度如图 5-35 所示。

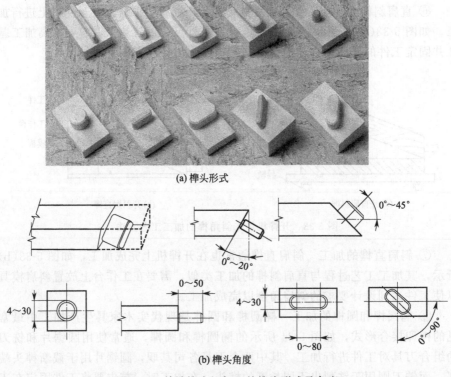

(a) 榫头形式

(b) 榫头角度

图 5-35　单端榫头机加工的榫头形式及角度

　　图 5-36 所示为巴利维李（BALESTRINI）公司生产的单端榫头机。该设备配备的组合铣刀可对工件进行精截和开榫作业，两个工序的集中也有效提升了生产效率，工作台可以调整倾斜角度，以便灵活加工斜角榫头。其加工过程是铣刀围绕工件端部进行圆周移动完成工件的加工，行动轨迹类似"∞"，铣刀的运动路线如图 5-37 所示。

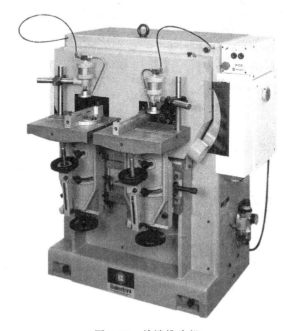

图 5-36　单端榫头机

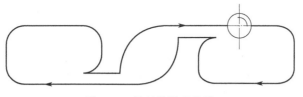

图 5-37　铣刀的运动路线

　　② 双端榫头机　双端榫头机与单端榫头机装配的刀具及工作原理基本相同。图 5-38 所示为 HOMAG 公司生产的双端榫头机。不同的是该设备可在工件的两端同时加工出榫头，在工件两端都需要加工榫头时，可节约一半的工时。

　　在生产加工中，工件的表面光洁度、工件在机床上的定位基准、设备的精度调整与加工速度、操作人员的熟练程度等都会对加工精度造成影响，如果要减少加工中产生的误差，就要合理控制上述影响因素，以保证零部件的加工精

图 5-38　双端榫头机

度及加工质量。双端榫头机加工的椭圆榫榫头形
式如图 5-39 所示。

5.4.1.2　榫眼的加工工艺与设备

榫眼作为咬合榫头的接合部件，对其进行
的加工是木制品零部件加工中非常重要的工
序，榫眼在零部件上的位置精度以及加工尺寸
精度对于整个木制品的接合强度及质量都有很
大影响。以下分别介绍各类榫眼的加工方式。

（1）直角榫眼的加工

直角榫眼常用的加工方法主要有钻床加工、
链式榫眼机加工、立铣床加工，但是加工难度相
对较大。

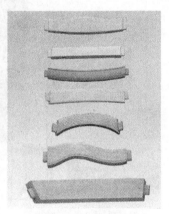

图 5-39　双端榫头机
加工的榫头形式

① 钻床加工　直角榫眼可在钻头加方形凿
套筒组成的组合钻床上进行加工，如图 5-40 所示。直角榫眼在钻床上加工需
要在钻头外套上方形的金属凿套筒，外表光滑的凿套筒使榫眼加工精度较高，
但在加工后会存留一些刨花、木屑在榫眼内。

② 链式榫眼机加工　直角榫眼也可采用链式榫眼机加工，如图 5-41 所示。
链式榫眼机加工的直角榫眼的表面尺寸精度较高，但受限于刀具外形，其加工
的榫眼底部呈弧形，加工出来的榫眼的内壁比较粗糙。

③ 立铣床加工　图 5-42 所示为立铣床加工的直角榫眼。该设备是由圆盘
形刀具在工件上进行加工的，由于铣刀较小，工件吃刀较浅，只能加工出较浅
的榫眼，且铣刀加工后直角榫眼底部呈弧形，因此需对直角榫眼底部进行二次
加工，以满足工艺的需要。

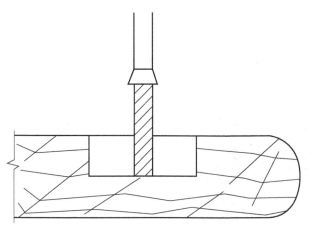

图 5-40　钻头加方形凿套筒加工

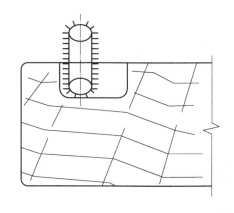

图 5-41　链式榫眼机加工

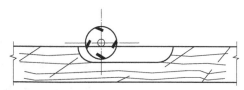

图 5-42　立铣床加工

（2）椭圆榫眼的加工

部分设备同时具备加工椭眼圆榫眼和加工圆榫眼的能力，以下分别介绍。

① 钻床加工　当对椭圆榫眼的宽度和深度要求较小时，可采用钻床加工，但是加工时需保证钻头匀速对工件进行加工，以避免因速度太快而折断钻头。

② 镂铣机加工　镂铣机因其功能齐全，所以在木制品生产中的应用极其广泛。但是镂铣机需要人工根据工件加工的位置手工调整，还需要使用模具夹紧工件、使用定位销来保证加工时的精度等手工操作，导致生产效率较低，所以在加工小批量工件时常采用镂铣机。

③ 椭圆榫专用榫眼机加工　图 5-43 所示为 HOMAG 公司生产的单头双台椭圆榫榫眼机。该设备可加工的榫眼深度和厚度较大，可使铣刀轴以 9000r/

min 以上的转速加工，因此其加工精度高。其中角度可调节的工作台，可用于各类榫眼的加工，图 5-44 为该设备加工榫眼的形式。

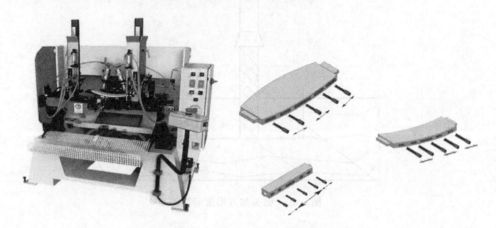

图 5-43　单头双台椭圆榫榫眼机　　　图 5-44　单头双台椭圆榫榫眼机加工榫眼的形式

图 5-45 所示为 HOMAG 公司生产的多轴双台椭圆榫榫眼机。该设备自动化程度较高，通过向计算机内输入预加工零部件的设计要求，如榫眼的数量、深度和角度后，可由设备自动对工件进行加工，常用于椅类家具零部件榫眼的加工。其加工榫眼的形式如图 5-46 所示。

图 5-45　多轴双台椭圆榫榫眼机

（3）圆榫眼的加工

上述加工椭圆榫的各种榫眼机均可加工圆榫眼，以下设备通常只能加工圆榫眼。

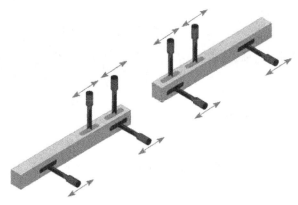

图 5-46　多轴双台椭圆榫榫眼机加工榫眼的形式

① 单侧锯铣钻组合机加工　图 5-47 为巴利维李（BALESTRINI）公司生产的单侧锯铣钻组合机。该设备集锯割、钻孔和铣型这三个工序为一体，可以对工件的端部与侧面进行钻孔，钻座的形式如图 5-48 所示；可以通过更换不同的钻座，调整工件端部或侧面钻孔加工的间距，其加工示意图如图 5-49 所示。

图 5-47　单侧锯铣钻组合机

② 双侧锯铣钻组合机加工　圆榫榫眼也可在双侧锯铣钻组合机上加工，如图 5-50 所示为 HOMAG 公司生产的双侧锯铣钻组合机。同为锯铣钻组合

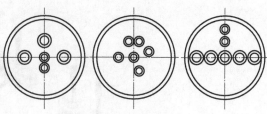

(a) 各类钻座　　　　　　　　　　(b) 钻座的排列

图 5-48　单侧锯铣钻组合机钻座的形式

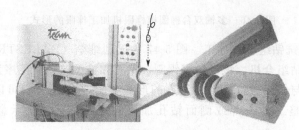

(a) 加工工件示意图

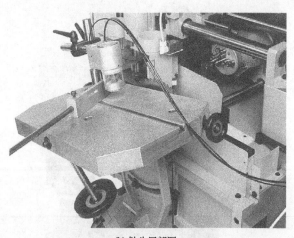

(b) 钻头局部图

图 5-49　单侧锯铣钻组合机加工示意图

机，单侧、双侧锯铣钻组合机的加工方法与原理基本相同，其主要区别在于双侧锯铣钻组合机可在零部件的两端实施锯割、铣型和钻孔。图 5-51 所示为双侧锯铣钻组合机加工的工件形式。

③ 多头钻加工　当待加工的工件尺寸较长时，如生产立梃或框料时，通常钻床的机床尺寸与钻座位置不适合对其进行加工，此时可采用多头钻进行加

图 5-50　双侧锯铣钻组合机

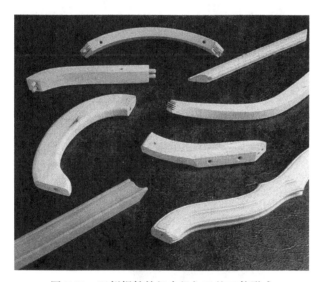

图 5-51　双侧锯铣钻组合机加工的工件形式

工。图 5-52 所示为 HOMAG 公司水平钻孔加工站。该设备的每个钻座可根据加工要求安装一个或多个钻头，通过计算机调整榫孔的间距，同时还可以完成注胶的工序。

　　若是要对幅面较宽的零部件表面进行多孔位钻孔，如餐桌、茶几等台面，可采用垂直钻孔机，如图 5-53 所示。该机器的加工特点是可以在零部件表面完成单孔或多孔的钻孔加工。

　　④ 立式数控加工中心　随着设备的迭代更新，自动化的数控设备可以完全替代传统木工机械设备对木制品榫眼进行加工。图 5-54 所示为 HOMAG 公司生产的立式数控加工中心，该设备可以根据工件尺寸的大小自动测量工件尺寸及加工位置，并且自动修正尺寸误差。该设备具有真空

图 5-52　水平钻孔加工站

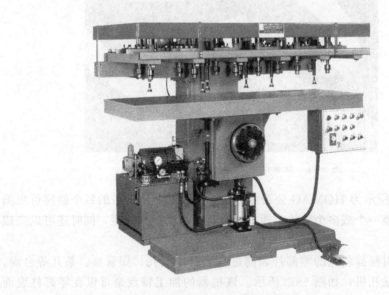

图 5-53　垂直钻孔机

夹紧系统以固定工件,提高了劳动生产率,配备的高速钻头通过程序独立控制加工,具备钻座夹紧系统,可以保证榫眼钻孔的深度精确,有效保证质量。

图 5-54 立式数控加工中心

5.4.2 榫槽和榫簧加工

5.4.2.1 榫槽和榫簧的加工工艺

木制零部件除了在端部以榫头、榫眼进行连接外，零部件还可以使用榫槽与榫簧进行连接，榫槽为凹形，榫簧为凸形，两部件紧密嵌合在一块。在榫槽和榫簧的加工过程中，要选择正确的基准面，确定靠尺、刀具及工作台之间相对位置，以保证加工精度。常见的榫槽与榫簧形式及加工工艺示意图如表 5-5 所示。

表 5-5 榫槽与榫簧形式及加工工艺示意图

榫槽、榫簧形式	加工示意图		榫槽、榫簧形式	加工示意图	
	Ⅰ	Ⅱ		Ⅰ	Ⅱ
1			6		
2			7		
3	—		8		
4			9		
5			10		

5.4.2.2 加工榫槽和榫簧时常用的生产设备

榫槽、榫簧加工时常用的生产设备主要包括刨床类、铣床类、锯类和其他专用机床等。

(1) 刨床类

刨床类设备主要用于工件的刨削成型，也可以通过配备切削接合槽的装置或更换刀头达到加工接合槽的目的，平刨床、压刨床及四面刨床均可用于接合槽加工，如表 5-5 中 1～6 几种形式。以四面刨床为例，该设备可以更换各种形状的铣刀，以满足不同榫槽和榫簧在工件上位置与形状的加工需求。刀具的更换也需要根据工件尺寸进行调整，其中对幅面宽度较大工件加工时应采用水平刀头，而宽度小时选择垂直立刀头即可。

(2) 铣床类

铣床类设备是通过铣刀对工件表面进行加工的机床。铣床类设备中的下轴铣床（立铣）、上轴铣床（镂铣）和双端铣等都可用于榫槽和榫簧的加工，但是铣床设备类型受制于只能完成固定方向的加工，因此应根据工件加工要求选择不同设备完成加工，在加工宽度大的工件时可使用装配水平刀具的立铣设备；加工宽度较小的工件可以使用装配立式刀具的镂铣机等。如表 5-5 中 1～6 所示的榫槽及榫簧加工形式，可以通过铣床完成加工，但是如果要完成 2、3 中具备一定角度的榫槽及榫簧，需要调整刀轴或工作台面角度以完成加工。如表 5-5 中 7 所示是在零部件长度方向上开出较长的槽，可以使用铣床完成加工，具体的切削深度取决于刀具对靠尺表面的突出量，用挡板与靠尺垂直控制工件的切削长度，由于刀具是顺木材工件纤维方向切削，相比横向截断纤维方向的加工方法，降低了对工件表面的破坏，减少了工件表面毛刺等问题的产生，但需要补充其他工序，修整加工后工件两端出现的圆角。如表 5-5 中 8、9、10 等较深的榫槽，也可在上轴铣床（镂铣）上采用端铣刀加工。

(3) 锯类

万能圆锯等锯类也可以加工榫槽，但是只能适用于加工小于锯片锯路宽度的榫槽，当加工形状较为复杂的榫槽时，如燕尾榫，需要将数个直径不同的圆锯片组合加工，否则就需要搭配铣刀头构成锥形组合刀具进行分别加工。表 5-5 中 8、9 两种槽口可在悬臂式万能圆锯上加工。

(4) 专用起槽机

有些榫槽需要在专用起槽机上进行加工，如表 5-5 中 10 所示的合页槽。专用起槽机装配有平口铲形刀与水平切刀组成的组合刀具，其中平口铲形刀垂直运动将木材纤维截断，而水平切刀以水平方向运动将切断的木材铲下。但是此设备只能完成深度较浅的榫槽的加工。

5.4.3　型面和曲面加工

　　锯材配料后制作成直线形或曲线形毛料，通过对毛料进行切削加工使工件尺寸、形状、表面光洁度等各方面达到理想状态的零部件被称净料。图 5-55 所示为型面和曲面零部件的示意图。零部件的型面根据形式可分为直线形型面、曲线形型面及回转体型面。

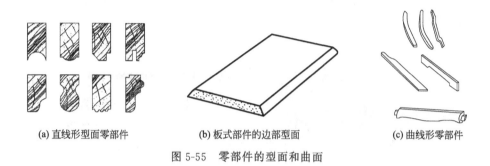

(a) 直线形型面零部件　　　　　(b) 板式部件的边部型面　　　　　(c) 曲线形零部件

图 5-55　零部件的型面和曲面

5.4.3.1　直、曲线形型面

　　直线形型面是指加工面的轮廓为直线、切削轨迹为直线的零部件。铣床类设备是最常用于加工直线形型面的，以下介绍几种靠模铣床。

　　(1) 卧式靠模铣床加工

　　图 5-56 为巴利维李 (BALESTRINI) 公司生产的卧式双轴靠模铣床。该设备通过使用与零部件形状相同的模具来控制线形，然后再通过铣刀来进行型面加工。

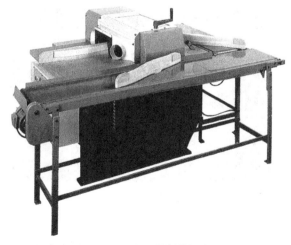

图 5-56　卧式双轴靠模铣床

（2）立式靠模铣床加工

图 5-57 所示为立式六轴靠模铣床。该铣床可完成铣型和砂光两道工序，铣刀两侧装配有砂光头，可以完成曲线型面的工件表面砂光，并且可以对多个工件同时进行加工，在铣型加工时可同步安装，有效提高生产效率，保证生产的连续性，其加工的零部件如图 5-58 所示。CNC 立式八轴靠模铣床是计算机控制机械加工的新型机器，自动化设备可以消除人工操作产生的误差，提升工件铣型的精准度。图 5-59 所示为 CNC 控制的立式八轴靠模铣床。

图 5-57　立式六轴靠模铣床

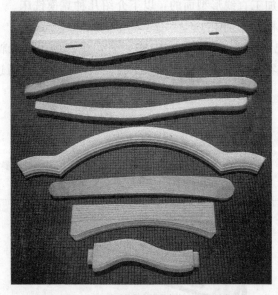

图 5-58　立式六轴靠模铣床加工的零部件

（3）圆盘式靠模铣床加工

当待加工零部件幅面较宽较大时，需要采用该设备对零部件的边部进行铣

图 5-59 CNC 控制的立式八轴靠模铣床

型加工。该设备的加工原理是利用工件做圆周运动，通过铣刀轴上的挡环向下靠近工件下的模具完成的，圆盘式靠模铣床的铣刀轴是由一个铣刀或两个铣刀构成。图 5-60 和图 5-61 所示为圆盘式靠模铣床及其加工示意图。

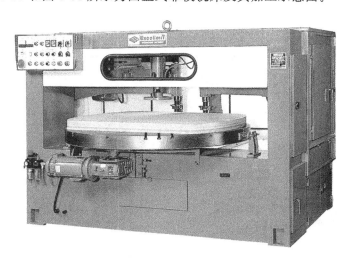

图 5-60 圆盘式靠模铣床

（4）双端铣加工

双端铣是多功能的加工设备，适用于各种类型木制品的加工，可进行双端精密裁板和铣边型。如图 5-62 所示的 HOMAG 公司生产的双端铣，可以进行角度切割、铣型、开槽等多功能加工，通常两台机器搭配组成一道工序使用可以提高生产效率。该机器前端装配有刻痕锯片以辅助对人造板的裁板加工，保证断面平整不出现崩茬现象，机器两侧装配有四个刀轴，可更换其他刀具。该设备的自动化程度高，数控显示屏幕可以实时显示工件加工数量、设计要求等信息，在计算机控制下可获得较高质量的端部。双端铣可应用在地板的开槽、实木门的双边齐边或铣型加工等。

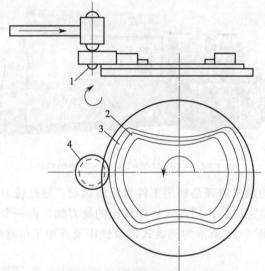

图 5-61　圆盘式靠模铣床加工示意图
1—挡环；2—工件；3—模具；4—铣刀头

图 5-62　双端铣

5.4.3.2　回转体型面

回转体型面造型相对复杂、多变，该型面的特征是零部件的断面呈圆形或圆形开槽形式，装饰效果极佳，加工方法也相对较难。图 5-63 所示为回转体型面的零部件。加工时工件两端被固定在车床卡头上进行旋转，刀具在旋转的工件侧面进行横、纵移动，依靠刀具与中心轴之间的距离控制回转体型面的大小，其加工原理如图 5-64 所示。工件与车床卡头工作示意图如图 5-65 所示。图 5-66 所示为 HOMAG 公司生产的计算机数控多功能加工中心，该设备集多工序为一体，计算机可根据预设的设计要求，从进料到出料独立完成对工件的加工，配备的多种刀具可在设备的不同位置完成工件的加工和刀具的更换。

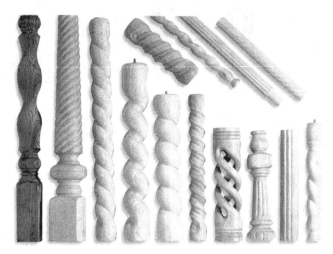

图 5-63　回转体型面零部件

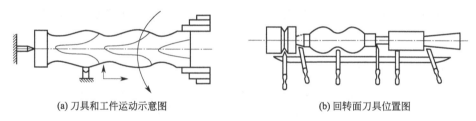

(a) 刀具和工件运动示意图　　　　　　　　(b) 回转面刀具位置图

图 5-64　回转体型面的加工原理图

图 5-65　车床卡头工作示意图

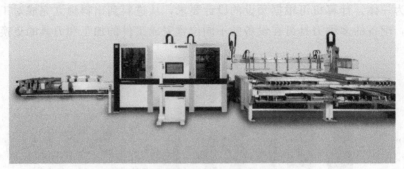

图 5-66 计算机数控多功能加工中心

5.4.4 表面修整加工

5.4.4.1 表面修整加工的目的和方法

方材毛料和净料经过加工后，其表面可能会出现加工产生的破坏和瑕疵，如压痕、撕裂、毛刺等。这可能是加工方式、刀具安装精度以及刀具磨损状况等因素导致的，这些问题会影响后续的涂饰或封边等工序的进行，因此需要对工件表面进行再修整加工，从而去除各种不平度、减少尺寸偏差、降低表面粗糙度。通常是采用各种类型的砂光机进行表面修整加工。

5.4.4.2 砂光工艺

砂光是利用砂光机上的砂带对工件表面进行修整的加工方法，是木材切削加工的一种，常见砂带的粒度号有 40、60、80、100、120、200、400、800 等。木制品砂光机主要可分为盘式砂光机、辊式砂光机和带式砂光机等，如图 5-67 所示。

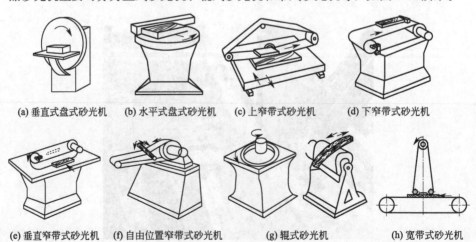

(a) 垂直式盘式砂光机　(b) 水平式盘式砂光机　(c) 上窄带式砂光机　(d) 下窄带式砂光机

(e) 垂直窄带式砂光机　(f) 自由位置窄带式砂光机　(g) 辊式砂光机　(h) 宽带式砂光机

图 5-67 各类砂光机示意图

在砂光的工艺确定时，需要根据工件的性质合理确定下述因素指标。

（1）砂光机的选择

在生产加工中，需根据零部件的不同加工需求，选择结构和功能合适的砂光机进行加工，以实现部件的合理加工。

（2）砂削速度

砂光机的砂削速度直接决定工件表面的砂削效果，砂光机的砂削速度越高其表面粗糙度越低，砂光后其表面质量也就越好，对最终产品的质量以及生产效率提高起到积极的作用。反之，砂光机的砂削速度越低，工件表面越粗糙，其表面修整效果也就越差。

（3）进料速度

进料速度与工件表面粗糙度及生产效率相关，进料速度越快则生产效率越高，但是工件表面没有得到足够的砂削，会导致工件表面光洁度较低，反之亦然，因此平衡进料速度与砂削质量的关系是极其重要的。根据砂光机类型的不同，其进料方式主要可分为人工进料和机械进料。人工进料需要工人和机器磨合一段时间，而且存在一定人工操作误差；而现代数控设备，通过计算机测量计算工件大小，可独立完成砂削工序，减少误差的产生，极大地提升了生产效率。

（4）砂削量

砂光机在对工件进行砂削加工时，砂削量是由砂带对工件的压紧力决定的。砂带压紧工件的力越大，砂削量也就越大；若砂带压紧工件的力小，则无法达到加工预期，那么就需要多次加工。现代加工设备中使用的数控砂光机可选择砂光次数，控制适当的砂削量，使工件表面光洁。

（5）砂粒粒度

砂带号越小砂粒粒度越大，相反砂带号越大则砂粒粒度越小。砂粒粒度越大（砂带号小）则加工出来的工件越粗糙，但是生产效率较高；砂粒粒度越小（砂带号大），则工件越光滑，但是会降低生产效率，因此在实际加工中应根据后续工序需要以及工件的类型选择不同的砂粒粒度。当对实木工件表面进行砂光时，应选择 40～200 目的砂带；当对基材表面涂饰底漆或面漆时，应控制砂带粒度号在 200～800 目。

（6）砂削方向

木材的纤维是沿木材的生长方向排列的，因此砂带的砂削方向平行于木材纤维方向时，工件表面难以被砂削平整；砂光机砂带垂直木材纤维砂削时，又会导致砂带切断木材的纤维，增加工件表面粗糙程度，出现肉眼可见的横向条纹，使木材的装饰效果下降。尤其是对较宽较大幅面的工件进行加工时，需要先垂直木材纹理横向砂削，再进行平行木材纹理的纵向砂削，以得到质量较高的木材工件表面。

5.4.4.3 家具砂光设备

木制品砂光机种类多样、形式多变，是木制品企业中常用的设备，根据砂光机结构的不同，可分盘式、辊式、窄带式和宽带式等。砂光机的类型和结构决定了零部件的砂光质量和表面粗糙度。

(1) 垂直盘式砂光机

垂直盘式砂光机 (图 5-68) 是采用高速旋转的圆盘砂带对工件的端部及角部进行砂光的设备，主要应用于椅子装配后腿部的校平砂光。由于圆盘砂带在不同的圆周内点的线速度不同，边缘线速度最大，而中心点线速度为零，因此加工较大尺寸的工件的表面时会出现磨削不均匀的现象，只适用于砂削表面较小的零部件。

(2) 辊式砂光机

当对特殊型面的部件如圆柱形、曲线形和环状零部件的内表面进行表面砂光时，应采用辊式砂光机，如图 5-69 所示。该设备砂削面近似于圆弧，加工时调整工件的角度使其表面紧贴砂光机以完成砂光，不适合零部件大面砂光。

图 5-68　垂直盘式砂光机　　　　　　　图 5-69　辊式砂光机

(3) 窄带式砂光机

窄带式砂光机类型较多、形式多样，有上窄带式砂光机 (图 5-70)、垂直窄带式砂光机 (图 5-71)。该设备可砂削各种型面的工件，但是窄带砂光机受制于设备砂削面为平面，只适用于小尺寸工件的砂光，因此主要应用于中小型企业的木制品加工。如图 5-72 所示的 HOMAG 公司生产的自动单面边部砂光机，可以自动对工件边部型面进行加工，自动化程度较高，配备的机械臂可以完成进料与出料的流水线作业。如图 5-73 所示的 HOMAG 公司生产的铣边形型面砂光机，由旋转的圆盘式转盘带动夹紧的工件，圆盘中心设置了砂光带，可同时完成多个工件的加工，生产效率高，但是仅适用于小尺寸工件的加工。

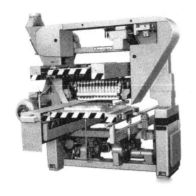

图 5-70　上窄带式砂光机

图 5-71　垂直窄带式砂光机

图 5-72　自动单面边部砂光机

图 5-73　铣边形型面砂光机

（4）宽带式砂光机

目前在木制品企业中宽带式砂光机是应用最为广泛的木工机械加工设备，由于其功能齐全，不但可以完成板材零部件的表面砂光，还可以完成定厚砂光，即在保证被砂削零部件的厚度均匀一致并达到规定的厚度公差的同时使表面光滑。图5-74所示为 HOMAG 公司生产的宽带式砂光机，该设备具有五个加工单元，并装备有长度为 2620mm 的砂光带，可同时完成多个工件的砂削作业，可加工零部件的最大厚度为 1650mm，设备的工作宽度最大可达 1350mm，可满足大尺寸零部件的加工，可以自动锁定某一个加工单元进行更换砂带，而其他单元正常运行，使加工正常运行不会停摆，极大提升了加工效率。

图 5-74　宽带式砂光机

（5）其他专用砂光机

在生产中面对特殊形状的零部件加工时，要使用专用砂光机完成砂削加工，如自动单带或双带直线圆棒砂光机、自动带式曲线不规则圆棒砂光机、单立辊或双立辊棒刷式砂光机等。目的是在保持其原有形状的同时，降低零部件表面粗糙度。

扫码领取
· 新手必备
· 拓展阅读
· 案例分享
· 书籍推荐

第 6 章

板式家具木工

　　板式家具生产是现代化家具生产的重要代表。作为家具产品的主要类型之一，板式家具具有可标准化的结构部件、可通用化的连接件，能够利用现代化、自动化的生产设备实现高效生产。除此之外，在现今 5G 大数据时代背景下，从工艺流程编排，到生产现场实时管理，逐步实现条码定位，更加高效、便捷及精准。

6.1　裁板

　　本着不浪费原材料的生产原则，为得到规格尺寸符合要求的零部件，在板式家具生产中，首先要进行裁板。裁板即对板式家具原材料人造板进行裁切，通过一次加工，得到所需规格尺寸的零部件。不同于实木零部件生产，裁板无需二次锯解，因此对加工精度要求较高。由于使用的原材料不同，裁板过程中可能出现不同的加工缺陷，如刨花板会崩茬，胶合板、密度板会产生尺寸偏差、几何形状偏差等，裁板过程中应注重控制技术指标，避免形成缺陷。

6.1.1　裁板工艺

6.1.1.1　工艺发展

　　受加工设备影响，最初板式家具零部件的裁板工艺也是先裁切出毛料，再进行精细加工，得到零部件净料，工序既多又耗时、费力。随着互联网的发展和生产设备的革新，现代板式家具木工生产可以直接在人造板上裁切出零部件，且对其尺寸规格没有特别要求，能够满足定制板式家具生产要求。一次加工成型的前提是设计合理的裁板图，从而保证板式家具零部件的精度。

6.1.1.2　裁板图

　　裁板图是根据板式家具零部件设计要求，按照生产实际在人造板上合理排布相同或不同规格零部件，设定数量及最佳锯路的人造板裁切图。但是裁板图不仅仅是"合理排布"这么简单，设计时要结合人造板装饰图案、纹理方向等因素进行综合考虑，以出材率的高低作为衡量裁板图优劣的参数，最好做到出材率高且裁切余料可再利用。

提高裁板精度的方法有很多，例如选择加工精度高的生产设备等，但最主要的是在加工前期选择合理的加工基准。通常以经过裁切的长边为精基准，裁切边部尺寸可为 5mm 左右，同样的相邻边也裁切 5mm 左右后作为辅助基准，在此之后的裁板加工便依据具体裁板方式进行精准裁切。

6.1.1.3 裁板方法

（1）单一裁板法

单一裁板法指在一定规格的人造板上（通常是标准幅面）裁切的板式零部件均为同一规格尺寸的裁板方式。这种裁板方式要求工人掌握的技术水平低，具有较高的生产效率，缺陷在于在幅面尺寸一定的情况下，裁板图设计性小，导致板材利用率低，裁切余料多。该方法适用于大批量生产规格较为单一的板式零部件。

（2）综合裁板法

综合裁板法指在一定规格的人造板上（通常是标准幅面）裁切的板式零部件为不同规格尺寸的裁板方式。这种裁板方式具有较高的材料利用率，能够满足不同板式家具零部件的生产要求，同时由于锯路可设计性高，具有较好的裁切质量。在实际生产加工中，通常选用综合裁板法。图 6-1 所示为人造板裁板方法。

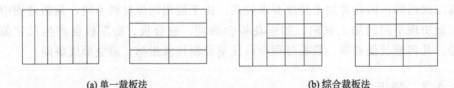

(a) 单一裁板法　　　　　　　　　　　(b) 综合裁板法

图 6-1　人造板的裁板方法

6.1.1.4 裁板的工艺要求

（1）加工精度要求

加工精度本身受裁板设备精度影响，高精度的裁板设备可达到 ±0.1mm 以内的加工精度，低精度的裁板设备加工精度在 ±0.5mm 及以上。对于板式家具裁板加工来说，其加工精度要求控制在 ±0.2mm 以内，以保证裁板质量。

（2）裁板锯片要求

一定程度上，调整生产设备精度可满足加工精度要求，但板材裁切过程中不出现崩茬现象需由裁板锯片要求来满足，具体来说，就是设置刻痕锯片。按照以往的生产经验得出，出现崩茬、裁切裂缝等缺陷的原因，是裁切过程中的切削参数，如切削力和切削方向等。加工中，二参数可调，但最佳的解决办法，是在主锯片切削前，利用刻痕锯先在板材表面加工出不超过板材厚度的凹槽，一般刻痕锯的锯割深度为 2～3mm，这样在后续主锯片加工时，便大大降低了出现缺陷的概率，从而保证加工质量。刻痕锯片的切削方向与主锯片相反，正是由于二者的转向相反，刻痕锯不仅可以用于预切锯路，还可以在包边、封边加工中改变刻痕方向，从板材背面加工至板材正面，甚至是板材边部，形成一定深度的凹槽，大大方便了后续的包边、封边加工处理。

保证刻痕锯满足裁板要求的前提是刻痕锯片的锯路宽度应大于主锯片的锯路宽度 0.1～0.2mm。这是由于在加工过程中，受设备振动、刀头振动等因素影响，形成的各种误差及连接间隙等，会使得实际裁切锯路有偏差，若刻痕锯片的锯路宽度等于主锯片的锯路宽度，会产生振动等造成额外的凹槽，裁切边部不平整，给后续施胶、贴面等带来缺陷隐患；若刻痕锯片的锯路宽度小于主锯片的锯路宽度，刻痕锯发挥不出积极的作用。

（3）纤维方向要求

为了达到较为理想的表面装饰效果，板式家具原材料通常为覆面人造板，即表面为薄木贴面或木纹纸贴面。按照纹理图案和纤维方向来设计裁板图可以较为有效地提高出材率，有效出材率可达 95%～96%。具体做法为，结合计算机辅助设计，编制能够基本完整覆盖一组纹理的裁板图，结合不同的裁板方式，在相同的生产量下，只需要更短的加工时间。

6.1.2 裁板设备

现代板式家具生产可供选择的裁板设备种类丰富，考虑到裁板幅面、加工效率等因素，使用较多的裁板设备是推台锯。推台锯的主要作用是将大幅面的人造板材裁切成一定规格及精度要求的板式零部件。板材经推台锯裁切后，可直接进入后续工序。推台锯主要有以下三种类型。

（1）精密推台锯

精密推台锯是较为小型且较为精密的单张板材裁切设备。精密推台锯可以用于裁切多种类、多形式的人造板材，如板式家具的精密裁板和斜角裁板；同时也可以用于加工实木零部件，如方材毛料和方材净料的横、纵向锯割，以及斜角锯割等加工。精密推台锯加工形式灵活，生产效率高且加工精度高，特别受小型家具生产企业的欢迎，有着十分广泛的应用。尽管其最大加工尺寸不超过 3000mm×3000mm，但基本上可以满足板式家具零部件的生产需求。图 6-2 所示为欧登多（ALTENDORF）公司生产的 F92 精密推台锯。

主锯片和刻痕锯片的锯齿方向如图 6-3 所示，从而其切削方向也可知。有的推台锯中刻痕锯为单片式，能够保证在主锯片裁切时不出现崩茬等现象；有

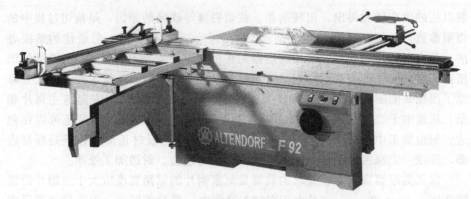

图 6-2　普通精密推台锯（F92）

的推台锯中刻痕锯为组合式，即为双片组合锯片，这样有利于通过组合式锯片中的垫片来实现锯路宽度的及时调整；还有的推台锯中刻痕锯不是通过组合式中的垫片而是通过调整刻痕锯片高度来自由调节锯路宽度。

图 6-3　刻痕锯的转向和锯齿方向

　　一般滑动推台上配有斜角靠尺用于斜角锯割，斜角角度为 30°～135°，用于在实木或人造板上加工斜角时使用。图 6-4 所示为斜角靠尺形式。

　　（2）卧式精密裁板锯

　　相较于小型精密裁板锯，卧式精密裁板锯可裁切更大尺寸的人造板材，且不限于单张板材，是一种较大型且相对精密的裁板加工设备。图 6-5 所示为 HOMAG 公司生产的卧式精密裁板锯。卧式精密裁板锯主要用于板式家具标准幅面板材原材料的精密裁切与斜角加工等，可以实现多张板材的同时裁切，并且计算机控制的推手可以实现自动上料，如图 6-6 所示。其多张板材同时加工的特点，使得其裁板产量高且精度高，在中型乃至大型板式家具生产企业中有着较多的应用。

(a) 单侧斜角靠尺

(b) 双侧斜角靠尺

图 6-4　斜角靠尺形式

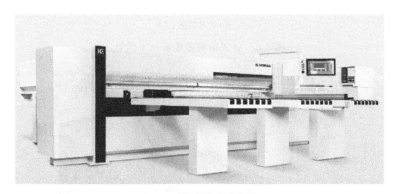

图 6-5　卧式精密裁板锯

图 6-7 所示是主锯和刻痕锯的排布形式，它们在同一纵线上前后排布，用设备夹具夹紧固定。主锯片和刻痕锯片的转向相反、切削方向相反，刻痕锯片的锯齿通常为梯形锯齿形式，主锯片的锯齿通常为尖弧形锯齿形式。刻痕锯锯

(a) 同时加工多张板

图 6-6

(b) 自动机械上料

图 6-6　卧式精密裁板锯加工优势

图 6-7　主锯和刻痕锯的形式

路宽度可通过调整锯轴高度来实现。图 6-8 所示是刻痕锯凹槽调节功能，这是由推台锯设备的特殊配置附件来进行辅助加工的，尤其是应用于软成型或后成型侧边的裁板，主要目的也是防止崩茬现象在板式零部件正、反型面和边部产生。

对于具有特殊角度造型的板式家具零部件，可以利用精密裁板锯的斜角加工功能来实现，角度的调整是通过斜角靠尺上的数字显示来确定。图 6-9 所示是斜角加工中，斜角靠尺的结构形式。实际生产中，通过改变斜角靠尺的挡板角度，来加工板材的不同斜边。

板材的实际加工不仅限于单板裁切，现代卧式精密裁板锯可以同时加工多

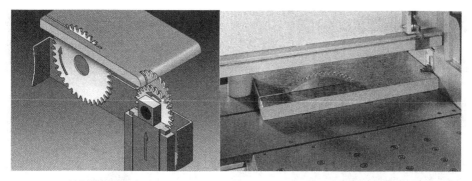

(a) 刻痕锯"跳槽"示意图　　　　　　　　　　　(b) 刻痕锯"跳槽"工作图

图 6-8　刻痕锯"跳槽"功能

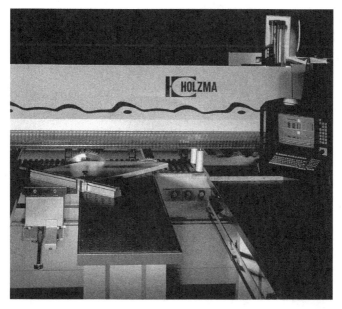

图 6-9　斜角靠尺的结构形式

片板材。为保证板材间不发生跳动、振动，通常利用侧向压紧装置来实现多层板材的基准对齐和多向压紧。图 6-10 所示是精密裁板锯中的自动侧向压紧装置，在传感器的作用下，压紧装置自动识别通过的板材，使板材已加工的精基准边靠紧装置，在多方压力的作用下，稳固裁切，以确保加工精度。

（3）立式精密裁板锯

与前面所述两种裁板锯不同的是，立式裁板锯可以用于裁切较大幅面的人造板、实木拼板、集成材等，不限于单张板材加工，可同时加工多张人造板，是一种大型的裁板设备。尽管立式精密裁板锯具有裁切大幅面板材的优点，但

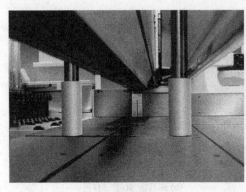
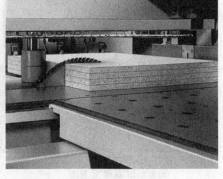

(a) 侧向压紧器　　　　　　　　　　　(b) 侧向压紧加工示意图

图 6-10　自动侧向压紧装置

这也成为它不能够高效生产的原因之一，即由于通常需要人工移动裁板锯片进行裁切，致使其自动化程度低，耗费较多的加工时间。图 6-11 所示为 HOMAG 公司生产的 CVP10/12 立式精密裁板锯。

图 6-11　立式精密裁板锯

6.2　砂光

6.2.1　砂光工艺

砂光加工的主要目的是使零部件表面质量满足后续贴面等工艺的技术要求，除了表面砂光，还可以进行厚度校正，这一处理可以使人造板本身存在的较大的厚度公差降低。对于厚度公差较小的板件来说，可以采用表面砂光，即双面砂光，控制厚度公差的尺寸在±0.1mm 以内。后成型包边生产工艺，不同于在整体板材表面进行砂光加工与定厚校正，其特别之处在于，须在完成裁板加工，得到基本符合尺寸规格要求的板式家具零部件后，再依据加工精度要求，对零部件进行砂光加工。

6.2.2　砂光设备

板式家具零部件的表面砂光处理及厚度校正处理最主要应用的设备就是砂光机。砂光机按照砂光形式的不同，可分为辊式砂光机、窄带式砂光机和宽带式砂光机，除此之外还有手提式砂光机。由于板式家具零部件幅面远大于实木家具零部件幅面，手提式砂光机在此应用极少。

（1）辊式砂光机

辊式砂光机主要用于砂光平面或曲面的板式家具，不仅可以砂光平面、端面，还可以砂光斜面及内、外曲面。有的辊式砂光机自带清扫辊，利用配套的摆动辊和毛毡进行自清洁，但砂光质量一般，且不能进行人造板材的定厚校正，尤其是当厚度公差较大时，无法有效砂光，因此传统的辊式砂光机在板式家具企业中应用较少。

（2）窄带式砂光机

窄带式砂光机主要用于砂光已成型的板式家具零部件。图 6-12 所示是人造板表面砂光中使用的卧式窄带式砂光机。窄带式砂光机本身是一种传统的小型砂光设备，尽管型号多，应用广，适用于各种型面的砂光加工，但其自动化程度低，砂光质量受人工因素影响较大，当砂光压力较大时，极易在板材表面留下砂光痕迹，这也是窄带式砂光机无法进行有效的厚度校正的原因。与辊式砂光机相比，窄带式砂光机的先进之处在于砂带尺径可调节，砂光方向也可按砂光要求自行选择，通过砂光机的张紧装置来控制。

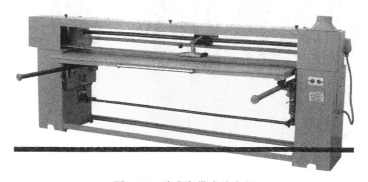

图 6-12　卧式窄带式砂光机

（3）宽带式砂光机

宽带式砂光机是较为大型且精细的砂光设备，可用于胶合板、刨花板、中密度纤维板以及实木板的定厚砂光和精细砂光，甚至已经过贴面、涂饰处理的贴面板件、油漆板件等也可用宽带式砂光机进行处理。总体来说，宽带式砂光机的砂光质量最佳且砂光效率高，噪声相对小，也相对更安全。

通常所说的宽带式砂光机，其砂带宽度基本大于 600mm，按照操作面可分为单面砂光机和双面砂光机，按照砂架的数量可分单砂架、双砂架、三砂架和四砂架砂光机等。图 6-13 所示是宽带式砂光机砂架的形式。通过电子控制压带器可以实现砂架的横向摆动，具有横向摆动方式的砂架具有更广泛的应用，可以有效解决板件不平度的问题。图 6-14 所示是带有横向砂架的宽带式砂光机，待砂光板件一次性通过砂光机，即可完成砂光及定厚加工，获得表面平整度较好的光洁板面。随着砂光机自动化程度的发展，砂带自动转换、自动定厚，只需通过计算机程序即可轻松控制。

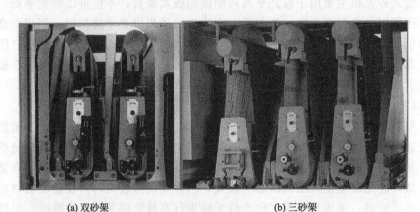

(a) 双砂架　　　　　　　　　　　(b) 三砂架

(c) 四砂架　　　　　　　　　　　(d) 双面定厚砂架

图 6-13　宽带式砂光机砂架的形式

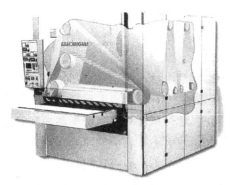

图 6-14 带有横向砂架的宽带式砂光机

由于分段式气动压带器的普及应用，各砂光段可分步或同步升降，应运而生的便是如图 6-15 所示的琴键式砂光压垫。这类砂光压垫可以配合性地适应不同型面、不同厚度的板件表面。通过气动压力控制的砂带的砂光质量较高，尤其体现在精度高、安全性强、除尘效果好等方面。图 6-16 所示是琴键式砂光压垫砂光的工件形式，以实木工件为例，对于型面部件的形状要求低、适配性强，且厚度误差在 2mm 以内。现代的砂光机还可以实现 3D 激光扫描工件，

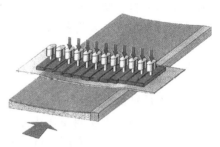

图 6-15 琴键式砂光压垫的形式

识别并精确探测不规则表面形状，在后续阶段进行精细砂光。

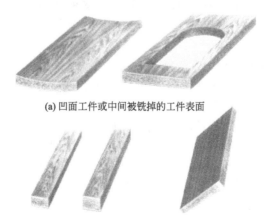

(a) 凹面工件或中间被铣掉的工件表面

(b) 不同厚度的不同工件表面　　(c) 厚度不等的同一工件表面

图 6-16 琴键式砂光压垫砂光的工件形式

6.3 贴面

板式家具原材料为人造板材。人造板材是以林木剩余物、加工剩余物、小径材以及劣质材等为原材料胶压而成的，因此人造板材表面质量与装饰效果不能达到产品使用要求。对板式家具基材表面进行贴面处理，能够起到弥补原材料缺陷的作用，从而使零部件表面具有较好的耐水性、耐候性、耐液性及耐久性等，以满足家具日常的使用，并增强板材表面装饰艺术性。

现代板式家具产品种类繁多，随着贴面材料新技术不断发展，各种色彩、纹样及特性的贴面材料日渐丰富。以贴面原材料为划分依据，可将贴面材料分为木质贴面材料、塑料贴面材料以及纸质贴面材料三大类型，不同贴面材料在贴面处理时所用工艺及设备均有所不同。

6.3.1 贴面材料类型

（1）木质贴面材料

木质原料贴面不仅能提升基材表面美观性，在颜色、光泽、质感、纹理以及与环境的协调统一等方面增强美感，还可以在不同使用环境中有效地保护基材不被破坏。贴面材料可以赋予基材更高的强度，更好的耐磨性、耐水性以及耐腐性等，视使用环境需要，还可以调整贴面材料性能，以获得更佳的遮盖力及更长的使用耐久性。

单板或薄木可分为如下类型。

① 单板或薄木按厚度类型分类　单板和薄木可以理解为同一种原材料，可以是由相同树种生产加工而来，根据厚度可分为三类：当厚度为 1.0～6.0mm 时称为单板；当厚度为 0.25～1.0mm 时称为薄木；当厚度为 0.05～0.25mm 时称为微薄木。

② 单板或薄木按加工方法分类

a. 锯制单板：通过锯制加工得到的木质装饰材料，其纹理与树种和加工方向有关，自身装饰质量较高，在贴面后能有效增强基材强度，但锯制加工中较宽的锯路会造成木材损耗较大，材料浪费较多。

b. 刨切单板或薄木：刨切单板的厚度变化范围较大，从 1.0～10mm 不等，刨切薄木则厚度相对较薄，刨切单板或薄木具有较好的纵向抗拉强度且收缩率小，最主要的是具有美观的弦向或径向木材花纹，符合人们的审美需求。

c. 旋切单板或薄木：其加工厚度取决于旋切设备的工艺技术参数，一般为 0.25～6.0mm，与生产胶合板及单板层积材的旋切单板加工方式一致。在国外研究中，旋切单板厚度可达 1.0～1.5mm，但装饰效果一般，尤其较薄的旋切单板，其表面常有木材生长缺陷，如虫眼、节子等。

d. 染色单板或薄木：在珍贵木质资源缺乏且成本日益增加的背景下，将廉价的木材通过先刨切后染色的方法，改变单板或薄木的颜色，使廉价木材具有模仿珍贵木材色泽和纹理的能力，可以有效提高普通木材的附加值，且具有装饰和保护的贴面作用。

e. 集成薄木：在一定的装饰效果要求下（如木纹），先把木质材料加工成方形或圆柱形等规则几何体，再经过刨切加工制得的薄木。集成薄木的纹理图案变化丰富且精细复杂，具有极佳的观赏性。

f. 人造薄木：与集成薄木的加工较为相似，但所说的集成木方在拼制前可先经过染色处理，而后层压或模压形成木方，再经过刨切加工而成，其纹理可以通过单板之间的搭配进行设计，也十分美观。

g. 复合薄木：不论是旋切还是刨切加工，天然实木材料不可避免地具有一些生长缺陷，以至于贴面材料强度较低。为了增强其强度，可以在薄木背面附加一层强度高的无纺布或衬布，所得的便是复合薄木，它具有较好的横、纵向抗拉强度。

在板式家具设计与生产中，装饰薄木和单板的应用十分广泛。由于其所需厚度较小，在珍贵硬木树种资源严重缺乏的当下，能够极大地满足板式家具企业生产需求。在选用薄木时最先考虑的就是树种来源，不同树种的薄木拥有不同的木材纹理、木材材色，影响其是否具有清晰、均匀的贴合效果。例如在我国东北地区常见的水曲柳，是一种具有较大孔径的环孔材，当被加工成贴面材料时，要注意其厚度，不适合过薄，否则会有溢胶现象，比较适合加工成厚薄木或单板，从而保证贴面质量。

（2）塑料贴面材料

使用塑料材料贴面时，可通过仿制木材纹理或压印其他装饰图案来丰富表面装饰性，增强表面理化性能。不同塑料贴面材料可以使基材表面具备防火、耐酸碱等特殊功能，是现代家具生产中最常见的贴面材料之一。

① 塑料贴面材料可分为热塑性塑料、热固性塑料两大类。

a. 热塑性塑料，因其可升温软化、冷却硬化的特点，被应用于塑料薄膜贴面使用，主要使用聚氯乙烯、聚乙烯等材料，具有较强装饰性和较低的生产加工成本，其较低的化学惰性在耐酸碱性、耐水性等方面表现突出。

b. 热固性塑料，是利用塑料在受热固化后形成贴面板并胶贴在基材表面，热固性塑料主要包括三聚氰胺树脂、酚醛树脂、脲醛树脂等，热固性塑料贴面的表面耐热性远高于热塑性塑料贴面，硬度较高，并具有较好光泽，但是韧性低、脆性大。

② 根据塑料贴面材料加工方法主要可分为以下两种。

a. 塑料薄膜：由热塑性塑料制成的薄膜贴在涂布胶黏剂的基材表面经胶压/真空模压胶合在一起。在木制品生产和人造板表面装饰中，应用最多的是聚氯乙烯薄膜，由于其材质较软，可在单色平面坯膜上进行印刷和压花，形成逼真的木材纹理、色彩和针眼的效果，压花薄膜幅面宽，裁剪方便，能用于异形面的贴面。

b. 塑料贴面板：又称防火板，一般是将多层纸张分别在三聚氰胺和酚醛树脂中浸渍，经过干燥后组坯热压而制成的层积塑料贴面板，其组成部分主要分为表层纸、装饰纸、脱膜纸（隔离纸），以下分别介绍。

·表层纸是位于塑料贴面板最表层的一张高度透明，耐热、耐磨、耐水、耐腐蚀性优良的表面纸层，是由纸质轻薄、吸溶能力强、综合质量较好的纤维素浆纸，经三聚氰胺树脂浸渍和热压后形成的，可形成高度透明、坚硬、耐热、耐腐蚀的表层，对板式基材表面起到很好的保护作用，同时增加表面的光学特性。

·装饰纸位于表层纸下方，是用一种质量高、遮盖力强、印刷有各种颜色花纹图案的木浆纸制成，起到装饰和遮盖作用。

·底层纸是组成装饰板基材的主要材料，由若干张浸有酚醛树脂的牛皮纸组成，使其具有一定的厚度与强度。

·脱膜纸（隔离纸）是位于塑料贴面板中最下方的纸张，经过油酸浸渍制成，其主要作用是防止热压时底层纸与垫板相黏结。

随着材料性能逐渐进步，三聚氰胺塑料贴面板生产工艺也在逐渐革新，在现代生产加工中，有些生产企业使用聚烯烃薄膜替换脱模纸，而有的企业简化生产工艺，降低生产成本，减少了部分面层的使用。三聚氰胺塑料贴面板是一种轻质高强度的装饰材料，具有优良的耐磨性、耐水性、耐热性、耐腐蚀性和耐冲击性，采用不同花纹和色彩的装饰纸可获得逼真的花纹和鲜艳的色彩，已广泛应用于各类木制品制造和室内装修中。三聚氰胺塑料贴面板经改性后具有一定韧性，可进行一定程度的弯曲形成一定的弧度，常被用作家具中零部件的包边材料。

（3）纸质贴面材料

纸质饰面层材料主要有装饰纸（木纹印刷纸）、塑料壁纸和漆膜纸（预浸油漆纸）。

① 装饰纸　有各种图案和花纹的装饰纸（主要是木纹装饰纸），因生产成本较低、工艺简单，被广泛用于人造板表面贴面，但贴面后还需进行涂饰、贴膜等进一步加工，导致生产效率较低，其表面性能略差于其他贴面材料。可以使用热固性树脂浸渍单层纸后热压在人造板上，以提高其耐热性、耐磨性等表面性能。

② 塑料壁纸　是指在高强度基材表面粘贴由多层装饰层复合形成的贴面，与塑料贴面层的原理相似，由树脂、纸基、布基、涂料、预涂胶层及保护纸等组成，每一层具有不同的作用，一般采用印花、压花、发泡等装饰手段。塑料

壁纸的施工要求较高，既要胶贴平整，又不能浮起和脱落。

③ 漆膜纸　是将基材表面贴面装饰纸与涂饰、印刷和压花的工艺相结合，提升了装饰纸的表面装饰效果，且胶贴工艺简单、易于加工，多应用于中、低档板式家具的表面装饰上。

6.3.2　贴面工艺与设备

（1）木质材料贴面工艺与设备

随着现代木制品生产工艺的进步与自动化设备的发展，在木质材料表面进行贴面或装饰图案的技术已经被广泛用于现代生产加工中。木质材料经表面贴面工艺处理后，在保留木质材料天然纹理与颜色的基础上，增强了基材的表面性能和尺寸稳定性等。非木质材料贴面处理的基材甚至可免去涂饰工段，有效提高了木制品现代化、自动化程度，其连续化作业对提升生产效率起到积极的作用。

① 单板或薄木的储存和拼缝

a. 单板或薄木的储存：由于单板或薄木的厚度小，储存环境湿度不应过高或者过低，否则易发生开裂翘曲，因此应当控制其自身含水率不低于 12%，储存在相对湿度为 65% 左右的环境最为适宜。

b. 单板或薄木的剪切：单板或薄木的剪切通常由剪切机来完成，如图 6-17 所示，剪切加工时应具有极高的直线性和平行性，以保证后续单板或薄木拼缝时具有较高的严密性。

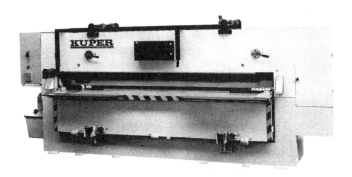

图 6-17　单板或薄木剪切机

c. 单板或薄木拼缝：在生产加工中拼缝主要是在拼缝机上完成的，有四种拼接方式最为常见，即有纸带纵向拼缝、无纸带纵向拼缝、"之"字形胶线拼缝和点状胶滴拼缝。

图 6-18 所示为 KUPER 公司生产的自动单板纵向拼缝机。该机器是带集成涂胶系统的新一代单板拼缝机，其工作原理是对厚度为 0.25～5.0mm 的单板或薄木进行拼接，在单板进料方面配备创新的碟式驱动和新的公差补偿，以

确保单板完美地传送，不会出现任何不对齐的情况；新开发的涂胶系统配备了涂胶冷却装置，确保精确地涂胶，以获得较高的拼缝强度，这样拼缝的单板或薄木适用于真空模压。

图 6-18　自动单板纵向拼缝机

"之"字形胶线拼缝，是将单板或薄木纵向送入"之"字形胶线拼缝机中，单板或薄木厚度为 0.4～2.0mm。预备胶拼的单板或薄木在"之"字形胶线拼缝机工作台的双向摩擦辊的运动下紧密地对接在一起，再将专用胶线在"之"字形胶线输送器的摆动下，胶压在单板或薄木上。图 6-19 所示为 KUPER 公司生产的"之"字形胶线拼缝机，其"之"字形胶线拼缝机机头工作示意图如图 6-20 所示。

图 6-19　"之"字形胶线拼缝机

图 6-20 "之"字形胶线拼缝机机头工作图

 d. 单板或薄木的拼长：单板或薄木通过拼长加工后，将短小的材料拼长，能够有效地提高单板或薄木的利用率，节约资源，减少不必要的浪费。拼长可通过单板或薄木端接机实现，KUPER 公司生产的单板或薄木端接机如图 6-21 所示。

图 6-21 ZI/ZU 薄木或单板指形端接机

 上述 ZI/ZU 薄木或单板指形端接机工作原理是将单板或薄木横向送入端接机中，其端部在经过齿形冲齿刀具或直角冲刀的加工后，以不规则的指形通过特殊的冲模提供了极为紧密的指形连接。可加工的薄木单板宽度为 80～330mm，厚度为 0.4～0.8mm，适用于橱柜背板、隔板、胶合板、天花板或墙壁板等产品，端部接长后的效果如图 6-22 所示。

 ② 单板或薄木的贴面工艺与设备　单板或薄木的贴面工艺主要包括涂胶、配坯、胶压等工序。

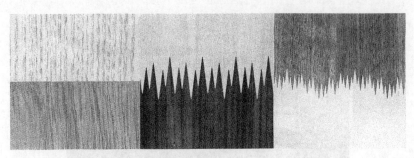

图 6-22 端接机胶拼的单板或薄木示意图

a. 基材的涂胶：单板或薄木贴面常采用的胶黏剂包括脲醛树脂胶、聚醋酸乙烯酯乳液胶、改性的聚醋酸乙烯酯乳液胶和醋酸乙烯-N-羟甲基丙烯胺共聚乳液胶等。涂胶量要根据基材种类及单板或薄木厚度来确定，贴面厚度小于0.4mm 时，基材的涂胶量为 $100\sim120g/m^2$；贴面厚度大于 0.4mm 时，基材的涂胶量为 $120\sim150g/m^2$；基材为刨花板和中密度纤维板时，涂胶量为$150\sim200g/m^2$。

b. 涂胶设备：涂胶机根据其辊的数量主要可分为双辊、三辊和四辊涂胶机，涂胶量直接影响涂胶质量与生产成本，而涂胶量是由涂胶机性能决定的。四辊涂胶机装配有上涂胶辊、下涂胶辊、上挤胶辊、下挤胶辊，相比双辊、三辊涂胶机，该机器可更均匀地涂布胶黏剂，并减少胶黏剂的浪费。

c. 配坯：配坯通常是在配坯台（工作台）上完成，基材两面都应进行贴面，以平衡基材两面应力，防止翘曲变形的发生。在使用单板或薄木两面胶贴于基材表面时，应选择树种、厚度、含水率以及纹理等相一致的单板或薄木，以保证零部件应力平衡。但是在背面不外露的零部件加工中，可使用廉价的单板、薄木或其他材料进行代替，以达到节约珍贵树种、降低生产成本的目的。在两面贴面材料质量不同时，应根据贴面材料的不同增加或降低厚度，从而调节两面应力的平衡。

d. 胶压工艺：通过胶压将单板或薄木贴面与基材胶合在一起，通常可以采用冷压法或热压法进行胶压。为了保证加压均匀，在板坯中每隔一定距离，应放置一块厚垫板。一般冷压时贴面压力为 0.3～0.6MPa，应根据胶压材料的厚度、胶种等确定。当车间内的温度为 17～20℃时，加压时间一般为 4～8h，温度高时加压时间短一些，温度低时加压时间长一些。

当采用热压时，一般压力为 0.6～1.2MPa，压力应根据胶压材料的厚度、胶种和热压条件等确定。对于单层、多层或连续式压机，贴面时多采用热压胶压。热压时间受热压温度影响，当热压温度为 110～120℃时，热压时间为 1～2min；当热压温度为 120～130℃时，热压时间为 40s～1min。当胶贴的薄木，特别是板边的薄木较薄时，为了防止热压贴面后薄木表面产生裂纹，应在热压前喷水或者喷 5%～10% 的甲醛溶液。为消除内应力，贴面后的板件在加工前需陈放 24h 以上。

（2）塑料薄膜贴面工艺与设备

塑料材料贴面工艺主要可分为冷压贴面、热压贴面以及有膜和无膜的真空模压贴面，其工艺特点与使用的设备均有所不同。

① 塑料薄膜胶压贴面工艺与设备　聚氯乙烯薄膜、聚丙烯薄膜等多种热塑性塑料，可用于基材贴面冷压胶压、热压胶压加工中。其中以聚氯乙烯薄膜（PVC）应用最为广泛，其他的薄膜材料贴面胶压工艺与 PVC 基本相同。

a. 涂胶：胶黏剂可分为单独使用（聚醋酸乙烯酯乳液胶等）或者复配使用（乙烯-醋酸乙烯共聚乳液胶等），涂布于基材表面。涂胶量视具体涂饰基材种类而定，在涂胶机上完成，若基材为中密度纤维板，其单面涂胶量为 120～180g/m²；若基材为刨花板，刨花颗粒大、吃胶量大，则涂胶量应加大。

b. 配坯：配坯在生产系统中定位装置的技术支撑下，能够做到定点、定位、自动完成，通常将工作台称为配坯台，配坯时应准确调整定位基准，注意配坯面均衡。

c. 胶压：基材涂胶后放置 20～40min 后进行胶压。具体可分为冷压法和辊压法，当使用冷压法时，压力为 0.1～0.5MPa，加压时间为 4～12h；使用辊压法时，辊压压力为 0.3～0.6MPa，压辊温度为 70～80℃。辊压法是一种连续贴面的生产方法，该方法生产效率高，适合大规模生产。

② 有膜真空模压　所用材料主要有基材、饰面层材料和胶黏剂，其所用设备有膜真空模压机。

a. 涂胶：使用涂胶机在基材表面涂布胶黏剂。

b. 组配：将涂胶后的基材放置在真空模压机内，以备胶压使用。

c. 膜压：单面真空模压 PVC 薄膜厚度应为 0.32～0.4mm，模压机如图 6-23 所示。膜压开始，压腔闭合，上压腔温度调节至 130～140℃，下压腔温度调节至 50℃，使 PVC 软化，随后上压腔根据基材施加正压 0.6MPa，下

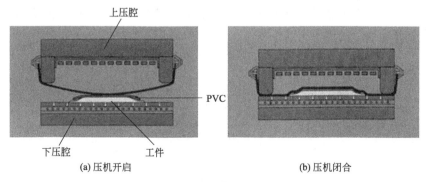

(a) 压机开启　　　　　　　　　(b) 压机闭合

图 6-23　单面有膜真空模压机加工过程示意图

压腔抽成负压 0.1MPa，使 PVC 薄膜贴合在基材表面，模压时间为 180～260s。在压力撤去、压腔打开后，PVC 薄膜冷却至室温，从而得到模压的部件。在使用有膜真空模压机进行 PVC 面层材料模压时，PVC 膜会随着橡胶膜移动，其他与模压薄木相同。

双面有膜真空模压机与单面有膜真空模压机工作原理类似，不同之处是上、下压腔间多增设了一个吸排气道，从而实现上、下压腔均具有模压功能，可模压更复杂的形状。在模压时，下压腔温度应调节至 130～140℃，使 PVC 薄膜上下受热均匀，得到充分软化。图 6-24 所示为双面有膜真空模压机工作原理示意图。

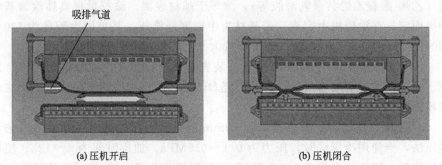

(a) 压机开启   (b) 压机闭合

图 6-24　双面有膜真空模压机工作原理示意图

③ 无膜真空模压　无膜真空模压在模压前需要添加 PVC 薄膜，其余工艺步骤包括涂胶、组配、膜压，与有膜真空模压基本一致，但是所用设备的工作原理不同。

图 6-25 所示为无膜真空模压机工作原理示意图。膜压开始后，如图 6-25(b) 所示抽真空，上压腔将空气抽出形成负压，同时下压腔给出正压将 PVC 填充在上压腔内壁上。如图 6-25(c) 所示加正压，将上压腔中施加正压，下压腔中开始抽真空，使 PVC 随着压力的变化从上腔壁打向模压工件表面与异型面零部件表面紧密贴合，模压压力为 0.5MPa，模压时间为 80～120s，在卸下压力打开压腔后完成模压部件制作。

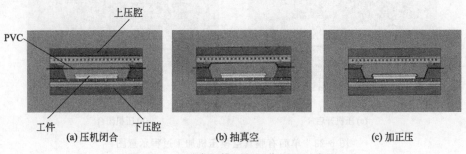

(a) 压机闭合   (b) 抽真空   (c) 加正压

图 6-25　无膜真空模压机工作原理示意图

　　真空模压是现代木制品贴面最常用的生产技术手段。依托于真空模压机,可以进行异形模压贴面,有利于连续、自动化生产。图 6-26(a)、(b) 所示为真空模压生产的模压部件,图 6-26(c) 为 HOMAG 公司生产的三维贴面压机(真空模压机)。

(a) 表面进行真空模压的部件　　　　　　　　(b) 表面和边部进行真空模压的部件

(c) 三维贴面压机

图 6-26　真空模压机及模压部件

（3）塑料贴面板贴面工艺与设备

　　三聚氰胺塑料是生产塑料贴面板最常用的材料,被广泛地应用在板式零部件贴面和后成型包边生产中。用三聚氰胺树脂生产的贴面板,具有耐磨、耐热、耐水、耐酸碱等多方面的性能。三聚氰胺塑料作为热塑性塑料其中的一种,其主要的缺点是脆性大,经增塑剂改性的三聚氰胺塑料贴面板的综合性能更好。三聚氰胺本身毒性很小,比较稳定,固化后不会游离毒性。三聚氰胺塑料板的存放和运输要注意防止损伤和磕碰,面对面、背对背水平放置可起到一定作用,贮存温度为 18～22℃,空气相对湿度为 50％～60％。三聚氰胺塑料贴面板的贴面工艺主要有涂胶、配坯和胶压。

　　a. 涂胶:涂胶量视具体装饰基材种类而定,在涂胶机上完成,若基材为中密度纤维板，其单面涂胶量为 $120 \sim 180 g/m^2$；若基材为刨花板，刨花颗粒大、吃胶量大，则涂胶量应加大。

b. 配坯：配坯在生产系统中定位装置的技术支撑下，能够做到定点、定位、自动完成，通常将工作台称为配坯台，配坯时应准确调整定位基准，注意配坯面均衡。

c. 胶压：三聚氰胺贴面板的胶压既可以冷压胶合，又可以热压胶合，基材涂胶后放置 $20 \sim 40 min$ 后，进行胶压。冷压胶合的胶压时间最短需要 4h，若冷压车间温度低，则胶压时间需要适当延长，最长可达 12h；热压胶合的胶压时间较短，通常 10min 内即可完成胶压，胶压温度为 $90 \sim 120℃$，热压后的板材陈放几天后完全固化。

（4）纸质材料贴面工艺与设备

纸质材料贴面工艺按照压合形式分有辊压法贴面工艺和平压法贴面工艺，应用较多的是辊压法贴面工艺。其中辊压法更适用于质量小的装饰纸贴面，部件基材经过表面处理，即表面砂光及除尘，然后进行一系列的连续过程，主要包括涂胶、配坯及辊压等。具体工艺要求如下。

a. 涂胶：纸质贴面材料有自带胶层及不带胶层的区别，对不带胶层的纸质贴面来说，需要在贴面前对基材进行涂胶，其操作通常是在涂胶机上完成的。最常用的胶黏剂为聚醋酸乙烯酯乳液胶，涂胶量一般为 $80 \sim 120 g/m^2$，在实际应用中，根据具体使用要求或性能要求，胶黏剂也可与其他树脂胶混合后使用。

b. 配坯：在生产系统中定位装置的技术支撑下，能够做到定点、定位、自动完成，通常将工作台称为配坯台，配坯时应准确调整定位基准，注意配坯面均衡。

c. 胶压：对于不带胶层的纸质贴面材料来说，由于平压法通常是冷压，生产效率较低，故基本不应用平压法工艺进行贴面，最常用的是辊压法贴面工艺。待贴面基材经除尘后，利用辊式涂胶机进行涂胶处理，辊压贴面，在 $1.0 \sim 2.0 MPa$ 的胶合压力下完成胶合贴面。

贴面按照胶贴形式分为湿法贴面和干法贴面，其中湿法贴面是指在粘贴印刷装饰纸等贴面材料时，在板式部件基材表面进行涂胶工序；干法贴面则一般更适用于已涂有胶黏剂的装饰纸，如预浸装饰纸等，在实际贴面中可省略涂胶工序，大大提高了生产效率。

6.4 边部处理

板式部件经表面贴饰后，其侧面裸露在外影响装饰效果，同时木质基材的吸湿特性，会导致板式部件易受到外界环境影响，如相对湿度、室内温度等，产生形变，使基材发生膨胀，造成贴面脱落或变形等现象。边角部易被磕伤、划伤，不利于储存与运输。因此对贴面后的基材进行边部处理是不可或缺的关键工序，可封闭基材侧边显露出的孔隙，对基材起到保护与装饰作用。基材的边部处理方法主要包括涂饰法、镶边法、封边法和包边法。边部处理材料，主要包括 PVC、木皮、实木条、ABS 条、三聚氰胺装饰板、铝合金等。

6.4.1　涂饰法

涂饰法是通过使用涂料涂饰贴面后基材边部，为基材提供保护与装饰。在涂饰前如果基材边部的表面粗糙度过大或有破损和凹陷，可以使用嵌补、填腻子及染色的方法，在不改变基材尺寸的情况下，使基材边部平整后涂饰底漆和面漆，最后对漆膜进行抛光。传统涂饰法根据所用涂料可分为手工涂饰和喷枪喷涂两种。此外，边部的涂饰方法还可以采用边部热转印涂饰技术，该技术为木制品零部件封边涂饰的高效和连续性提供了更为有利的条件。图 6-27 所示为木制品零部件边部热转印处理的效果，热转印的机头形式如图 6-28 所示。可以看出，涂饰法可以通过改变热转印的印刷图案，使基材边部获得不同的装饰效果。

图 6-27　木制品零部件边部热转印处理效果　　　图 6-28　热转印的机头形式

图 6-29 所示为 HOMAG 公司生产的 KHP 13 型热转印机。该设备可在零部件边部先进行铣形、砂光处理，以达到要求的型面和表面光洁度，随后通过加热压辊，将表层涂有转印涂料的 PVC 塑料带加热，从而使转印涂料贴合在零部件的边部。经该方法涂饰的零部件边部涂饰强度较低，不适用于边部经常受摩擦的木制品零部件。

6.4.2　镶边法

木制品零部件边部经木质材料、塑料或金属等材料镶嵌的处理方法被称为镶边法。镶边条的类型较多，造型丰富多样，而且与板式零部件的接合形式也

图 6-29 热转印机

各不相同，极大地丰富了镶边后的板式零部件装饰效果，使其更为灵活多变，其镶边类型如图 6-30 所示。

将木条加工成榫簧并涂布胶黏剂，插接在加工有榫槽的板式零部件边部，使木条更结实地镶嵌在板式零部件上，是木条镶边方式最为常见的形式。同时也可以在镶边木条和板件边部均加工榫槽，利用涂胶的圆榫将镶边条固定在板件边部。

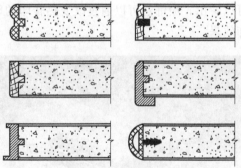

图 6-30 镶边类型

使用塑料条和有色金属条对板式零部件进行镶嵌时，多是将镶边条制成带有倒刺形断面的"T"形榫钉，采用橡胶锤将镶边条打入板式零部件开有榫槽的边部实现接合。

当要对方形板件周边全部镶边时，要使镶边条以 45°首尾相接。使用塑料镶边条时，可利用塑料"热熔冷固"的特点，将端头加热至 180～200℃使塑料达到熔融状态与零部件边部压紧，待冷却固化后完成封边，或者通过涂布接触胶加热胶合。

在镶包圆角板件的转角处时，应使其半径不小于 3mm，转角处的镶边条应预先加工出切口，以便合适地镶边。

6.4.3　封边法

封边法因其工艺简单、生产效率高等特点，成为现今最常用的木制品零部件边部处理方法。该方法所用封边材料类型丰富，包括薄木（单板）条、木条、三聚氰胺塑料封边条、塑料薄膜（PVC）条、ABS条、预浸油漆纸封边条等，通过胶黏剂将封边条压贴在基材边部以保护基材。基材主要是刨花板、中密度纤维板、双包镶板、细木工板等。基材的厚度公差、边部质量、胶黏剂特点和质量、涂胶量、封边材料的种类和质量、加工车间温度、机器温度、进料速度、封边压力、齐端和修边质量等因素均对最终封边质量产生影响，因此需要进行封边处理的板件都要封 2～4 个侧边，封边后端头和侧边都要平齐，才能保证产品装配和外观质量。

（1）封边工艺

① 基材的厚度公差和边部质量　在对基材封边过程中，应考虑到基材厚度公差对封边质量的影响。厚度公差应控制在 ±0.2mm 以内，以避免厚度公差过大或过小对后续的修边加工产生影响。公差过大会在修边加工时铣掉贴面材料，公差过小会导致无法达到预期的修边效果。中密度纤维板和刨花板由于表面粗糙度较封边条的封边面高，在进行封边时还应注意边部质量的影响，对高表面粗糙度的中密度纤维板和刨花板作为基材时，应控制涂胶量在 200～250g/m² （其他材料的涂胶量应为 150～200g/m²），以确保封边基材不会因为过量吸收胶黏剂中的溶剂导致缺胶，降低封边质量。

② 胶黏剂的种类和质量　热熔胶因其加热熔融后为流体便于涂布，冷却后迅速固化实现快速封边，被广泛应用于封边加工中。热熔胶根据软化点特性可分为高温热熔胶、低温热熔胶两种。而熔融黏度、软化点、热稳定性和晾置时间等是影响热熔胶封边质量的主要因素，因此在封边加工中，应根据季节更替导致的温度和湿度的变化，选择不同软化点的热熔胶，以提高封边质量与生产效率。

③ 封边材料的种类和质量　根据胶合原理，表面润湿性已被证实与胶合强度有关，而表面粗糙度与胶黏剂的润湿性密切相关，过大或过小的表面粗糙度都会造成胶黏剂粘合力的下降，降低封边质量。当使用 PVC、ABS 等表面粗糙度较低的塑料作为封边材料时，在封边前应进行表面处理适当增加表面粗糙度。使用实木条、单板等封边材料时，要注意实木条的厚度公差及实木条涂胶面的表面粗糙度。表面粗糙度过高，会增加胶黏剂用量，表面粗糙度过低，胶合强度较低，不易封边。

④ 加工车间温度　在胶黏剂的种类和质量部分提到了季节更替导致的温度和湿度变化会影响热熔胶的胶接质量，加工环境温度变化会影响基材性能。北方的木制品生产企业冬季时加工车间温度在 15℃ 左右，由于基材的体积较大，在通过封边机时基材的温度提升缓慢，而封边条可在瞬间达到封边机胶辊的温度，封边材料和零部件材料的热胀系数差距较大，导致封边加工中封边条易发生脱落，造成"停车"现象，降低生产效率。因此，室内温度要控制在

18℃以上，或在封边机前加电热器提前对零部件进行预热，以降低低温环境对加工产生的消极影响。

⑤ 机器温度　在封边加工中，加工机器温度必须要高于或等于热熔胶的熔点5℃左右，当使用高温热熔胶时，机器温度应该控制在180～210℃之间，以确保热熔胶完全熔化，并以熔融状态施加到待贴合表面。

⑥ 进料速度　手动的曲线封边机的进料速度为4～9m/min。而现代自动封边机的进料速度为18～24m/min，部分自动封边机的进料速度甚至可达到120m/min，对于自动封边机的进料速度可以根据封边强度、封边条的厚度来调整。

⑦ 封边压力　自动直线封边机通常采用气压方式加压，压力一般取0.3～0.5MPa，软成型封边机因压料辊的形式与自动直线封边机略有区别，除了采用一定压力外，还要考虑每个小压辊弹簧压力的影响。热熔胶是需要快速胶合的胶种，其胶合压力应根据使用封边材料的种类、厚度及基材的材质等决定。

⑧ 修边和齐端质量　为了减少生产中所需要的工序，现代直线封边机压辊后通常装配有前后齐端、上下粗修和精修、上下跟踪修圆角、砂光、铲刮和抛光等装置。部分封边机还配有铣边型和软成型压辊装置。

（2）封边设备

现代封边主要包括两种形式：一种是将独立的封边条通过封边机粘贴至直线形或具有一定型面的板材边部，常见有直线封边机、直曲线封边机、软成型直线封边机等；另外一种是将贴面材料直接包裹板材的侧边，实现边部的封闭，这种工艺需要在后成型封边机或后成型弯板机上完成，又称包边机或后成型机。

① 直线封边机　直线封边机因其自动化程度较高、加工生产效率高而被广泛应用，可完成封边胶合、涂胶、齐端、粗修边、精修边、倒棱、跟踪修圆角、刮边、磨光、砂边和抛光等工序。图6-31所示为直线封边机工作示意图。直线封边机所用封边条厚度通常为0.4～20mm，可以根据生产需求选择不同性能和功能的直线封边机，如轻型直线封边机，双边直线锯、封边组合机，自动直线封边机，全自动激光直线封边机，等等。

a. 轻型直线封边机，适用于厚度为0.4～3mm的卷式封边条，工件厚度要求为8～40mm，最小工件宽度为60mm，最小工件长度为140mm，一般进料速度为4～9 m/min（无级调速）。该类型的设备仅有齐端、一次修边等功能，因此适合小型的木制品生产企业。

b. 双边直线锯、封边组合机，由双端铣和封边机组成。零部件两边的精裁由双端铣完成，封边、跟踪修圆角等功能由封边机完成。根据组合设备的类型不同，封边条的尺寸、厚度等各不相同，一般可以进行实木条的封边，实木条的最大厚度为12mm。此类型的封边机可以大大提高劳动生产效率以及获得高精度的封边质量。该种类型的组合机进料速度为18～36m/min（无级调速）。图6-32所示为HOMAG公司生产的双边直线锯、封边组合机。

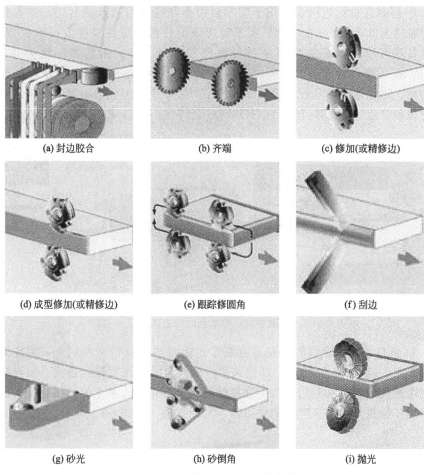

(a) 封边胶合　　　　　　　(b) 齐端　　　　　　　(c) 修加(或精修边)

(d) 成型修加(或精修边)　　(e) 跟踪修圆角　　　　　(f) 刮边

(g) 砂光　　　　　　　　　(h) 砂倒角　　　　　　　(i) 抛光

图 6-31　直线封边机工作示意图

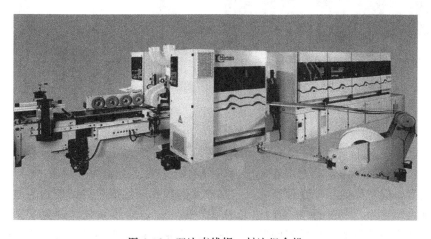

图 6-32　双边直线锯、封边组合机

c. 自动直线封边机，适用于实木封边条和卷式封边条的封边。实木封边条的厚度为 0.4～40mm，由于实木封边条的特性，可在某些方面取代镶边。该设备还可以将封好的实木条进行铣型和砂光。卷式封边条厚度为 0.4～3mm。采用卷式封边条时，该设备还可以完成粗修边、精修边、跟踪修圆角等功能。跟踪修圆角功能主要用于软成型封边和后成型包边时零部件相邻侧边的封边和修边。图 6-33 所示为 HOMAG 公司生产的自动直线封边机。

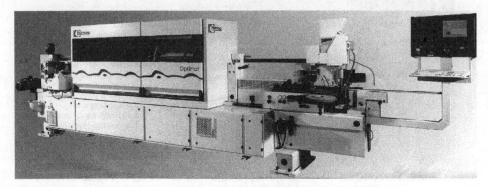

图 6-33　自动直线封边机

d. 全自动激光直线封边机，克服了封边时热熔胶带来的缺点，实现无缝封边。图 6-34 所示为 HOMAG 公司生产的全自动激光直线封边机。激光封边是利用激光装置，在封边条与工件接触前快速熔化封边条上的预涂胶层，随后立即用压辊将封边带压紧于工件边部，实现封边，如图 6-35 所示。

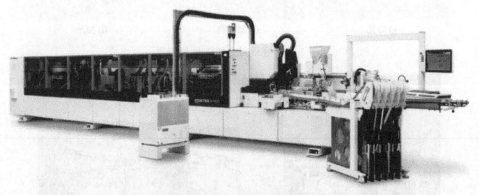

图 6-34　全自动激光直线封边机

激光封边条通常由表层和底层两部分组成。表层通常为塑料基的封边带；底层为一层特殊的功能性聚合物，包括胶水和根据表层颜色专门调制的激光吸收剂，厚度为 0.2mm。激光封边无需额外配置任何涂胶系统，避免了涂胶系统、修边刀具等的维护保养问题，不用担心压轮区被胶水污染，没有传统的加

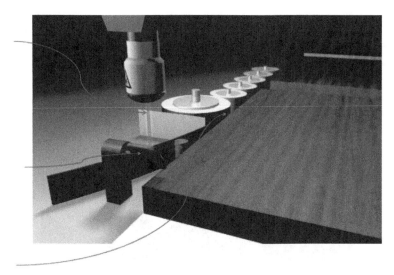

图 6-35　激光封边原理

热等待时间，可大大提高生产效率，减少次品率。

　　激光封边进料速度快、生产效率高，最大进料速度可达 60m/min，能满足大、中型工业级企业高产能的需求。在封边过程中只需把封边带供应商打印在封边带上的激光能量参数输入到操作界面栏位（图 6-36），即可依靠内置的云计算数据，确定稳定的激光输出功率。此外，激光封边机封边质量好，可以做到无缝接合，并且接合后剥离强度高，防水功能大大提高。图 6-37 所示为普通 EVA 热熔胶封边和激光封边效果的对比图。

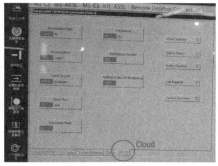

图 6-36　激光能量参数及操作界面

　　② 软成型直线封边机　可适用于曲线形型面等多形状的封边作业，但该机器是将封边条沿工件边部形状进行弯曲贴合，因此封边条不宜过厚，其厚度范围应该控制在 0.4～0.8mm 之间。图 6-38 所示为软成型直线封边的边部断面形状及型面工件。

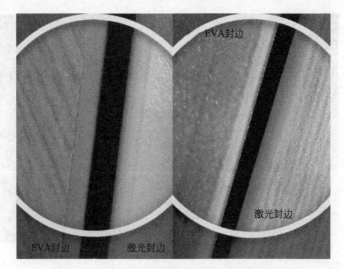

图 6-37 EVA 热熔胶封边和激光封边效果对比

(a) 边部断面形状

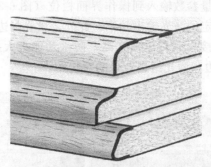

(b) 软成型封边的部边

图 6-38 软成型直线封边的边部型面

软成型直线封边机的功能是铣型、封边、涂胶、软成型胶压、齐端、粗修边、精修边、跟踪修圆角、刮边、砂边、砂倒角和抛光等。图 6-39 所示为软成型直线封边机的工作原理图。

软成型直线封边机根据其可完成的工序分为两种，分别是软成型直线封边机和自动软成型直线封边机。

a. 软成型直线封边机：该设备仅能完成喷胶、封边等工序，而零部件的铣型需在前序其他设备上完成，封边机是采用多个小压辊进行软成型封边胶压的。该设备还可以用于直线形平面边的封边。

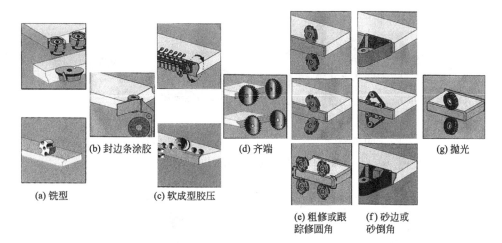

图 6-39 软成型直线封边机的工作原理图

b. 自动软成型直线封边机：与上述软成型直线封边机相比，自动软成型直线封边机可在设备上同时完成基材的铣型、砂光、喷胶和软成型封边等工作，也可以当作普通的自动直线封边机来使用，其卷式封边条允许厚度为 0.3～3mm，实木封边条允许厚度为 0.4～12mm，实木封边条仅能进行平面边的封边，进料速度为 12～24m/min。图 6-40 所示为 HOMAG 公司生产的自动软成型直线封边机。

图 6-40 自动软成型直线封边机

③ 直曲线封边机　可适用于直线形和曲线形零部件平面边的封边。当对曲线形零部件进行封边加工时，受封边机封边头直径的限制，内弯曲加工半径通常应大于 25mm。

直曲线封边机通常以手工进料形式加工。有些直曲线封边机不能进行修边和齐端，只能另外配备设备或采用手工修边和齐端。图 6-41 所示为直曲线封边机封边示意图。

采用修边机进行修边时，可以获得高质量的修边效果。修边机修边刀头的工作示意图如图 6-42 所示。一些直曲线封边机虽可进行封边和修边，但两端端部还需配备另外的设备用来齐端或采用手工齐端。

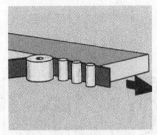
(a) 涂胶封边

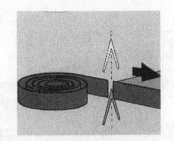
(b) 齐端

图 6-41　直曲线封边机封边示意图

(a) 直线形修边

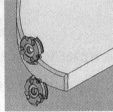
(b) 曲线形修边

(c) 跟踪修圆角

图 6-42　修边机修边刀头的工作示意图

6.4.4　包边法

包边法是采用饰面材料完成从贴面到封边的方法，又被称为后成型封边技术。加工时采用大尺寸的塑料贴面板等材料，涂布胶黏剂后，先对零部件进行表面贴面，然后根据零部件的边部形状，在包边机上实施边部热压处理，使面层外沿的包边边部材料尺寸与部件边部的型面尺寸相等，使板面与板边形成无缝连接的一体成型产品。

包边机可分为三种类型，分别是间歇式后成型包边机、连续式后成型包边机、直接连续式后成型包边机，三种加工设备最关键的区别在于可实现的工序集中程度不同。当采用间歇式后成型包边机包边时，铣型、喷胶、包边等分别需要在不同的工序上完成，会产生多个工序的衔接，受工艺条件和技术要求等影响易造成较大误差；当采用连续式后成型包边机包边时，喷胶、包边等工序可集中在一台设备完成，降低误差，铣型工序还需单独在其他铣型加工设备完成；当采用直接连续式后成型包边机时，可将铣型、喷胶、包边等工序集中在一台设备完成，获得更高的包边质量，同时生产效率得以提高，但设备价格昂贵，目前在我国使用较少。包边法在生产中遇到的主要问题是生产工艺流程的确定、原材料的合理使用、胶黏剂的用量与陈放以及包边加工条件的控制等。

（1）包边工艺

① 基材的基本要求　刨花板因其成本较低是最常用的包边工艺基材，中密度纤维板等其他板材也是包边工艺中常见的基材。当使用刨花板作为基材时，应确定基材的技术指标，包括厚度大于 10mm 时其翘曲度要小于或等于 0.5%，从而使包边时的热压辊加压均匀；刨花板的密度应在 $0.6 \sim 0.85 \mathrm{g/cm^3}$ 之间，以便于铣刀铣型，控制胶黏剂对基材的渗透性，避免因缺胶产生的质量下降。在包边时，基材应表面必须经过砂光，控制基材厚度公差在 ±0.1mm 以内，刨花板的内结合强度应符合国标 GB/T 4897—2015 的要求，使包边时的饰面层材料与刨花板的胶接强度达到最好效果。

② 面层材料的基本要求　包边所用面层材料通常可以进行一定程度的弯曲，在加热条件下可具有较好的性能。以实际生产中常用的三聚氰胺塑料贴面板为例，该贴面板为热固性树脂，受自身材料性质所限，冷却固化后材料表现出刚性高、脆性大、弹性差的特点，因此可以使用增塑剂对三聚氰胺塑料进行增塑改性，以提升韧性来满足包边工序中受到高热、弯曲的曲率半径较小等需求。增塑改性剂加入量、增塑剂的种类等对面板的弯曲性能、强度影响较大，因此应控制增塑改性剂的加入量，如果过量使用增塑改性剂，会导致板面的耐磨性、强度等出现大幅度下降，达不到产品质量要求。

③ 平衡层材料的基本要求　平衡层是零部件胶贴面层材料后平衡应力所使用的贴面层，在使用时平衡层材料应和面层材料保持一致，但是出于降低生产成本的目的，普通三聚氰胺塑料贴面板是最常用的平衡层材料，在使用时要注意三聚氰胺塑料贴面板纵向收缩率大于横向，要合理调配使用。面层材料与平衡层材料使用配合不当，会导致产品出现翘曲变形现象。只有当面层材料的厚度乘以面层材料的弹性模量等于平衡层材料的厚度乘以平衡层材料的弹性模量时，才不会发生零部件的翘曲。

④ 胶黏剂的基本要求及涂胶量　包边法常用的胶黏剂有：脲醛树脂胶（UF）、改性聚醋酸乙烯酯乳液胶（PVAc）、尿素三聚氰胺树脂胶（MF）、乙烯-醋酸乙烯共聚树脂热熔胶（EVA）和接触胶黏剂等。当胶黏剂为改性聚醋酸乙烯酯乳液胶（PVAc）时，胶黏剂的液体黏度应控制在 $6000 \sim 10000 \mathrm{mPa \cdot s}$（25℃），胶黏剂的固体含量为 50%～53%，其胶黏剂的热压温度应为 180～200℃。

基材和面层材料的表面质量决定着胶黏剂的涂胶量。由于面层材料胶液渗透力小，一般涂胶量在 $100 \sim 150 \mathrm{g/m^2}$；而胶液在基材中的渗透力较强，一般涂胶量为 $150 \sim 200 \mathrm{g/m^2}$，有时根据情况可进行两遍涂胶以达到相应的涂胶量。

⑤ 包边时最小弯曲半径　在进行包边加工时，应保证包边时弯曲曲率半径大于或等于贴面材料厚度的 10 倍，以避免包边机在包边时因曲率半径过小

造成面层材料在边部被破坏。在实际生产中常用的面层材料厚度为 0.6～1mm，因此，其面层弯曲的最小曲率半径应大于 6～10mm。

（2）包边机

① 间歇式后成型包边机　间歇式后成型包边机可以包边的型面如图 6-43 所示。间歇式后成型包边机可适用于多种型面的包边加工，当采用不同材料如三聚氰胺塑料贴面板（防火板）、三聚氰胺浸渍纸、单板和 PVC 等进行加工时，要根据材料特点使用不同的生产工艺。经包边后的工件可用于顶板、面板、家具门、抽屉面板以及厨房中橱柜的台面板和挡水板等零部件。该包边机包边的工作原理如图 6-44 所示。采用间歇式后成型包边机包边木制品部件时，应根据具体的部件边部型面，采用适当的生产工艺，以获得较高的包边质量。

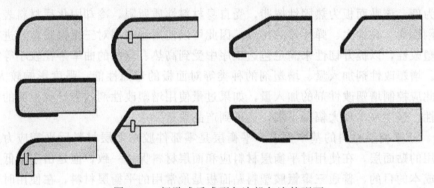

图 6-43　间歇式后成型包边机包边的型面

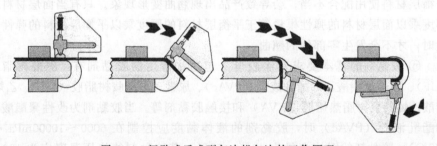

图 6-44　间歇式后成型包边机包边的工作原理

② 连续式后成型包边机　零部件经铣边和胶压贴面后，需要预留出包边所需面层材料尺寸，方可用连续式后成型包边机进行包边。在连续式后成型包边机上，对面层材料包边的长度进行定长铣型以确定包边长度，随后对面层和基材进行涂胶、加热和包边。包边常用的胶种为改性的 PVAc 胶。连续后成型包边机的生产方式为流水作业，即连续地进料和包边，并生产出高质量的包边产品。部件包边的形式如图 6-45 所示。

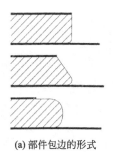
(a) 部件包边的形式

(b) 已包边的部件

图 6-45　包边的部件

③ 直接连续式后成型包边机　直接连续式后成型包边机包边的零部件，是改性的三聚氰胺塑料双面贴面的人造板，经开槽、铣边、铣面层胶、铣边型、边型精加工、铣平衡层、精铣、喷胶、包边、修边等工序完成包边加工。图 6-46 所示为直接连续式后成型包边机的工艺原理图。

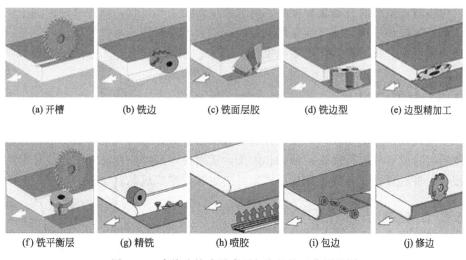

(a) 开槽　　(b) 铣边　　(c) 铣面层胶　　(d) 铣边型　　(e) 边型精加工

(f) 铣平衡层　　(g) 精铣　　(h) 喷胶　　(i) 包边　　(j) 修边

图 6-46　直接连续式后成型包边机的工艺原理图

　　直接连续式后成型包边机无需预先对封边零部件进行加工，可直接对贴面的刨花板或中密度纤维板铣型，铣型至底部留有一层贴面材料，进行喷胶和加热处理，将这层贴面材料包贴到铣成的型面之上。贴面材料可用改性的三聚氰胺塑料贴面板或其他贴面材料。不同的贴面材料应选用不同胶种，通常三聚氰胺塑料贴面板与改性 PVAc 胶搭配使用，而三聚氰胺浸渍纸通常搭配热熔胶使用。使用三聚氰胺浸渍纸贴面材料可极大地降低生产成本。图 6-47 所示为 HOMAG 公司生产的直接连续式后成型包边机。该设备自动化程度较高，可实现包边工序的集中加工。

　　在实际生产中，可直接购买贴好面的刨花板或中密度纤维板，由于没有外

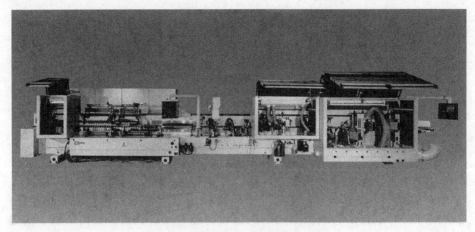

图 6-47　直接连续式后成型包边机

悬的贴面材料部分，不会在运输过程中造成损失。采用直接连续式后成型包边机包边时，生产的自动化程度高，可大幅度简化生产过程，而且部件的加工质量高，面层和平衡层的接缝处严丝合缝，不会出现搭接或离缝等现象，但是设备的调整难，技术参数比较难确定。

6.5　钻孔及装件

板式部件经贴面胶压、贴面齐边和边部处理后，需要在板件表面或侧边部位的接合位点处进行加工，即钻孔加工，从而使零部件间能够利用连接件形成接合，最后再经过装件，完成板式家具的组装，形成成品。

6.5.1　钻孔

钻孔是通过在板式部件上加工接合孔和圆榫孔，从而使各零部件连接形成一个牢固的整体，因此对加工尺寸精度要求极高。钻孔加工主要用多轴钻床完成，多轴钻床又分单排多轴（孔）钻和多排多轴（孔）钻，是通过电机带动由10~21个钻头组成钻排，通过齿轮啮合，使钻头一正一反地转动，转速约为2500~3000r/min，钻头中心距为32mm，即板式家具钻孔应当满足"32mm系统"。

"32mm系统"是依据单元组合理论，以32mm为模数，通过模数化、标准化的接口（五金件）构建的家具结构设计和生产制造体系。"32mm系统"的加工精度要求较高，需要控制在0.1~0.2mm水平之上，加工获得标准化的零部件接口后，直接与标准化的五金连接件通过接口进行连接，形成可拆装的现代板式家具。

（1）钻孔的类型

板式零部件钻孔的类型主要有圆榫孔、导引孔、铰链孔、连接件孔。

① 圆榫孔　用于圆榫的安装，对各个零部件进行定位。

② 导引孔　用于各类螺钉和螺栓的定位以便于拧入。

③ 铰链孔　用于各类门铰链的安装。

④ 连接件孔　用于连接件的连接和安装，对各个零部件进行定位。

（2）钻孔的要求

① 钻孔应使孔径相同　要求钻头刃磨准确，不应使钻头形成椭圆或使钻头的直径大于钻孔的直径，避免造成扩孔或孔径不足等现象。

② 钻孔应使深度相同　要求钻头的刃磨高度要准确，新旧钻头不能混合放置在一个排座上，而要分别放在不同的排座上，使刀具磨损程度相近，以保证加工深度相同。

③ 保证孔间的位置精度　孔间尺寸要准确，同一排座上钻头间距是确定的，通常不会出现偏差，但是排座间尺寸由人为控制，易产生位置间的误差。

现代排钻的垂直排座，可通过钻座下丝杠螺母的带动拉开钻座，也可通过销钉的变换定位，使单个独立的钻座旋转 90°角，进行横向系列孔的钻孔。钻头更换方便，有利于排钻效率的提高。

（3）钻孔的设备

① 单排钻　单排钻的自动化程度较低，适用于一些小型的生产企业或用于多排钻的辅助钻孔，加工后的相对精度与加工效率由加工位置决定。由于单排钻的钻座只由一排"多轴钻座"或钻削动力头组成，因此加工零部件的孔位要求排在一排可一次完成钻孔，当出现孔位变化时就需要进行多次钻孔，导致加工基准出现变化，造成零部件孔位的相对精度较低。

② 双排钻　双排钻的自动化程度略高于单排钻，适用于一般小型木制品厂对不同系列板件、框架、条材等进行钻孔，具有两排钻削动力头，一排垂直配置的动力头用来对板件的表面钻孔，另一排水平配置的动力头可实现在板件端面钻出排孔。水平动力头也可配置在可做 45°或 90°角倾斜的转盘上，使动力头完成板件上水平位置孔、倾斜一定角度位置孔、下表面垂直位置孔的加工。

③ 三排钻或六排钻　三排钻同样适用于小型板式家具制造厂钻孔，通常为左、下组合三排型，即左边有一个水平钻削动力头，下置一至数个（多为两列）垂直钻削动力头，位于工作台下方，钻头由下向上进刀。水平方向的动力头用来在板件端面钻孔，垂直方向的一至两列动力头用来在板件的表面钻孔。各垂直钻削动力头或钻排间的距离可以调整。床身大都为单边框形，根据床身的长短，三排钻具有短型和加长型。同时还可把垂直钻排回转 90°，组列成一排实现在板件

纵向钻出排孔。图 6-48 所示为 HOMAG 公司生产的 NB65 型三排钻。

图 6-48　三排钻

六排钻的钻座排列是水平两排，垂直四排。图 6-49 所示为 HOMAG 公司生产的六排钻，排钻的垂直钻座沿 X 轴的移动一般是采用数字显示仪来确定移动距离，沿 Y 轴的移动，即两个小排座的移动是采用数字式计数器来显示加工尺寸。

图 6-49　六排钻

④ 多排钻和 CNC 自动多排钻　多排钻又称大型排钻，该机器的加工精度高、加工质量好，是现代木制品零部件钻孔的主要机器，常为左、右、下、上组合多排型。这类排钻一般具有左右各一个水平钻削动力头和数个（多为 3～4 列）上置或下置的垂直钻削动力头，各垂直钻削动力头或钻排间的距离可以进行调整。水平方向的两组钻排可用来在板件端面钻孔，垂直方向的数个钻排可实现大尺寸板件的同时钻孔。钻排可回转 90°，组列成 1 排或 2 排，钻头间距为 32mm，用于在板件纵向方向钻出排孔。通常水平排钻钻头数为 21 个，垂直排钻钻头数为 2×11 个，即垂直排钻是由 2 个小排构成，每个小排钻头数为 11 个。垂直排钻可以沿纵向位置拉开或可以独立旋转 90°，各种类型排钻的

钻头均采用快换钻头。多排钻的排钻钻座一般有 2 排以上，最多为 12 排，通常是由水平钻座和垂直钻座构成，如果特殊要求或排座数量较多时采用上下配置垂直钻座，这是根据生产需要和加工精度要求确定的。生产中常见排钻的钻座数为三排、六排和多排等。

　　CNC 自动多排钻是由左右水平钻座和上下多排垂直钻座组成，一般垂直钻座共有 8～10 排，每排钻座可以安装 36 个钻头。由计算机控制的各个钻头可以单独钻孔，不受排座的限制，钻孔时根据零部件中孔的位置，由计算机控制各个钻头移动和钻孔。图 6-50 所示为 HOMAG 公司生产的 BST 100 型 CNC 自动多排钻。

图 6-50　CNC 自动多排钻

图 6-51　自动排钻、注胶及入圆棒榫机

⑤ 自动排钻、注胶及入圆棒榫机 图 6-51 所示为 HOMAG 公司生产的自动排钻、注胶及入圆棒榫机，即在排钻钻孔的基础上，该设备还配备注胶和打圆榫加工站，可以完成注胶和打入圆榫的操作，如图 6-52 所示，减少了后续的操作过程，有利于整个加工周期生产效率的提高。

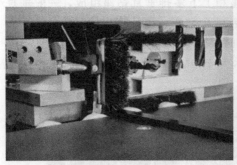

图 6-52　注胶及入圆棒榫加工及其加工半成品示意图

6.5.2　装件

装件是将连接件中定位用的圆榫以及倒刺件进行安装的过程。板式零部件的装件通常是在生产车间完成的，有时定位圆榫会在用户处进行安装。装件通常是用橡胶锤将塑料或金属的倒刺件打入零部件内，但有时倒刺件不能完全被打入孔，出现裸露在外的情况，影响其他部件的安装，为避免这种情况，在装配中常采用冲子将倒刺件打入孔的底部，便于后续装配过程的开展和装配精度的提高。

扫码领取
· 新手必备
· 拓展阅读
· 案例分享
· 书籍推荐

第7章

装饰装修工程木工

7.1 木门窗制作与安装

近年来，钛镁合金、铝合金、塑钢、铝包木等门窗已在建筑工程中使用，但木门窗因其采用天然木材制作，具有美观、隔音、隔热等特性而被人们大量使用。门窗在建筑工程中，除了具备分隔与保护、隔音、环保等性能以外，还对房屋美观性有很大影响，具备一定的装饰功能，因此其设计、选材、制作均至关重要。

现阶段木门窗制作分为木工现场制作以及木业工厂定制两种方式。本节将围绕这两种加工方式进行详细介绍。

7.1.1 木门窗的分类与构造

7.1.1.1 木门的分类和构造

（1）木门的分类

木门按照结构形式可分为平板门、镶板门、拼板门、实拼门、镶玻璃门等；按照使用部位可分为入户门、内门、厕所门、厨房门、阳台门等；按照开启方式可分为推拉门、转轴门、折叠门等；按照表面处理方式可分为免漆门、油漆门；按照门扇数可分为单开门、双开门、子母门。

（2）木门的构造

一套完整的木门由门扇、门套及五金组成。

以木镶板门举例：门扇结构包括门梃、门冒头、门芯板、压条等，如图7-1所示；门套结构包括门套线（主板）、门挡板（止口板）、装饰板，如图7-2所示；五金包括合页、锁具、门吸、猫眼等。有的门框不需要木门，而是独立安装在门洞口上，叫做垭口

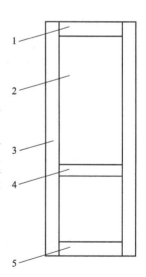

图7-1 木镶板门结构
1—门扇上冒头；2—门芯板；
3—门梃；4—门中冒头；
5—门扇下冒头

（垭口没有门挡板及防撞条），起到美化和保护墙壁的作用。

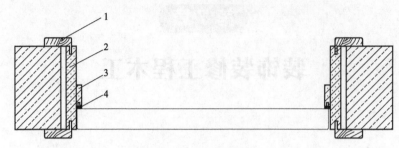

图 7-2　门套结构
1—装饰线；2—主板；3—止口板；4—防撞条

7.1.1.2　木窗的分类和构造

（1）木窗的分类

木窗可分为玻璃窗、纱窗、百叶窗等；根据开启方式还可分为平开窗（内、外开）、上悬窗、中悬窗和推拉窗（水平与上下推拉）。

（2）木窗的构造

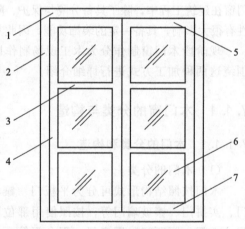

平开窗由窗框、窗扇及五金组成，如图 7-3 所示。窗框结构包括窗框梃、窗冒头及中贯挡以榫眼接合而成；窗扇结构包括窗扇梃、窗扇冒头、窗棂；五金包括合页、风钩、插销、拉手等。

对开窗的窗扇由左右两根立梃、上冒头、下冒头和两根窗棂通过榫眼形式接合，通过将门窗立梃、窗冒头及窗棂进行裁口，将玻璃嵌入其中，最后以木压条或钉子固定。

图 7-3　木窗结构图
1—窗框上冒头；2—窗框梃；3—窗棂；4—窗扇梃；
5—窗扇上冒头；6—玻璃；7—窗扇下冒头

7.1.2　常用木门窗材料

常用木门窗制作材料如表 7-1 所示。

表 7-1　常用木门窗材料

树种	产地及特性
红松	产于长白山至小兴安岭一带,其材质轻软,力学性能适中,弹性、干燥性以及加工性能良好,易于胶接,不易变形,常用于高档装饰中的木结构骨架

续表

树种	产地及特性
樟子松	产于黑龙江、小兴安岭、内蒙古等地,其材质结构中等,纹理顺直,硬度软,耐久性强,干燥性及加工性能良好,但不耐磨损
杉木	产于长江以南,其材质结构中等,材质轻,硬度软,干燥性能良好,耐腐朽且不易变形,耐久性能良好
东北榆木	产于东北、河北、山东、江苏、浙江等地,结构粗,纹理顺直,花纹美丽,硬度中等,其加工性能好,易于胶接和油漆,但干燥时容易开裂翘曲
椴木	产于东北及沿海地区,纹理直,硬度软,加工性能好,不易开裂,但耐水性较差,可用于普通木门窗的制作
核桃楸	产于东北、河南、河北等地,结构中等,富有韧性,加工性能好,干燥时不易开裂,耐腐蚀,油漆性能良好,适用于高档木门窗制作
水曲柳	产于东北长白山,结构中等,花纹美丽,耐腐、耐水性能良好,易于加工,韧性大,但干燥略困难,胶接、油漆和着色性能良好
柞木	产于东北各省,结构中等,硬度很大,干燥困难,容易翘曲开裂,但耐水、耐腐性能强,耐磨损;油漆、着色性能良好,但不易胶接,加工困难

7.1.3　木门窗节点构造

（1）门窗框节点构造

a. 冒头和框子梃割角榫头结构,如图 7-4(a) 所示。

b. 冒头和框子梃不割角榫头结构,如图 7-4(b) 所示。

c. 冒头和框子梃双夹榫榫头结构,如图 7-4 (c)所示。

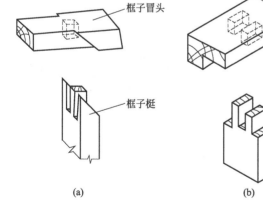
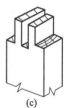

图 7-4　木门窗框节点构造

（2）门扇节点构造

a. 下冒头与门梃榫头结构,如图 7-5(a) 所示。

b. 上冒头与门梃榫头结构,如图 7-5(b) 所示。

c. 中冒头与门梃榫头结构,如图 7-5(c) 所示。

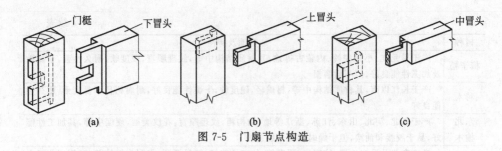

图 7-5 门扇节点构造

（3）窗扇节点构造

a. 上冒头与窗梃榫头结构，如图 7-6(a) 所示。

b. 下冒头与窗梃榫头结构，如图 7-6(b) 所示。

c. 窗棂十字交叉结构，如图 7-6(c) 所示。

d. 窗棂与窗梃榫头结构，如图 7-6(d) 所示。

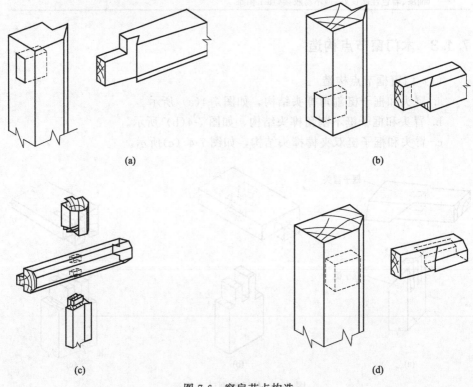

图 7-6 窗扇节点构造

7.1.4 木门窗的制作

（1）放样

放样是根据施工图纸上设计好的木门窗制品，按照 1∶1 的比例将木构件绘制出来，采用松木（或使用样棒）做成样板，双面刨光，厚度约为 250mm，宽度等于门窗樘子框的断面宽度，长度通常比门窗高度大 200mm 左右。放样也是后期配料、截料及画线的依据，在使用过程中，要注意保持其画线的清晰，不能使其弯曲或折断。

（2）配料、截料

配料是在放样基础上进行的，所以要计算出各部件的数量和尺寸，列出配料单，按照配料单进行配料。配料时需要根据尺寸配套下料，不能长材短用，大材小用。当遇到易腐朽木材时，需要提前对木材做好防虫、防腐处理。

a. 配料断面尺寸需要考虑到加工余量，机械加工通常单面刨光预留 3mm，双面刨光预留 5mm。

b. 长度的加工余量见表 7-2。

表 7-2　木门窗长度的加工余量

构件名称	加工余量
门框立樘	按图纸规格放长 70mm
门窗框冒头	按图纸规格放长 100mm，无走头时放长 40mm
门窗框中冒头、窗框中竖樘	按图纸规格放长 10mm
门窗扇樘	按图纸规格放长 40mm
门窗扇冒头、窗棂	按图纸规格放长 10mm
门扇上冒头	当有五根以上，有一根可以考虑做半榫
门芯板	根据扇樘及冒头内径距离各放长 20mm

c. 配料时需要注意木材缺陷，节疤要躲开榫眼和榫头的部位，防止凿劈或者榫头断掉，起线位置也禁止有节疤。

d. 在选配的木料上，按照毛料尺寸画出锯开、截断线，由于有加工损耗，通常会预留出 2～3mm 的损耗量，锯割时需要注意锯线直、端平面。

e. 门窗框有顺弯的时候，其弯度一般不应超过 4mm/m，扭弯者通常不准使用。

（3）刨料

刨料时，应该先刨削两个基准面，一边刨削一边用方尺检查，使两个基准面相互垂直，直到刨方为止。另外两个面如果使用手推刨加工，应先画好线，避免因为刨削过线导致工件断面变小而浪费。如果采用压刨床进行加工，需调节好台面高度，通过试刨削合格后方可进行批量加工。

刨光时，要注意纹路，顺纹刨削，避免将工件表面刨削得凹凸不平。门窗框樘及冒头可只刨削三面，不刨削靠墙的一面，加工完成后分类堆放，底部做好防潮处理。

（4）画线

画线是根据木门窗的结构要求，在加工好的木料上画出榫头线、打孔线等。

a. 画线时需要注意图纸要求，样板样式、尺寸、规格必须完全一致，可先做出样品，审查合格后再正式画线。

b. 画线时要选取光面作为表面，有缺陷的放在背后，画出的榫头、榫眼、宽、窄、薄、厚尺寸必须一致。

c. 画线顺序，应先画外皮横线，再画出分格线，最后画顺线，用方尺画两端头线、冒头线、棂子线等。

d. 门框梃宽度超过 80mm 时，要画双头榫；门扇梃宽度超过 60mm 时，要画双头榫，60mm 以下画单榫；冒头宽度大于 180mm 时，通常画上下双榫；榫眼厚度通常为料厚的 1/3～1/4，半榫眼深度一般小于等于料截面的 1/3，冒头拉肩应和榫吻合。

e. 门窗框宽度超过 120mm 时，背部应该开凹槽，防止卷曲。

（5）凿眼

凿眼的凿刀应该与眼宽窄一致，凿出的眼，顺木纹两侧要直，不能出现戗槎。凿通眼时应该先凿背面，再凿正面。凿眼时，眼的一边要凿半线，留半线，手工加工时，眼内上、下端及中部宜稍突出一些，便于拼装时加楔打紧。批量生产时，要经常检查位置尺寸，避免产生误差。

（6）开榫

木门窗通常为直肩榫，手工开榫时，使用小锯按纵线锯两道锯口，然后按横线锯出两个榫肩。

锯出的榫肩应方正、平直且厚度一致。为了保证接缝严密，锯榫肩时须向里稍微倾斜一点，这样的榫眼接合时，榫肩外侧先接触，从外面看缝隙很小。开始锯榫时，先锯好一个插入榫眼中试一下，如果正好合适，说明画线准确，否则需要适当放宽或缩窄锯榫。

（7）裁口、起线

裁口、起线必须方正、平直、光滑，线条美观，深浅一致，不得戗槎、起刺或者凹凸不平。

a. 起线刨、裁口刨的刨底应该平直，刨刃要锋利，刨刃盖要严密，刨口不宜过大。

b. 起线刨使用时应该增加导板，以使线条平直，操作时应一次推完线条。

c. 裁口如果遇到节疤，不准用斧砍，要用凿剔平然后刨光，阴角处不清时要用单线刨清理。

（8）拼装

拼装前需要对木部件进行检查，要求木部件方正、平直、线脚整齐、表面光滑、尺寸样式符合设计要求。拼装好的成品应水平码放，注意防潮处理，同时四角及表面需要做好保护。

7.1.5　木门窗安装

现阶段开发商将房屋交付给消费者时，已经自带塑钢或断桥铝等材质外窗，室内装饰时只需要对窗口进行美化。窗框组装与门框组装施工手法类似，下面以木门安装为例进行阐述。

（1）组合门框

门框是木门的基础结构，安装时须将部件连接牢固，保证缝隙紧密、平整，门框间需要垂直，避免错位现象出现。

（2）预留安装缝隙

洞口与门框之间安装缝隙控制在 8～30mm 之间最佳，缝隙太小会导致门框因墙体不铅垂塞不进去，或无法填充固定粘连材料；缝隙太大会导致固定不牢固或浪费固定粘连材料。

（3）调节垂直度

调整垂直度能保证木门安装后美观耐用，通常使用水平仪、铅垂等进行垂直测量，使用木楔进行距离微调。

（4）填充固体粘连材料（发泡剂）

施工前需要将墙体上的粉灰等遗留物清理掉，然后填充发泡剂。发泡剂膨胀固化后所占门框与墙体空间 70%～90% 为宜，需要分两次注入，第一次分别在门框上、中、下三个位置少量注入进行定位，待粘连材料干燥固定后再将缝隙进行填充。两次注胶时间间隔越长越好。

（5）清理

待发泡剂干燥固化后，使用壁纸刀将外露胶体及之前门框与墙体定位时外露的木楔清除掉。

（6）门的安装

测量门框上的各合页槽位置与门扇侧边各合页位置，用铅笔对应画线，然后将合页安装在门扇上，调整门扇至合适高度使合页与门框上的合页槽闭合，最后将合页固定在门框上。安装后须对门框缝隙进行调整：门扇与上框、侧框缝隙控制在 1.5～4mm；门扇与地面缝隙，内门控制在 6～8mm，卫生间门等控制在 8～10mm。

（7）装饰板的安装

安装装饰板之前先将槽口清理干净，然后将装饰板装入门框插槽内，用白胶固定。装饰板尽量紧靠墙体，以自身的垂直为准，不建议以墙体平面为基准。安装后，缝隙处可以使用密封胶收口。

（8）五金的安装

通常情况下，门扇的锁孔在工厂预先开好，也有少数需要现场开孔。锁孔的平整度及精确度直接影响木门的美观和锁眼闭合的准确度。

a. 确定门锁的安装高度，打开门锁包装，在门扇边安装位置画出中心线，把锁孔样板贴在门扇边上，对准锁位中心线画好锁芯孔，使用钻头或者圆凿加工出锁芯孔，然后在门扇上画好三眼板线，开好三眼板槽，并根据锁芯板厚度，在门扇边锁芯孔对应位置开好锁端凹槽。

b. 安装锁具时，将锁芯穿过垫圈从门外插入锁芯孔，从门里放好三眼板，将锁芯摆正，用螺钉将锁芯和三眼板相互拧紧固定；将锁体从门里紧贴于门扇所开凹槽处，使锁芯板插入锁体孔眼中，试开合适后，使用螺钉将锁体固定在门扇上。

c. 在门框主线上画出锁舌盒位置，根据画线位置开出凹槽，用螺钉将锁舌盒固定安装在凹槽中。安装完毕后需要做开关实验，如果不合格需要及时调整。

7.2 吊顶工程

吊顶是房屋顶面装修的一种装饰，具有保温、隔热、隔声、吸声等功能。现代化装修中，吊顶在整个房屋美化中占有重要地位，不仅能美化室内环境，而且在视觉上会增强层间的进深感，在人的知觉感受上能够有提升层高的效果，同时还可以将顶部的管线、设备、照明等很好地隐藏起来，因此被越来越多的人所青睐。

7.2.1 吊顶的构造

吊顶主要由支承部分、基层和面层组成。

（1）支承部分

支承部分是悬吊式装饰棚顶的基础骨架结构，用来形成不同形状吊顶造型的基本轮廓。它主要通过吊杆，将饰面材料的重量、自重以及其他载荷传递给屋顶、上层楼板或墙体等主体结构。吊顶的主要骨架构件为主龙骨，一般垂直于桁架方向设置，间距通常为 1.5m 左右。主龙骨上的吊杆一般采用断面较小的型钢、钢筋或木质材料，新型轻金属吊顶龙骨有配套吊件。吊杆与主龙骨接合，根据吊杆材质不同，分别采用焊接、螺栓连接、钉固定或者钩挂等方式。

（2）基层

一般吊顶的基层部分通常由次龙骨及间距龙骨构成。次龙骨通常采用木材、型钢或轻金属等材料制成，其间距及布局方式需要根据面层所用材料确定。次龙骨与主龙骨的连接方式：在钢结构中，一般通过螺钉或辅助夹板连接；在轻钢和铝合金结构中，由于其自重轻，加工成型方便，通常采用金属丝或配套连接件直接连接在一起。次龙骨间距通常不大于 600mm。

（3）面层

面层部分通常采用各种轻质材料拼装，如铝合金板、纸面石膏板等，传统的木龙骨吊顶，其面层通常采用人造板，如胶合板、刨花板、板条与金属网抹灰等。

7.2.2　吊顶的分类

吊顶按照结构形式可以分为明龙骨吊顶、暗龙骨吊顶、敞开式吊顶等；按照使用材料又可以分为板材吊顶、轻钢龙骨吊顶、铝合金吊顶等。

（1）明龙骨吊顶

明龙骨吊顶一般为活动式，如图 7-7 所示，与轻钢龙骨、铝合金龙骨或其他材料配合使用。为了便于检修更换，可以把饰面板直接放在龙骨上，龙骨既可以外露，也可以半外露。由于这种吊顶不上人，所以悬吊体系比较简单，采用镀锌铁丝或者伸缩式吊杆悬吊即可，饰面板主要有：石膏板、泡沫塑料板、钙塑装饰板、铝合金板等。

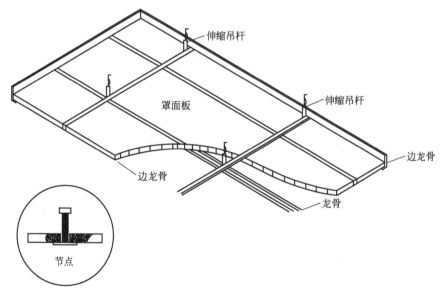

图 7-7　明龙骨吊顶构造

（2）暗龙骨吊顶

暗龙骨吊顶也叫做隐蔽式吊顶，如图 7-8 所示，这种吊顶龙骨不外露，采用罩面板体现整体吊顶效果。罩面板与龙骨连接主要为胶黏剂连接、自攻螺钉连接和企口暗缝连接。暗龙骨吊顶结构主要由主龙骨、次龙骨、吊杆和罩面板组成。主龙骨和次龙骨主要用薄壁型钢或镀锌铁皮挤压成型，断面分为 U 形和倒 T 形。吊杆一般为金属材质，可采用钢筋或型钢等加工而成。吊杆及连接件的抗拉强度应该满足设计要求。暗龙骨吊顶的罩面板主要有：胶合板、铝合金板、石膏吸声板、防火纸面石膏板、钙塑泡沫装饰板等。

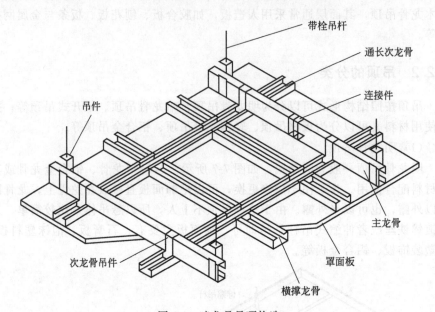

图 7-8 暗龙骨吊顶构造

（3）敞开式吊顶

敞开式吊顶主要指既有吊顶，其饰面又是敞开式的吊顶形式，如图 7-9 所示。它通过特定形状的单元体及单元体组合和灯光的不同布置，营造出整体韵律感，达到特殊的艺术效果。

7.2.3 轻钢龙骨吊顶

以现阶段家庭装修常见的轻钢龙骨吊顶为例，轻钢龙骨吊顶主要由主龙骨、副龙骨、边龙骨、吊件、吊杆、连接件等组成。龙骨按照截面分为 U 形龙骨、C 形龙骨、T 形龙骨等，按照规格尺寸分为 60 系列、50 系列及 38 系列。

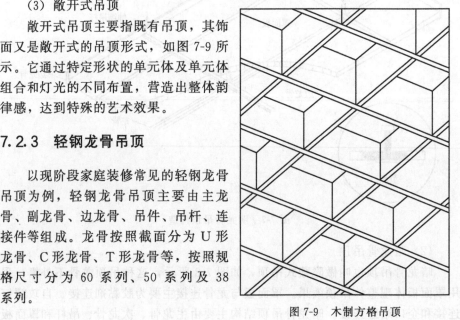

图 7-9 木制方格吊顶

7.2.3.1 型材及配件

a. 主龙骨是吊顶系统的主要承载构件,其规格见表 7-3。

表 7-3 主龙骨构件规格 单位:mm

名称	规格
60 系列主龙骨	DC60×27×1.2
50 系列主龙骨	DU50×15×1.2
38 系列主龙骨	DU38×12×1.2
38 系列主龙骨	DU38×12×1.0

b. 副龙骨用于悬挂石膏板,也可作为横撑龙骨,其规格见表 7-4。

表 7-4 副龙骨构件规格 单位:mm

名称	规格
60 系列副龙骨	DC60×27×0.6
50 系列副龙骨	DC50×19×0.5

c. 边龙骨主要用于水平定位,并将吊顶四周与墙壁相固定,主要尺寸为 DC20×30mm×0.5mm。

d. 主副龙骨连接件主要用于连接主龙骨与副龙骨,其规格见表 7-5。

表 7-5 主副龙骨连接件规格 单位:mm

名称	规格
60/60 挂件	D60/60×1.0
60/50 挂件	D60/50×1.0
50/50 挂件	D50/50×1.0
38/50 挂件	D38/50×1.0

e. 吊件主要用于吊杆和主龙骨的连接,其规格见表 7-6。

表 7-6 吊件规格 单位:mm

名称	规格
60 主吊	D60×2.0
50 主吊	D50×2.0
38 主吊	D38×2.0

f. 吊杆主要用于承载整个吊顶的重量,其规格见表 7-7。

表 7-7 吊杆规格 单位:mm

名称	规格
吊杆 DG12	$\phi12×3000$
吊杆 DG8	$\phi8×3000$

g. U 形夹主要用于固定副龙骨,调整副龙骨表面平整度,规格为 30mm×125mm。

7.2.3.2 轻钢龙骨吊顶施工流程

(1) 弹线定位

弹线定位一般以地面为水平基准，利用激光水平仪在室内墙、柱面上标出水平点，利用粉线沿墙弹出水平线；再从水平线量至顶面设计的高度，用粉线弹出顶面完成线；按顶面造型位置、挂点等在房顶处弹出主要线的位置。

(2) 固定吊杆

通常情况下使用冷拔钢筋或全螺纹螺杆作为吊杆，使用冷拔钢筋的话需要在一端套出不小于 100mm 的螺纹，吊杆在用冲击电锤在顶面打孔后，用膨胀螺栓固定到楼板上。

a. 轻钢龙骨吊顶的重量较轻，吊点的布置主要取决于吊顶的平整度，根据荷载大小，吊杆间距一般在 900～1500mm。

b. 吊杆的固定方式取决于吊顶是否上人，上人吊顶和不上人吊顶的吊杆固定方式不同，不注意区分很有可能会造成安全隐患或者材料浪费。

c. 吊杆应该通直并且有足够的承载能力，当吊杆和预埋件需要接长时，必须搭接焊牢，焊缝长度不小于 50mm 且焊缝均匀，无气孔或夹渣现象出现。

d. 吊杆间距通常为 900～1500mm，大小取决于龙骨截面及荷载大小，荷载较大则吊点近一些，龙骨截面大，刚性强，吊点可适当减小，但吊杆距离龙骨端部距离不得超过 300mm，否则应该增设吊杆，防止主龙骨下坠。

e. 当用镀锌铁丝悬吊时，不应绑扎在吊顶上部的设备管道上，防止因管道变形导致的吊顶整体不平整。

f. 不上人吊顶可采用伸缩式吊杆，这种吊杆的长度可以自由调节，且结构简单，使用方便。

(3) 安装边龙骨

边龙骨按照完成线的位置，和墙面用自攻螺钉连接固定，若遇到混凝土墙、柱固定时可以先预埋木楔，然后用自攻螺钉或射钉进行连接固定，间距不大于次龙骨间距。

(4) 安装主龙骨

主龙骨直接连接在吊杆上，悬臂端不大于 300mm，否则要增加吊杆，若长度不够，则主龙骨应该使用专用连接件对接进行接长，一根主龙骨吊挂点不应少于两根，接口处不得放在一根吊杆挡内。安装时可以先将主龙骨吊起，在稍高于标高线的位置上临时固定，安装好后通过螺纹吊杆与螺母配合进行一次调平。

(5) 安装次龙骨（横撑龙骨）

次龙骨应紧贴主龙骨安装，次龙骨安装间距为 300～600mm。用连接件将次龙骨与主龙骨相固定，次龙骨两端搭在边龙骨凹槽内。墙体上应提前标记好次龙骨中心线，以便后续安装石膏板的时候能够方便找到次龙骨位置。

（6）安装罩面板

在安装罩面板前必须对顶棚内的各种管线进行检查验收，并经打压实验合格后，再进行罩面板安装。顶棚罩面板品种繁多，与轻钢骨架固定的方式分为罩面板自攻螺钉钉固法、罩面板胶黏剂粘固法、罩面板托卡固定法三种。

a. 罩面板自攻螺钉钉固法。在已装好并验收的轻钢骨架下方，按照罩面板的规格及拉缝间隙进行分块弹线，从顶棚中间顺通长龙骨方向先安装一行罩面板作为基准，然后向两侧延伸分行安装，固定罩面板的自攻螺钉间距一般为150～170mm。

b. 罩面板胶黏剂粘固法。按照罩面板的品种以及设计要求选用胶粘材料，一般可用 401 胶粘接。安装前板材应选配修整，使厚度、尺寸和边棱整齐一致。每块罩面板安装前应进行预装，然后在预装部位龙骨框底面刷胶，同时在罩面板四周刷胶，刷胶宽度为 10～15mm，经过 5～10min 后，将罩面板压粘在预装部位。每间顶棚先从中间行开始，然后向两侧分别逐块粘贴。

c. 罩面板托卡固定法。此方法多用于轻钢龙骨为 T 形时。

T 形轻钢骨架通长次龙骨安装完毕，经检查标高、间距、平直度和吊挂荷载符合设计要求，罩面板安装由顶棚的中间行次龙骨一端开始，先装一根侧卡挡次龙骨，再将罩面板槽托在 T 形次龙骨翼缘或将无槽的罩面板装在 T 形翼缘上，然后安装另一侧卡挡次龙骨，按照上述程序分行安装，最后分行拉线调整 T 形明龙骨。

7.2.4 木龙骨吊顶

7.2.4.1 基本形式

木吊顶有人造板吊顶、板条吊顶，因房屋结构不同，又分为桁架下的吊顶、槽型板下的吊顶和空心楼板下的吊顶等。

a. 桁架下板条吊顶，主要由主龙骨、次龙骨、吊筋和板条等部分组成，如图 7-10 所示。

b. 桁架下人造板吊顶，吊顶骨架布置与固定方法和板条吊顶基本类似，需要注意的是次龙骨的间距应该根据人造板幅面尺寸来定，尽量减少板材损耗。同时还需要布置加钉与次龙骨相垂直的横撑，以便于板的横边有所依托和将板钉平，如图 7-11 所示。

c. 槽型楼板下吊顶，骨架布置及固定方法如图 7-12 所示。

d. 钢筋混凝土楼板下吊顶主要由主龙骨、次龙骨、吊筋、撑木和板条等部分组成，详见图 7-13。

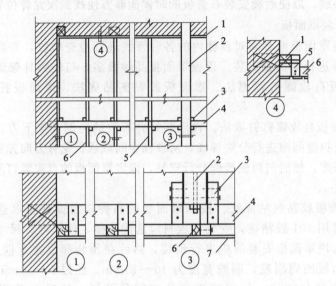

图 7-10　桁架下板条吊顶

1—靠墙主龙骨；2—桁架下弦杆；3—吊筋；4—主龙骨；

5—次龙骨吊筋；6—次龙骨；7—灰板条

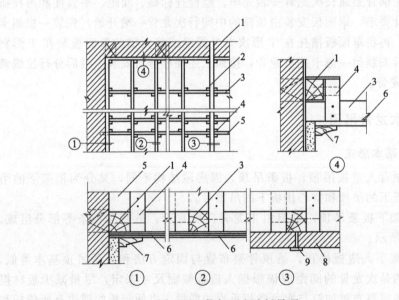

图 7-11　桁架下人造板吊顶

1—主龙骨；2—桁架下弦；3—木龙骨；4—吊筋；5—次龙骨；

6—胶合板或纤维板；7—装饰木条；8—木丝板；9—木压条

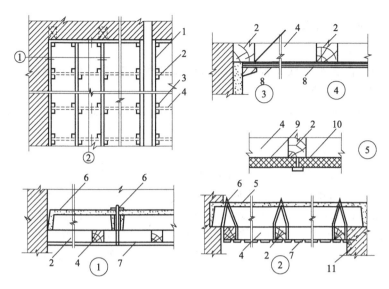

图 7-12　槽型楼板下吊顶

1—主龙骨；2—次龙骨；3—连接筋；4—横撑；5—槽型楼板；6—镀锌钢丝及短钢筋；

7—板条；8—胶合板或纤维板；9—刨花板或木丝板；10—压缝木条；11—梁

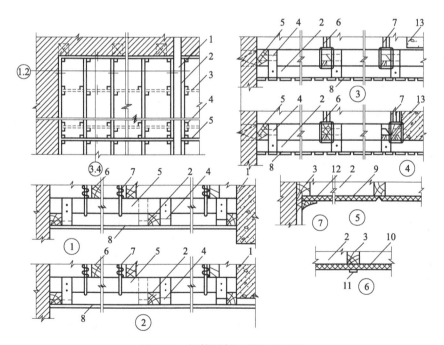

图 7-13　钢筋混凝土楼板下吊顶

1—主梁；2—次龙骨；3—横撑；4—吊筋；5—主龙骨；6—撑木；7—$\phi4mm$ 镀锌铁丝；8—板条；

9—胶合板或纤维板；10—木丝板；11—盖缝木条；12—装饰木条；13—次梁

7.2.4.2 木吊顶施工流程

(1) 弹线定位

a. 弹出标高水平线。根据楼层标高水平线,顺墙高量至顶棚设计高度,沿墙、柱四周弹顶棚标高水平线。

b. 划龙骨分挡位置线。沿已弹好的顶棚标高水平线,划好龙骨的分挡位置线。

(2) 安装小龙骨

a. 小龙骨底面应刨光、刮平,截面厚度应保持一致。

b. 小龙骨间距应该按照罩面板规格而定,一般为 400~500mm。

c. 按分挡线,先安装两根通长边龙骨,拉线找拱,各根小龙骨按起拱标高,通过吊杆将小龙骨用圆钉固定在大龙骨上,吊杆分别错开,不得吊钉在龙骨的同一侧面,通长小龙骨接头应该错开,采用双面夹板用圆钉错位钉接牢固,接头两侧至少钉两个钉子。

d. 安装卡挡小龙骨:按通长小龙骨标高,在两根通长小龙骨之间,根据罩面板尺寸和接缝要求,在通长小龙骨底面横向弹分挡线,按线以底找平,钉接固定卡挡小龙骨。

(3) 安装大龙骨

将预埋钢筋端头弯成环形圆钩,穿镀锌铁丝或螺栓将大龙骨固定,未预埋钢筋时可以用膨胀螺栓。吊顶起拱按照设计要求,无要求时一般为房间跨度的 1/200~1/300。

(4) 棚内管线设施安装

吊顶时要结合灯具位置、风扇位置做好预留洞口及吊钩工作。当平顶内有管道或电线穿过时,应先安装管道及电线,再安装面层,若管道有保温要求,应在完成管道保温工作后,再安装吊顶罩面层。

(5) 吊顶的罩面板安装

罩面板安装,应按照分块尺寸弹线,一般由中间向四周对称排列。墙面与顶棚的接缝应交圈一致。所有面板安装必须牢固,没有脱层、翘曲、折裂等质量缺陷。生活电器的底座应装嵌牢固,其表面须与罩面板的底面齐平。在木骨架底面安装顶棚罩面板,罩面板的种类较多,根据设计要求选择相应的品种、规格及固定方式。

① 圆钉钉固法 这种方法多用于胶合板、纤维板的罩面安装。在已装好并通过验收的木骨架下面,根据罩面板的规格和拉缝间隙,在龙骨底面进行分块弹线,在吊顶中间沿着通长小龙骨方向,先装一行作为基准,然后向两侧延伸安装。固定罩面板的钉距为 200mm。

② 木螺钉固定法 这种方法多用于塑料板、石膏板、石棉板的罩面安装。在安装前,罩面板四周按照螺钉间距先钻孔,安装程序与方法基本同圆钉钉

固法。

③ 胶黏剂粘固法　这种方法多用于钙塑板，安装前板材应选配修整，使厚度、尺寸和边棱整齐一致。每块罩面板安装前应进行预装，然后在预装部位龙骨框底面刷胶，同时在罩面板四周刷胶，刷胶宽度为 10～15mm，经过 5～10min 后，将罩面板压粘在预装部位。每间顶棚先从中间行开始，然后向两侧分别逐块粘贴，所使用胶黏剂按照设计要求选取，若无要求时一般可用 401 胶。

（6）安装压条

木骨架罩面板顶棚，待一间罩面板全部安装后，先进行压条位置弹线，按线进行压条安装。其固定方法同罩面板，钉距 300mm，也可用胶黏剂粘贴。

7.2.5　常用罩面板的安装

罩面板常用材料有纸面石膏板、防潮板、矿棉吸声板、硅钙板、塑料板、格栅、塑料扣板、铝塑板、单铝板等。选用的材料应牢固可靠，装饰效果好，便于施工和维修，也要考虑材料自重轻、防火、吸声、隔热、保温等要求。

（1）纸面石膏板安装

a. 饰面板应该在自由状态下固定，防止出现弯曲翘起等不平整状况，还需要在顶面四周封闭的情况下安装固定，防止板面因受潮而产生变形。

b. 纸面石膏板的长边（包封边）应该沿纵向次龙骨铺设。

c. 自攻螺钉与纸面石膏板板边的距离：面纸包封边的板边以 10～15mm 为宜，切割的板边以 15～20mm 为宜。

d. 次龙骨的间距不应大于 600mm，在潮湿地区，间距应适当缩小至 300mm 左右。

e. 固定罩面板的钉距最好在 150～170mm，螺钉应与板面垂直，若安装中出现螺钉弯曲、变形等情况则应剔除，并且在相隔 50mm 的部位另行安装。

f. 安装双层石膏板时，面板层与基层板的接缝应错开，不得在一根龙骨上。

g. 石膏板的接缝应按照设计要求做好板缝处理。

h. 纸面石膏板与龙骨固定时，应从一块板的中间向四周进行固定，不可以多点同时作业，保证整体平整。

i. 自攻螺钉安装时钉头应略低于石膏板，但不能使石膏板纸面破损，钉眼应做防锈处理并用石膏腻子抹平。拌制石膏腻子时需要用清水及清洁容器调制。

j. 造型吊顶转角处，应该使用 "7" 字形石膏板安装，避免后期转角处出现裂痕。

(2) 硅钙板、塑料板安装

a. 规格尺寸通常为 600mm×600mm, 一般用于明装龙骨, 将面板直接搁于龙骨上。

b. 安装时, 应注意板背面的箭头方向和白线方向一致, 以保证图案纹路的整体性。

c. 饰面板上的灯具、烟感器、喷淋头等设备应位置合理、美观且与饰面的交接应吻合、严密。

(3) 防潮板安装

a. 饰面板应该在自由状态下固定, 防止出现弯曲翘起等不平整状况出现。

b. 防潮板的长边 (包封边) 应该沿纵向次龙骨铺设。

c. 自攻螺钉与防潮板板边的距离以 10~15mm 为宜, 切割的板边以 15~20mm 为宜。

d. 固定次龙骨的间距, 不应大于 600mm。

e. 面层板接缝应错开, 不得在一根龙骨上, 接缝处理同石膏板。

f. 防潮板与龙骨固定时, 应从一块板的中间向四周进行固定, 不可以多点同时作业, 保证整体平整。

g. 自攻螺钉安装时钉头应略低于板面, 钉眼应做防锈处理并用石膏腻子抹平。

(4) 矿棉装饰吸声板安装

a. 规格尺寸一般分为 300mm×600mm、600mm×600mm、600mm×1200mm 三种。300mm×600mm 的规格常用于暗龙骨吊顶, 将面板插于次龙骨上, 600mm×600mm 和 600mm×1200mm 一般用于明装龙骨吊顶, 直接将面板搁于龙骨上。

b. 安装时应预先排版, 以保证图案纹路的整体性。

c. 饰面板上的灯具、烟感器、喷淋头等设备应位置合理、美观且与饰面的交接应吻合、严密。

(5) 格栅安装

规格尺寸一般分为 100mm×100mm、150mm×150mm、200mm×200mm 等多种方形格栅, 通常用卡具将饰面板卡在龙骨上。

(6) 扣板安装

规格尺寸一般分为 100mm×100mm、150mm×150mm、200mm×200mm、600mm×600mm 等多种方形塑料板, 还有宽度为 100mm、150mm、200mm、300mm 等的多种长条形塑料板, 通常用卡具将饰面板卡在龙骨上。

(7) 金属扣板安装

a. 条板式吊顶龙骨一般可直接吊挂, 也可以增加主龙骨, 主龙骨间距不大于 1m，条板式吊顶龙骨形式与条板配套。

b. 方形吊顶次龙骨分为明装 T 形龙骨和暗装卡口两种，可根据扣板样式选定，主、次龙骨之间使用固定件连接。

c. 金属板吊顶与四周墙面所留空隙，应采用与金属板面材质相同的金属压缝条，与吊顶找齐。

d. 饰面板上的灯具、烟感器、喷淋头等设备应位置合理、美观且与饰面的交接应吻合、严密，做好检修口预留，使用的材料应于母体相同，安装时应严格控制整体性、刚度和承载力。

7.3　轻质隔墙工程

室内装修装饰中，为了减轻墙体重量，增加使用面积，把房间隔断出不同的功能空间，通常会设计有隔断或隔断墙。轻钢龙骨作为一种新型的建筑材料，近年来已广泛用于宾馆、车站、商场、办公室、室内装修等场所。由轻钢龙骨及饰面板制作成的轻钢龙骨隔断墙，具有强度较高、耐火性好、重量轻、安装简单、不易变形等特点。

不承重隔墙按照材料不同分为板材隔墙、骨架隔墙、活动隔墙以及玻璃隔墙等。骨架隔墙又分为木骨架隔墙、轻钢龙骨骨架隔墙、铝合金隔墙。

木骨架隔墙架构主要由上槛、下槛、立筋、横撑、根条或板材组成，如图 7-14 所示。

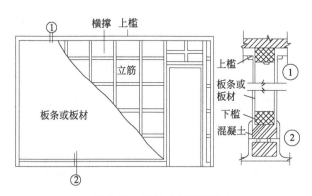

图 7-14　板条或板材隔墙

轻钢龙骨隔墙结构主要由横龙骨（沿顶龙骨及沿地龙骨）、竖龙骨和面板组成，如图 7-15 所示。

铝合金隔墙结构主要由横龙骨、竖龙骨、中间横龙骨、铝合金装饰板等组成，如图 7-16 所示。

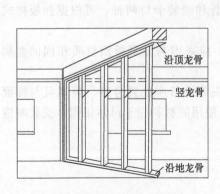

图 7-15　轻钢龙骨隔墙基本结构

图 7-16　铝合金隔墙结构

7.3.1　常见材料

(1) 轻钢龙骨

通常隔墙使用的轻钢龙骨为 C 形隔墙龙骨，按照规格分为 50 系列、75 系列和 100 系列，主要材料组成为横龙骨、竖龙骨、贯通龙骨、支承卡等组成。

a. 横龙骨也叫天地龙骨，主要安装在地面和楼板下，用于固定竖龙骨，其规格见表 7-8。

表 7-8　横龙骨规格　　　　　　　　　单位：mm

名称	规格
横龙骨	QU75×35×0.6
	QU100×35×0.7

b. 竖龙骨主要用于悬挂石膏板，其具体规格见表 7-9。

表 7-9　竖龙骨规格　　　　　　　　　单位：mm

名称	规格
竖龙骨	QC75×45×0.6
	QC100×45×0.7

c. 贯通龙骨主要穿在竖龙骨里面，起到固定并强化竖龙骨的作用，其规格为 DU38×12mm×1.0mm。

d. 支承卡主要用于贯通龙骨和竖龙骨相固定，其具体规格见表 7-10。

表 7-10　支承卡规格　　　　　　　　　单位：mm

名称	规格
支承卡	Q75×0.7
	Q100×0.7
	Q150×0.7

（2）胶合板

胶合板是由木段旋切成单板或由木方刨切成薄木，经过干燥、涂胶，按厚度要求配坯三层或三层以上黏合而成的单板材料（通常用奇数层单板），并使相邻层单板的纤维方向互相垂直胶合，内层确定后表板为对称配置两面，在工厂热压机上加压而成。

胶合板具有材质轻、强度高、有良好的弹性和韧性、耐冲击和振动、易加工等优点。

胶合板常用规格有 1220mm×2440mm，常用厚度有 3mm、5mm、9mm、12mm、15mm 和 18mm 等，常用材质有杨木、桉木、山樟、柳桉。

（3）纸面石膏板

纸面石膏板是以天然石膏和护面纸为主要原材料，掺加适量纤维、淀粉、促凝剂、发泡剂和水等制成的轻质建筑薄板。

纸面石膏板具有质轻、防火、隔声、保温、隔热、易加工、不老化以及稳定性好等特点，且施工方便，广泛应用于各种工业建筑及民用建筑中的隔墙材料。纸面石膏板分为普通、耐火、耐水、高级耐水耐火纸面石膏板。

纸面石膏板常用规格有 3000mm×1200mm、2400mm×1200mm，常用厚度有 9.5mm、12mm、15mm 和 18mm 等。

（4）细木工板

细木工板俗称大芯板、木工板，是具有实木板芯的板材，由厚度相同、长度不一的木条平行排列，并紧密拼接而成，两面贴有整张双层单板，再经过热压而成。一般为五层结构，其竖向抗弯压强度较差，但横向抗弯压强度较高。

细木工板握钉力好，强度高，具有质坚、吸声、绝热等特性，加工简便，用途广泛。细木工板比实木板材稳定性强，但怕潮湿，应注意避免应用在厨房及卫生间中。

细木工板常用规格为 1220mm×2440mm，常用厚度有 12mm、15mm、18mm 和 20mm。内芯常用材质有杉木、杨木、桦木、松木等。

7.3.2　木龙骨板材隔断墙施工流程

在施工前应确保地面平整，墙面及顶面初装修已完成，安装工程的管线配合问题已落实。所有材料的材质符合规定要求，木作材料已经做好防腐、防潮及防火处理。

（1）定位放线

先根据设计要求，使用激光水平仪在地面上用粉线弹出中心线及边线。然后用激光水平仪引到房顶以及侧墙上，同样用粉线弹出相应的位置线，作为龙骨架安装时的基准线。

（2）木龙骨安装

木龙骨板材隔断墙的骨架形式有两种。

a. 大木方的单层结构，这种结构的龙骨通常用断面尺寸 50mm×70mm 或 50mm×90mm 的大木方作为主要骨架材料，有些高度高于 2.6m 的隔断墙，骨架要加型钢加强处理，骨架之间的距离需要和饰面板规格相结合，立筋之间的距离一般为 400～600mm，横筋间距可大一些，一般选 600～800mm。

b. 小木方的双层结构，对木隔墙厚度有一定要求，常用 30～40mm 带凹槽木方作为两片骨架的材料。组成骨架时，可先在地面进行拼装，每片骨架之间纵横间距为 300mm×300mm 或 400mm×400mm，再将两个骨架体用大木方竖横向相连接。

大木方单层骨架的安装，先按照弹线位置固定沿顶及沿地龙骨，再按弹线定位固定沿墙边龙骨，然后在龙骨四周内划出立筋龙骨位置线和门窗口位置线，安装立筋龙骨，找平找直后安装横筋龙骨，最后安装洞口处加强龙骨。

以上两种木龙骨骨架安装均采用木楔圆钉固定，用冲击电锤在建筑的安装面上打孔，孔距为 600mm 左右，钻孔深度不小于 60mm，然后在孔中打入经过防腐处理的木楔。安装木龙骨时，对每片骨架体应校正平整度和垂直度后再进行固定。对于大木方制作的框架，也可以用膨胀螺栓固定，钻孔间距为 300～400mm。

（3）门洞口的制作

门洞口制作以隔断墙门洞口两侧竖向立筋龙骨为基体，配以门樘框、饰边板和线条组装而成。对于小木方双层结构的隔墙，所用木龙骨尺寸较小，可以在门洞内侧钉上厚度为 12mm 的多层板，再在板上固定门樘框。门框的包边饰边做法有多种，通常采用铁钉或木卡连接的方法固定。窗框在木隔墙上留出孔洞的，可以用多层板和木线条进行压边收口。

（4）饰面板安装

在安装前，根据电气、通信等专业要求预留好开孔位置。对于整面木龙骨架的平整度控制，可以用靠尺进行检查，修整不平之处，保证符合标准要求。

当使用饰面多层胶合板时，一般选取表面纹理美观的 5mm 厚或 9mm 厚的板材作为装饰面，在框架上涂胶后将饰面多层胶合板用枪钉固定，要求钉入面板 1mm 内。对于板材饰面拼缝可按照设计要求，选用明缝固定、拼缝固定、金属线压缝、木压条压缝等，如图 7-17 所示。

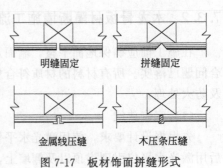

明缝固定　　　　　拼缝固定

金属线压缝　　　　木压条压缝

图 7-17　板材饰面拼缝形式

明缝固定：两板之间缝宽 4～6mm

为宜，要求木龙骨面刨光，两板之间对缝要光洁，宽度一致。

拼缝固定：板面四边倒角处理，板边倒角控制为 45°，棱边尺寸要求准确。

金属线压缝：根据金属线条尺寸，预留好板间缝隙，嵌入金属条并用免钉胶加以固定。

木压条压缝：应选取与饰面多层胶合板为同种面材的木压条，线条干燥无裂纹，用枪钉打入固定。

当使用纸面石膏板时，石膏板应该在木龙骨框架面上竖向铺装，长边接缝宜落在竖向龙骨上。如采用双层石膏板安装，内外两层石膏板错缝排列，接缝不应落在同一龙骨上；如需隔音、防火的应该按设计要求，先在龙骨一侧安装石膏板，进行隔音、防火等材料填充后，再封另一侧石膏板。石膏板采用自攻螺钉固定，周边螺钉间距不大于 200mm，中间部位螺钉间距不大于 300mm，螺钉与板边缘的距离为 10～16mm，钉头略埋入板内，但不得损坏底面。

（5）压缝收口

对于木饰面隔墙要做好板材之间工艺缝隙的光洁度修整，木压线的对角要准确，表面应达到平整、光洁的要求，线面应挺括。同时要做好与墙地面，隔墙的门、窗之间节点的收口。

7.3.3　轻钢龙骨石膏板隔断墙施工流程

（1）定位放线

先根据设计要求，使用激光水平仪在地面上用粉线弹出中心线及边线，然后用激光水平仪引到房顶以及侧墙上，同样用粉线弹出相应的位置线，作为龙骨架安装时的基准线。

设计有混凝土地枕带时，应先对地面进行清理，按照地枕带的宽度凿毛处理，打孔植筋（间距 400mm 左右），浇水湿润后浇筑 C20 素混凝土地枕带（高度一般为 100mm），振捣密实，上表面应平整，待混凝土强度达到 75％ 及以上时方可拆模，拆模后应抹平地枕带两侧，确保垂直光滑。

（2）安装横龙骨

沿弹好的水平线水平放置横龙骨，然后用射钉或使用电钻钻孔打入膨胀螺栓进行固定。如果地面下预埋地暖等管件，需要避开管线位置。固定点间距建议不大于 600mm，龙骨端部必须固定牢固。

（3）安装竖龙骨

竖龙骨是主要承重部位，安装时由隔断墙的一侧开始组立竖龙骨，有门窗的要从门窗洞口开始分别向两侧排列。当最后一根竖龙骨距离沿墙龙骨的尺寸大于设计规定时，必须再增设一根竖龙骨。安装间距根据外贴石膏板宽度而定，一般在石膏板两端以及中间各设置一根，间距不大于 600mm。当隔墙高度增高时，需要适当缩小间距。竖龙骨两端应该与横龙骨用自攻螺栓或铆钉连接固定。

（4）安装通贯龙骨

当隔墙高度低于3m的时候需要增加一根通贯龙骨，当高度在3～5m时需要增加三根。通贯龙骨与框架竖向龙骨应有可靠连接，连接尺寸不小于150mm，通贯龙骨搭接长度不小于150mm，在竖龙骨开口面安装支承卡与通贯龙骨连接锁紧，卡距为400～600mm，也可以根据需要在竖龙骨背面加设角托与通贯龙骨固定。

（5）安装机电管线

如果隔墙上设置有电源开关插座、配电箱等小型设备末端时应预装水平龙骨，严禁使用木制龙骨。若铺设线管时造成龙骨切断，需采取局部加强措施。

（6）安装横撑龙骨

隔墙骨架高度超过3m或石膏板的水平方向板端（接缝）未落在天地龙骨上时，应该加横撑龙骨固定，避免端部悬浮放置。

（7）安装第一层石膏板

纸面石膏板安装时，应竖向铺设，其长边接缝应落在竖龙骨上，一侧安装完毕后再安装另一侧，龙骨两侧石膏板应错缝排列，不得落在同一根龙骨上。

门窗洞口的边角必须采用"7"字形安装，石膏板对接、石膏板与建筑基体对接时，接缝宽度一般为3～5mm。石膏板与龙骨连接采用自攻螺钉固定，沿石膏板周边螺钉间距不应大于400mm，中间螺钉间距不应大于600mm，螺钉与板边缘距离应为10～15mm。自攻螺钉进入轻钢龙骨内的长度不小于10mm为宜。自攻螺钉安装时钉头略低于石膏板，但不能使石膏板纸面破损。

若在墙体中填充材料，需要待管线安装完毕，将玻璃棉、矿棉板、岩棉板等填充材料在墙体内铺平、铺满，把管线裹实。

（8）安装第二层石膏板

安装第二层石膏板时，龙骨两侧的石膏板及龙骨一侧的内外两层石膏板应错缝排列，不得落在同一根龙骨上，错缝不小于300mm。安装第二层石膏板时自攻螺钉的间距为：沿石膏板周边螺钉间距不应大于200mm，中间螺钉间距不应大于300mm，螺钉与板边缘距离应为10～15mm。自攻螺钉进入轻钢龙骨内的长度不小于10mm为宜。

轻钢龙骨石膏板隔墙的下端如用木踢脚板覆盖，第二层轻钢龙骨石膏板板尖离地面20～30mm；用大理石、水磨石踢脚板时，第二层轻钢龙骨石膏板下端应与踢脚板上口齐平，接缝应严密。

7.4 木地板铺设

地板即房屋地面的装饰层，由主要以木料做成，其优点是美观自然，环保，容易加工，还能调节温度，耐久性强。地板按照结构分为实木地板、强化复合地板、三层实木复合地板、竹木地板、多层实木复合地板等；按照其断面，分为平口地板以及企口地板；按照铺设施工方式又分为有木龙骨铺设地板以及不用木龙骨铺设木地板。

7.4.1　实木复合地板的铺设

（1）测量放线

铺设前，应保证地面平整，不起灰，无明显凹凸不平，理想状态为每 $2m^2$ 区域内高度误差不超过 3mm，含水率不大于 8%。如果平整度偏差太大，需要用水泥砂浆等材料找平。

根据房屋尺寸及设计要求，在地面弹出十字控制线，依据水平基准线，在四周墙面上弹出地面完成面标高线。

（2）安装木龙骨

靠近地面的木龙骨应该做好防潮、防火、防虫要求，保证木龙骨表面平直。选用木方规格不小于 50mm×30mm，同时含水率不大于 12%。使用美固钉直接将木龙骨固定在地面上，美固钉深入地面应不小于 25mm。铺设时应从墙一侧开始，逐步向对边铺设。铺设过程中应用尺找平，确保木龙骨标高、平整度及间距符合要求。木龙骨与墙之间预留出不小于 30mm 的间隙，以起到防潮和通风效果。

（3）安装多层板及防潮膜

木龙骨安装完毕以后，需要对龙骨进行水平检查，验收完毕后安装一层多层板，厚度在 18mm 左右。多层板之间的接缝应该搭在木龙骨中心线上，使用钉枪连接固定，钉位相互错开，板与板间距预留 5mm 左右缝隙。铺设完毕后，在多层板上方铺设一层防潮薄膜，接缝处使用胶带粘合。

（4）地板铺设

实木复合地板是由多层纵横交错，经过防虫防霉处理过的木单板作为基材，再加贴厚度 1.5mm 不等的珍贵木材单板为表层压制而成的地板。这种地板规格通常有 1200mm×150mm×15mm、905mm×125mm×15mm 等。

铺设前需要检查基层平整度及牢固度，如脚踩有响声，应局部增加美固钉固定。铺设地板时，通常平行于光源方向铺设，用地板钉将地板固定在多层板上，地板与墙四周应该预留 8～12mm 的伸缩缝，地板接缝时，纵向错位，横向一致，呈工字形铺设。为了保证整体拼装效果，可进行预拼，适当调整，将纹理相似的组合在一起。

铺设完毕后，做好成品保护，防止因太阳直晒造成漆面变色，避免锐器、硬物在地板上拖拉、划擦及敲击。

7.4.2 强化地板的铺设

(1) 基层处理

铺设前，应保证地面平整，不起灰，无明显凹凸不平，最好每 $2m^2$ 区域内高度误差不超过 3mm，含水率不大于 8%。如果平整度偏差太大，需要用水泥砂浆等材料找平。

(2) 铺贴防潮膜

铺设地板之前，需要在地面上铺设防潮膜，厚度通常为 2~3mm，接缝处使用胶带粘合，防止水汽侵入，按照室内面积铺满。对于地下室铺设防潮膜，接缝处应对接并用宽胶带粘接严实，墙角处转边翻起至踢脚线高度为宜。

(3) 地板铺设

强化地板是由中、高密度纤维板基材与三氧化二铝涂布面层复合而成的成品地板。这种地板尺寸较为统一，一般为 1200mm×90mm×8mm。

铺设时，地板的长度方向应与窗户所在墙面垂直，在走廊等狭长空间应该平行于墙面铺设，长边接缝保证在一条直线上，地板之间短边相互错开至少 200mm。铺设时，地板之间不与地面防潮膜粘贴，地板之间的榫槽使用胶水粘接。第一块地板只要在短头结尾凹榫内涂胶，使地板间榫槽接合，密实即可。第二排地板需要在短边和长边凹榫内涂胶，与第一排地板的凸榫接合，使用小木槌隔木垫块轻轻打入，使两块板接合密实。板面余胶要及时清除，避免留下胶印。

每铺设一排都需要检查平整度，最后地板与墙面相接处留有 8~10mm 的缝隙，沿墙板使用木楔子将地板与墙靠紧，铺设 24h 后去掉四周木楔子，进行成品保护。

7.4.3 木踢脚板安装

(1) 测量放线

安装前要在墙面严格弹出木踢脚板安装水平线，即完成面上沿线，并结合踢脚板背面安装凹槽进行对照，明确踢脚板的基层卡条安装位，做好卡式样板准备，考虑地面材料的交接余地。

(2) 配料

选用踢脚板成品材，有木饰面多层板结构、实木板的，分别配有安装基层卡条，通过测量室内尺寸，决定搭接方式。

(3) 木踢脚板木基层条安装

根据已弹好的线位，确定打孔点，使用冲击钻每隔 400mm 打入木楔，然后安装木踢脚板木基层卡条，用螺纹钉打入固定，检查基层条与立墙的平整度和牢固度。要求接缝处宜斜坡压槎，在 90°转角处做成 45°斜角对"八"字样式。

（4）防腐剂涂刷

木基层需要涂两遍防腐剂和防火涂料。

（5）木踢脚板粘贴安装

将带有背槽的木踢脚板在基层卡条上试装，上口要平直，松紧适宜，试装无误后将木踢脚板内槽上胶。墙体长度 3m 以内应整根安装，避免有接口；长度在 3m 以上，需要在工厂做好"指接"工艺处理，尽量减少现场拼接。木踢脚板阴角处采用 45°对接，阳角部位接口现场施工有难度，易出现开缝现象，宜采用工厂加工好的成品阳角，与直线部分使用白乳胶粘贴。

（6）收口处理

木踢脚板与实木复合地板和强化地板交接较多，为提升整体效果，多采用与地板材质相同的踢脚板。对于地板和踢脚板之间的工艺缝，用颜色相似的美纹胶进行美化修整，同时做好收口处理。

7.5　楼梯扶手安装

扶手是位于栏杆或栏板上端及梯道侧壁处，供人攀扶的构件，兼具美观及实用性。扶手加工材料通常有木材、金属、塑料、石材等。塑料扶手的手感好，但耐用性差，现在已经不多用。金属扶手耐磨性及耐久性均较好，可加工成任意形状，但在冬天使用时手感较差，因此现阶段木扶手使用较多。

木制扶手通常使用硬杂木加工而成，木材纹理顺直，质量均匀，不得有腐朽、节疤、裂缝、扭曲等缺陷，含水率不高于 12%。弯头料一般采用扶手料，以 45°角断面相接，断面特殊的木扶手按设计要求备弯头料。

7.5.1　木楼梯扶手断面形状

木楼梯扶手断面形状可根据需求设计成多种形式。图 7-18 所示为常见的几种扶手断面。木扶手下面开有通长的凹槽，使用木螺钉与栏杆上的扁铁嵌卡固定。

7.5.2　楼梯扶手安装要点

（1）测量放线

根据栏杆及木扶手的标高、坡度，弹出扶手纵向中心线，按照扶手设计的样式及构造，根据弯折位置、角度，画出折弯或割角线，最后分别画出扶手直段及弯折段起点及终点的位置。

（2）预装

木扶手安装通常从水平的一段开始安装，遇到倾斜扶手安装，需要自

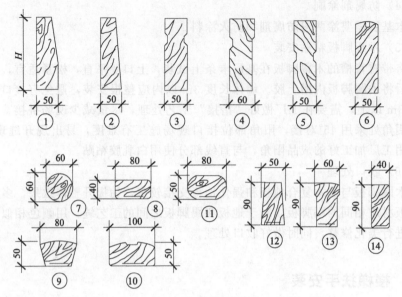

图 7-18　木楼梯扶手

下而上进行。通常弯头都是在工厂进行加工，弯头断面尺寸稍大于扶手尺寸，弯头和扶手底部开 5mm 左右的暗槽，槽的尺寸视扁钢连接件而定。把弯头及扶手套入扁钢，进行分段预装，扶手与弯头之间用木螺钉或暗榫固定。

（3）木扶手固定

分段预装检查无误，将扶手与栏杆使用木螺钉进行固定连接，木螺钉必须平整，一般用 32mm 长木螺钉，安装间距不大于 400mm。若遇到硬木材质，可以先钻孔，后拧入木螺钉。

（4）修整

扶手转弯处尺寸稍大于扶手断面尺寸，因此需要用细木锉锉平，找顺磨光，使其坡度、弯曲自然，折角线清晰，最后用木砂纸抛光。

7.5.3　金属栏杆木扶手安装

（1）栏杆木扶手构造

栏杆立柱固定式木扶手，由木扶手和金属栏杆两部分组成，木扶手可以采用矩形、圆形和各种曲线截面。金属栏杆可用方钢管、钢筋和各种花饰。

立柱下端焊接于楼梯预埋铁件上，立柱上端焊接 4mm×30mm 或 4mm×40mm 的通长扁钢，在扁钢上钻出木螺钉孔。扶手下面的槽口卡在扁铁上，从下向上用木螺钉连接固定，如图 7-19 所示。

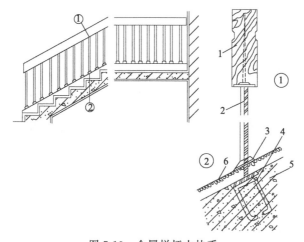

图 7-19　金属栏杆木扶手

1—木扶手；2—立柱；3—法兰；4—预埋铁件；5—楼梯混凝土；6—水磨石

（2）金属栏杆木楼梯扶手安装

按楼梯扶手倾斜角截好金属立柱的长度和上下倾斜面，先立两端立柱，将立柱与预埋铁件焊接牢固立直。从上面两立柱上端拉通线，焊接中间各立柱。在立柱上端焊接扁钢，并钻上距离均匀的螺钉孔。将木扶手上的凹槽卡在扁钢上，用木螺钉通过扁钢螺钉孔从下拧紧，弯头处处理方法同楼梯扶手弯头处理方法。

7.5.4　靠墙楼梯木扶手安装

（1）靠墙楼梯木扶手构造

如图 7-20 所示，木扶手固定在弯成 90°的铁件上。铁件塞入墙洞后用细石混凝土填实固定。铁件入墙部位用法兰封盖，铁件另一端焊接 4mm×40mm 的通长铁条，铁条上每隔 150～300mm 钻一螺钉孔。

（2）靠墙楼梯木扶手安装

先将上下两个铁件塞入墙洞中，调直后用碎石混凝土填实固定。上下两铁件上拉通线，中间铁件以此线为基准放立固定并套上法兰。在已固定好的铁件上焊接 4mm×40mm 的通长铁条，铁条上每隔 150～300mm 钻一螺钉孔，将木扶手下的凹槽卡在扁铁上，从下拧入木螺钉固定，待墙面抹灰干后将法兰盘用胶粘在墙上。

7.5.5　混凝土栏板固定式木扶手安装

（1）混凝土栏板固定式木楼梯扶手的结构

如图 7-21 所示，在浇筑楼梯时，将混凝土栏板一起浇筑成型，并在里面

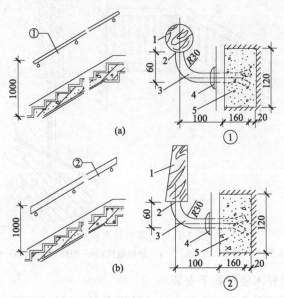

图 7-20 靠墙楼梯扶手

1—木扶手；2—弧形扁铁；3—ϕ(20~25) mm×6 铁件；4—法兰；5—墙上预留洞，用碎石混凝土填充

按设计要求预埋防腐梯形木砖。木扶手平放在栏板上，从上面将木螺钉拧入木砖固定，扶手表面的木螺钉孔用木块塞严补平。

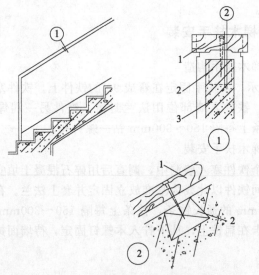

图 7-21 混凝土栏板固定式木楼梯扶手的结构

1—木扶手；2—预埋梯形木砖；3—混凝土栏板

（2）混凝土栏板固定式木扶手的安装方法

把木扶手平放在栏杆上，将弯头对接好后，对准预埋木砖钻孔，拧入木螺钉进行固定。将木扶手上的木螺钉孔塞入木块，胶粘后修平磨光。

7.6　软包工程

软包除了美化空间外，还具有隔音、防撞等功能，在家庭装修中常见于卧室床头背景墙，在公装领域中常见于高档宾馆、会所、KTV 等地。

7.6.1　软包木制作（木框架式制作）

（1）测量放线及基层处理

首先借助激光水平仪确定水平位置，利用吊垂粉线、拉水平线及尺量的方式，确定软包墙厚度、高度及打孔位置等。根据画好的线，在墙上确定好固定位置，利用冲击钻打孔，然后凿入木楔子。

（2）木龙骨的安装

利用槽榫工艺，根据设计及尺寸要求，制作木龙骨架。安装时将预制好的木龙骨架靠墙放置，利用水平尺等工具找平、找垂直，使用木螺钉穿透木龙骨钉在墙面预埋的木楔子中。

（3）铺装木基层

将 9mm 多层板裁切，然后利用气钉枪安装在木龙骨上，形成木基层。安装时从中间往两边固定，接缝位置必须落在木龙骨上。

（4）制作基层板

a. 根据软包设计要求，裁切 9mm 多层板作为基层板，板块预排试装，确保分缝通直，不错台。根据软包材质将拼接处留缝，通常为 3mm。根据裁切好的基层板尺寸，在四周钉上 15mm×15mm 的木线，外露处需倒圆角。

b. 木线内部利用免钉胶均匀填充 20mm 厚海绵。另选 10mm 海绵，根据基层板尺寸裁切，四周放量 80mm 左右，将四周涂胶。待胶水稍干后，将海绵沿木线斜边翻转到基层板背面，顺平后用气钉固定。钉好一边后再将其余三边按照同样方式固定。

c. 装饰面料的裁剪需要比海绵自粘后尺寸略大，钉接时要注意装饰面料的纹理，如果使用真丝面料，则需要在海绵上铺一层衬布。一边固定完毕后，拉紧面料用手由固定一方向另一边轻抹，拉紧后将面料在基层板背面钉接固定。安装时需要检查软包面既无凹陷、起皱现象，也无钉头挡手的感觉。

（5）安装软包块

将预制好的软包块，在木基层板上放正，按照要求可粘装面板，如果遇到

纹理不统一时，需要提前预排，确保
呈现效果。如果软包面有装饰边线，
则按照要求进行装配。

整体构造形式如图 7-22 所示。

7.6.2 软包木制作（专用型条制作）

（1）测量放线及基层处理

借助激光水平仪确定水平位置，
利用吊垂粉线、拉水平线及尺量的方
式，确定软包墙厚度、高度及打孔位
置等。根据画好的线，在墙上确定好
固定位置，利用冲击钻打孔，后凿入
木楔子。

（2）木基层制作

根据测量放线的尺寸位置，在墙

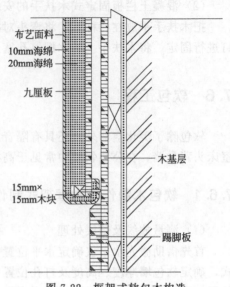

布艺面料
10mm海绵
20mm海绵
九厘板
木基层
15mm×
15mm木块
踢脚板

图 7-22　框架式软包木构造

面上做好木龙骨的排列，打木筋固定。用细木工板制作木基层，保证木作面符
合平整、垂直度要求。

（3）木基层板上画线

在木基层的底板上，按照设计要求划出方块线，并构成图案。

（4）铺钉型条

将型条按木基层画线铺钉。交叉安装时，将型条固定面剪出缺口以免相交
处重叠。曲线安装时，将型条固定面剪成锯齿形状后，可弯曲铺钉。型条固定
方法为免钉胶粘接加打码钉的方法固定。

（5）粘贴海绵

将海绵面料剪成软包单元的规格，根据海绵的厚度边，略放大尺寸，将海
绵块填充在方格内，并用胶粘平整。

（6）插入面料

用插刀将面料插入型条缝隙，插入时应均匀嵌入，待面料四边定型后边插
边修正。同一块面料，不需要将面料完全剪开，可先将中间部分夹缝填好，再
向周围铺开。

（7）平面修边

紧靠木线条时，可直接插入相邻的缝隙，插入面料前在缝隙边略涂胶水固
定。如果没有相邻物，则将面料收入型条与墙面的夹缝。若面料较薄，将收边
面料倒覆盖在上面，插入型条与墙面夹缝，使侧面达到平整美观的要求。

第8章

木工表面处理

8.1 贴面

贴面是木制品表面处理的主要方法之一。贴面对木制品起到表面装饰和封闭处理的作用，其广泛应用于家具产品和室内装修，按材质可将其分为薄木贴面、装饰纸材料贴面和合成树脂材料贴面等。

8.1.1 薄木贴面

薄木贴面是指将经刨切或旋切加工制备的具有各种美丽花纹的薄木或单板粘贴在板式部件表面或直接贴在家具表面上的一种装饰方法。在薄木贴面装饰后，需继续进行涂饰处理，使之获得丰富的色彩效果和光滑平整的涂膜。

8.1.1.1 薄木分类

（1）按厚度分类

a. 厚薄木：厚度≥0.8mm 的薄木，多为 0.8～1.0mm。

b. 薄木：厚度在 0.2～0.8mm 之间的薄木，常用的厚度为 0.3～0.6mm。

c. 微薄木：厚度小于 0.2mm 的薄木，在国内应用较少。

薄木厚度越小，力学强度越低，也越容易破裂透胶，对基材的平整度要求也越高。对于微薄木而言，需预先在薄木背面粘贴一层强度较好的薄纸，防止薄木在储存、运输、加工过程中被撕裂或透胶。

（2）按表面纹理分类

a. 弦向薄木：表面上的木纹为抛物线或"V"形曲线状排列的薄木，即生长轮在材面上是倾斜状或是封闭曲线，木射线呈现纵向短条或是呈现"V"形排列。

b. 径向薄木：表面上的木纹呈近似平行直线状排列的薄木称为径向薄木，即生长轮在薄木材面上是相互平行的，木射线在垂直生长轮的方向上呈现条状。

c. 树瘤薄木：用树瘤刨切出来的薄木，表面上呈现出各式各样奇特美丽的图案，因树瘤形状颜色各异，制备的薄木纹理也变化莫测，所以具有很好的装饰效果，应用非常广泛，现市场上供不应求。

（3）按制造方法分类

a. 旋切薄木：原木经软化处理后，以原木的中心线为旋转中心，通过旋切机将原木进行旋切，直至原木旋切至最小直径为止，所得薄木为连续的弦向薄木，如图 8-1 所示。此种方法所制薄木俗称单板，主要用于生产胶合板，也用于以刨花板、纤维板等为基材的板式家具表面贴面装饰。

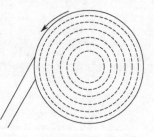

图 8-1　旋切薄木法示意图

b. 偏心旋切薄木：又称半圆旋切薄木。其原木旋切加工的中心线为原木中心线偏向一侧一定的距离，所加工的薄木为宽度不等的弦向与半弦向薄木，如图 8-2 所示。此种方法制造的薄木，其宽度由大逐渐变小，在拼贴相同规格的花纹时，因为利用率低，工作效率低，所以较少应用。

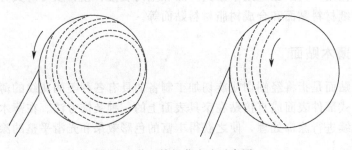

图 8-2　偏心旋切薄木法示意图

c. 刨切薄木：将预先锯解好的方木进行软化处理，再利用刨切机加工制得的薄木。若沿方木弦向刨切即为弦向薄木；若沿方木径向进行刨切即为径向薄木，如图 8-3 所示。刨切薄木可以快速拼接成各种规格相同的图案，直接用于家具表面装饰，是现代高级木家具不可或缺的装饰材料。

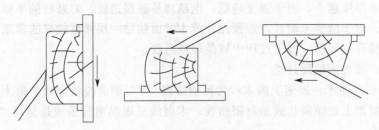

图 8-3　刨切薄木法示意图

（4）按材种分类

根据制造薄木的材种给薄木命名，如核桃楸木制成的薄木就叫做核桃楸薄木，水曲柳制成的薄木就叫做水曲柳薄木。

8.1.1.2　薄木贴面工艺

薄木贴面工艺是一种将薄木胶贴在人造板基材上的饰面加工方法，其工艺过程主要包括：基材准备与处理、薄木制造与准备、薄木贴面装饰工艺。

（1）基材准备与处理

人造板为薄木贴面的基材，因为薄木厚度很低（常用厚度为 0.3～0.4mm），基材如果存在表面缺陷，很容易在薄木表面留下痕迹，所以人造板在作为基材时必须经过严格挑选。对于有节子、裂缝和树脂囊的基材必须进行修补处理，基材的含水率也要严格控制在 8%～10%。薄木在贴面之前都应将基材进行精细砂光处理，其目的有以下几点。

a. 通过调整基材厚度，控制厚度偏差在±（0.1～0.2）mm，使其满足机械化、连续化生产的需求。

b. 除去人造板表面预固化层和石蜡层，保证薄木与基材表面的胶合强度。

c. 通过砂光除去基材表面污染，从而得到平滑清洁的基材表面，以便胶粘。

（2）薄木制造与准备

薄木制造工艺主要包括：原木准备→原木锯割→木材软化处理→薄木的制造→薄木干燥→薄木染色→薄木剪裁与加工

① 原木准备　一般刨切薄木用材的树种应满足如下要求。

a. 树种结构均匀，纹理通直。在选择时应选择比较细密的散孔材或者半散孔材，此类型树种木材加工出的薄木比环孔材更薄。

b. 树种需有较为明显的早、晚材，木射线粗大或密集，能在径切或弦切面形成漂亮的木纹。

c. 选用树木根段树瘤多或活节多的树种，使其得到特殊花纹。

d. 树种材质不能过硬，需易于进行切削、胶合和涂饰等加工。

e. 所选树种要有一定的储蓄量，资源较丰富。

常用的材种有水曲柳、栎木、黄菠萝、核桃木、椴木、桦木、水青冈、红松、红豆杉、云杉、柏松等。

② 原木锯割　用断料锯将原木锯成一定长度，一般为 2～3m。然后用大带锯锯成一定规格的弦向或径向方材。

③ 木材软化处理　将木材放置在热水池里浸泡，水温约为 90℃。根据木材的材种及厚度来确定浸泡时间，以木材完全浸透达到软化要求为准则。不同材种及厚度规格的木材的浸泡时间需通过浸泡实验来确定。

薄木制备前木材软化处理的目的有以下几个方面。

a. 提高木材的塑性，减少切削阻力，以便刨切出高质量、高强度的薄木。

b. 使木方中节子软化，便于刨切。

c. 除去木材中的部分油脂及单宁等抽提物，便于薄木贴面。

d. 杀死木材中的虫卵，有利于薄木长期储存。

④ 薄木的制造　刨切薄木所用设备为薄木刨切机。刨切时，将木材从热水池中取出，放置在刨切机的前工作台面上，顺时针方向旋转履带，带动木材做进给刨切运动，被刨切出来的薄木从刨刀内侧向下分离出来。当整片薄木被刨出后，履带改做逆时针方向旋转，将木材送回初始位置，并自动下降薄木厚度的高度，继续做顺时针方向旋转，带动木材又做进给刨切运动。如此反复进行刨切，直至将整块木材全部加工成薄木为止。

⑤ 薄木干燥　由于软化处理，薄木的含水率一般会高达30%以上，若长期存放会出现发霉、边缘开裂等现象，较高的含水率也会影响胶黏剂在胶粘时的固化速度，降低胶合强度。这既不利于保存，也不利于胶拼。为此需要进行干燥处理，通过薄木干燥机进行干燥，将含水率降低至8%～10%。

⑥ 薄木染色　薄木染色的方法可分为染料染色和化学染色。染料染色的染料又分为酸性染料、碱性染料和直接染料三种。化学染色则是利用一些含有金属离子的化合物与木材中的单宁等发生化学反应使木材染色。

⑦ 薄木剪裁与加工　a. 薄木的剪裁：由于单张薄木无法满足被装饰家具部件的幅面尺寸、材质或纹理要求，需将不同的薄木组合，按照设计的图案进行拼花，将薄木加工成要求的规格尺寸。

对于薄木的剪切，其要求为"多片一刀"。这样可确保剪边的直线度和两个剪边的平行度达到精度要求，以便提高拼接的精度和质量。薄木的剪切在剪边机上进行时，需避免两边不平整、幅面不一致、大小头等情况出现，以提高薄木的出材率。

刨切后的薄木应及时剪裁整理。薄木堆码厚度一般不超过70mm，便于搬运、剪裁。剪裁后的净宽度需控制在基板宽度的$1/n$，并保留一定的余量，形成所谓的6拼、8拼等。整理后的薄木需用塑料薄膜包覆保湿，防止开裂，以备进入组坯工段。

b. 薄木的加工：剪切后的薄木可以组合成各种美丽的图案，然后进行组合拼花。拼花可分为普通拼花和复杂拼花两种。

普通拼花：又称对称拼花，即同一切面的相邻两张薄木，将一张翻转180°同另一张按生长轮线对齐，使之拼接成对称花纹。此拼花方法因工艺简单，效果不错，被广泛使用。

复杂拼花：通过薄木的纤维方向形成各种不同的角度，组成各种不同的对称或者不对称的图案。此工艺较为复杂，但会出现与众不同的艺术纹理效果。

大规模生产时通常会在拼缝机上进行胶拼。常用的薄木胶拼形式有四种：无纸带胶拼、有纸带胶拼、"之"字形热熔胶线胶拼、点状胶滴胶拼，如图8-4所示。

无纸带胶拼：薄木侧边涂上胶黏剂，在加热辊和加热垫板作用下固化胶

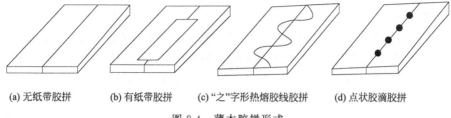

| (a) 无纸带胶拼 | (b) 有纸带胶拼 | (c) "之"字形热熔胶线胶拼 | (d) 点状胶滴胶拼 |

图 8-4　薄木胶拼形式

合。胶黏剂为脲醛树脂胶或皮胶。

有纸带拼接：用手工或纸胶带拼接机进行拼接，沿拼缝连续粘贴或局部粘贴纸胶带，端头必须拼牢，以免在搬动中破损。拼接所用纸胶带纸为 45g/m² 以下的牛皮纸，湿润纸胶带的水槽温度保持在 30℃，加热辊温度为 70～80℃。

胶线、胶滴胶拼：将胶线、胶滴粘贴的背面，被拼接的两薄木的胶接侧面依靠胶线或胶滴的强度紧密连接在一起。

（3）薄木贴面装饰工艺

薄木贴面装饰工艺包括涂胶、组坯、胶贴、后期处理等工序。

① 涂胶　涂胶有两种方法：手工涂胶和机械涂胶。薄木涂胶主要采用机械涂胶，手工涂胶多针对于异型家具零部件涂胶。机械涂胶所用涂胶机有两辊涂胶机和四辊涂胶机，涂胶多采用四辊涂胶机，能同时进行双面涂胶，提高工作效率，且胶层均匀，便于控制涂胶量。

胶液可涂在薄木或基材表面，薄木贴面通常在基材上进行涂胶。涂胶量要根据家具部件基材树种、基材表面粗糙度、薄木的厚度、胶的种类和性能来确定。

对于家具部件表面为砂磨光滑的单板或胶合板表面，薄木厚度＜0.4mm 时，涂胶量为 110～120g/m²，薄木厚度≥0.4mm 时，涂胶量为 120～150g/m²；细木工板涂胶量为 120～150g/m²；刨花板涂胶量为 150～200g/m²；中密度纤维板的涂胶量比刨花板略小，为 150～160g/m²。涂胶量随薄木厚度的增加而增多，但涂胶量不宜过大，以免出现透胶现象。

涂胶后的薄木或家具基材表面为防止出现透胶现象，需要敞开陈放一段时间。陈放是为了涂层胶液充分湿润表面，使其在自由状态下收缩，减小内应力。其陈放时间与环境温度、胶液黏度及活性期有关。陈放时间过短，涂层胶液未渗入木材，在压力的作用下会向外溢出，产生漏胶现象；陈放时间过长，会超过涂层胶液的活性期，从而导致胶合强度下降。常温条件下，陈放时间一般为 10～20min。

② 组坯　将涂好胶的基材与贴面材料，按图纸要求进行组合称为组坯，也称配坯。组坯一般是在组坯台上通过人工完成，基材的两面都应组坯、贴面，以保证零部件上下表面受力均衡，不发生翘曲变形。

为保证薄木胶贴后的板式部件的尺寸和形状稳定，胶贴时应遵循对称性和平衡性原则进行组坯。若贴面材料为装饰板、装饰纸、塑料覆膜，需用同一品种、同一规格的产品，以使胶压好的覆面板两面的应力平衡，减少翘曲变形。

对于芯料为挤压式刨花板的覆面板，若覆面材料为薄木，由于挤压式刨花板强度不均匀，需要预先用单板覆面，再在单板上胶贴薄木。单板不能太厚，一般为 0.6~1.5mm，以免因背面裂缝过大而影响覆面板表面的平整度。

③ 胶贴　胶贴是指将组坯好的板坯，整齐地放入压机中进行加压胶合，直至胶层固化。薄木胶贴过程可以采用冷压或者热压的方式。

冷压是将配置好的板坯在冷压机中面对面、背对背堆放 1~1.5m 的高度，各层板坯上下对齐，每隔一定高度放置一块较厚的垫板，垫板面积略大于板坯尺寸。冷压动力消耗小，操作简单，便捷经济。

热压在薄木贴面生产中应用较多。热压时，将组坯好的板坯整齐摆放于压机中，加压时，需控制压力上升的速度，一方面要便于表层薄木舒展不产生内应力，另一方面也要防止板坯中的胶层在热压板温度作用下提前固化，降低或丧失胶合强度。热压可在单层横向贴面热压机、多层横向贴面热压机或者单层快速连续贴面生产线中进行，为保证贴面质量，从板坯放入压机到升压，直至压机闭合，所用时间一般不得超过 2min，广泛使用于薄木贴面生产中。

贴面工艺方法主要有干法、湿法、冷压法和热压法。

a. 干法贴面工艺：薄木经过干燥后再进行胶贴的工艺，所用薄木厚度均在 0.4mm 以上。先将薄木进行干燥，使其含水率降至 8%~12%，然后用涂胶机将基材胶涂，把拼好花纹的薄木铺到基材的胶层上，再送入热压机中热压。

干法贴面工艺胶合质量好，生产效率高，是在实际生产中普遍采用的一种方法。此外，手工干贴拼花是最常用的一种干法贴面工艺。

b. 湿法贴面工艺：薄木不经过干燥处理而与涂胶基材直接热压胶贴的一种工艺。由于厚度为 0.4mm 以下的薄木在胶贴过程中常常破损，为减少损耗，多采用湿法贴面工艺。操作程序是将成叠潮湿薄木剪切后，通过手工方法，在涂过胶的基材上一条条地拼贴薄木，经陈化后再进行热压。相对于干法贴面工艺，湿法贴面工艺对操作要求不高、生产工序简便、损耗较小，在薄木装饰人造板生产中多采用湿法贴面工艺。

采用湿法贴面工艺，必须注意以下几点。

•严格控制涂胶量，采用高黏度胶黏剂，防止胶液向表面渗透。

•保证薄木含水率一致，以避免由含水率不同而导致的收缩不均现象。太干的薄木需要喷水保持湿润。

•胶黏剂需有足够的初黏性，保证薄木不产生错位、重叠和离缝现象。

•使用未经干燥的 0.2~0.3mm 湿薄木时，热压前需在周边喷水或喷浓度为 5%～10%的甲醛溶液，以防热压后周边出现裂纹。

•对于高含水率的薄木，由于在热压胶贴时会产生较大的干缩，所以应给予一定的收缩余量，不可将其紧绷。

•留有一定的陈化时间，使组坯、拼贴后胶液增加的水分得以挥发和渗透，防止透胶。

•最好采用先冷压预压后再热压的工艺方法。

c. 冷压贴面工艺：将基材涂胶组坯后，在室温条件下加压胶合的一种薄木贴面方法。所用薄木的含水率为 8%～12%，胶黏剂为冷压脲醛树脂胶或乳白胶，为防止出现透胶和粘连，最好使用厚薄木。板坯堆放时，每隔一段距离应放置一块厚垫板，以确保加压均匀。

冷压贴面所用设备为冷压机，贴面时应根据板坯的厚度、胶种等来确定贴面压力。通常情况下冷压的贴面压力为 0.5～1.0MPa，在室温条件下加压时间一般为 4～6h，冬季则需更长一些。冷压贴面法常作为预压使用。

d. 热压贴面工艺：基材涂胶后，将薄木与基材组坯，送入热压机中，在一定温度、压力和时间的作用下胶合的一种薄木贴面的方法。热压贴面的胶合因高速度、高效率、高质量等优点，成为目前广泛使用的薄木胶贴方法。

热压胶贴 0.2～0.3mm 厚的薄木时，热压机的压板必须有足够的精度。热压时采用富有弹性的耐热橡胶板、毛毡等材料作为缓冲层，以弥补基材厚度不均时产生的压力不均。铺装时，为避免产品表面被污染，与薄木接触的一面多用抛光的不锈钢、铝板和硬质合金铝板等作为垫板。

④ 后期处理　卸压后，用窄刀对卸下的薄木板边缘进行修整，裁去多余的薄木边条，整齐地在平整的堆板台上堆放 24h 以上，使胶层充分固化，消除内应力，以防变形。

陈放后对于有缺陷的薄木表面，可用填木丝、刮腻子等方法进行修补。腻子可用白乳胶加木粉和颜料制成，颜色应与材色相近。然后用砂光机进行板面砂光，砂带粒度号一般为 180 号～240 号。最后进行成品检验、分等、入库。

8.1.1.3　薄木贴面缺陷及质量控制

人造板基材或板式家具部件在手工或机械胶贴薄木时经常使用各种胶黏剂，会产生各种缺陷。这些缺陷对贴面人造板装饰效果影响很大，较严重的缺陷会直接影响使用价值，甚至会影响到制作产品的质量。

薄木贴面常见缺陷有：鼓泡、透胶、表面裂纹、板面翘曲、黑胶缝或搭接、表面污染、胶贴不牢或大面积脱胶、板面透底色、胶贴表面出现凹凸不平等。

（1）鼓泡

鼓泡产生原因：基材表面不平整；热压时表面受力不均导致局部胶合强度低、脱胶；热压时间过长导致薄木与胶层焦化；基材含水率不均；等等。其预防措施如下：

a. 人造板基材应选用平整的中密度纤维板；实木封边需要刨平并双面砂平，保证平整。

b. 涂胶、组坯前对所用胶黏剂进行理化性能测试，确定合适的工艺参数，在变换胶黏剂时须进行试样。

c. 热压结束后应缓慢卸压或分段卸压，否则会因基材中的水分急剧外排而产生开胶、鼓泡等缺陷。热压后的砂光，是对板面的轻微不平以及拼花的缝隙进行一些后期处理的轻微砂磨，以达到表面平整和拼花无缝隙的效果。

（2）透胶

薄木湿法贴面时含水率在60％以上，如果单独使用渗透性好的水溶性脲醛树脂胶，胶黏剂极易渗出薄木和渗入基材，造成透胶和缺胶现象，薄木的导管越粗大，透胶就越严重。透胶会影响表面美观和涂料涂饰，有损装饰效果和使用价值。

a. 产生原因：

· 胶液过稀，涂胶量过大；

· 薄木厚度太薄；

· 薄木材性构造造成（导管太大）；

· 薄木含水率过高；

· 胶贴单位压力过高。

b. 预防措施：

· 调整胶黏剂黏度和涂胶量，必要时可将聚醋酸乙烯酯乳液胶混入脲醛树脂胶中，再添加一些面粉作填充剂。适当延长陈放时间，胶贴单位压力应控制在 0.5～1.0MPa。

· 薄木含水率不宜太高，热压前可喷少许水。

（3）表面裂纹

表面裂纹产生原因主要与薄木构造、薄木制造方法、薄木含水率、胶黏剂配比、组坯方法、热压温度和基材质量等有关，其预防措施如下。

a. 增加热固性树脂配合比例，适当降低热压温度。

b. 胶贴的薄木纤维方向与基材人造板干缩湿胀最大的方向一致。

c. 在薄木与基材间加入缓冲层。

d. 降低薄木含水率。

（4）板面翘曲

薄木贴面人造板及其板式家具部件，在制造过程中工艺控制不好，可能会产生翘曲变形，这会影响到贴面家具的使用性能。薄木贴面后容易因两面吸湿情况不同、反复细微的干缩湿胀而造成饰面家具的漆膜开裂，严重影响薄木装饰质量，降低其使用价值。导致板面翘曲的原因可能是胶黏剂配比不当、热压条件不当、配坯时表面和背面所胶贴的薄木不对称、涂胶时厚度不均匀、薄木含水率大、干燥收缩等。其预防措施如下。

a. 减少脲醛树脂胶用量，使胶层柔软，改进热压条件。

b. 降低薄木含水率，并使其均匀。

c. 按对称原则组坯，涂胶量和贴面材料应相同；用料不同时，其背面材料应近似表面材料，至少在厚度上相等，并注意胶贴纹理方向。

（5）黑胶缝或搭接

黑胶缝和搭接的主要原因是剪切时造成拼缝不直不严、薄木含水率大、干燥收缩、铺贴的薄木不能牢牢粘贴在基材上、湿薄木铺贴时薄木预留热压干缩余量不当。其预防措施如下。

a. 剪切机切刀必须锋利，贴薄木时尽量挤紧，但中央部分不可绷紧或搭接。

b. 增加脲醛树脂胶的比例和涂胶量，增加预压工艺防止位移，控制好预留的薄木干缩余量。

c. 严格控制薄木含水率，不能过高，拼缝处可喷水润湿。

d. 降低热压温度。

（6）表面污染

表面污染主要来源于木材中单宁、色素等内含物析出或菌类、酸、碱污染。其预防与处理方法包括以下内容。

a. 调整胶黏剂的酸碱度，尽量减少固化剂的用量，避免与铁制品等接触。

b. 单宁、色素与铁离子形成的污染，可以使用双氧水或 5% 的草酸溶液擦除。

c. 树脂、油污可以用酒精、乙醚和丙酮等溶剂擦除。

（7）胶贴不牢、大面积脱胶

其主要原因是胶质量不好，调胶比例不对；基材不平整，在涂胶时出现漏涂；薄木/基材的含水率过高；等等。可采用下列预防措施。

a. 更换胶黏剂，检查胶黏剂的活性期。

b. 严格控制薄木和基材的含水率。

c. 适当延长热压时间。

d. 控制基材的平整度，基材涂胶后进行检查

（8）板面透底色、色调不均匀

其主要原因是薄木厚度太薄、基材色调不均匀等。其预防措施有改用稍厚的薄木或在胶黏剂中加入少量着色剂。

（9）胶贴表面出现凹凸不平

其主要原因是基材本身表面不平整、胶层厚薄不均或手工贴面烫压时没有把多余的胶液挤出来。其预防措施包括：难以修复，严重时将薄木刨掉，重新

贴面；手工烫压时必须将多余胶液挤出，形成厚薄均匀的胶层。

8.1.2 装饰纸及合成树脂材料贴面

8.1.2.1 印刷装饰纸贴面装饰工艺

（1）印刷装饰纸贴面

印刷装饰纸贴面是在基材表面贴上一层印刷有木纹或图案的装饰纸，然后用涂料涂饰或再覆一层透明塑料薄膜；或者先在装饰纸上预涂油漆再贴面。

优点：

a. 稳定性好、制造简单、成本低、真实感强；

b. 具有一定光泽、耐水性和耐老化性，还具有一定的耐热性、耐化学药剂性；

c. 有柔韧性，可装饰曲面基材；

d. 不产生裂纹，有柔软感、温暖感。

缺点：

a. 表面光洁度较差，饰面层较薄；

b. 耐磨性、耐热性、耐水性及耐老化性能差。

装饰纸贴面有连续式和周期式两种方式。连续式装饰纸贴面自动化程度较高；周期式的劳动强度大，生产率较低。装饰纸贴面通常采用辊压胶贴工艺，该工艺过程主要包括：基材和装饰纸的准备、涂胶、胶贴及贴面板处理。

（2）基材和装饰纸的准备

① 基材准备　贴面前基材表面需先用宽带砂光机进行精细砂光处理。除尘后，若板面不平，则需修补砂光，使板面光滑平整。

② 装饰纸准备　装饰纸表面须光滑并具有良好的印刷性能。常用装饰纸有 $21 \sim 28 \mathrm{g/m^2}$ 的薄纸和 $50 \sim 60 \mathrm{g/m^2}$ 的装饰纸两种。薄纸不易分层，胶贴强度大，但是遮盖性差，损耗大。后者易分层，印刷方便，损耗小，但需进行压光处理。

（3）涂胶

涂胶生产中常用热固性树脂和热塑性树脂组成的混合胶黏剂，如聚醋酸乙烯酯乳液与脲醛树脂的混合胶、聚醋酸乙烯酯和三聚氰胺树脂的混合胶等。热固性树脂胶渗透性好，但易浸透；热塑性树脂胶渗透性差，但易流平，所以将两者结合可达到较好的胶合效果。生产上采用的胶黏剂除上述几种外，还有丙烯酸树脂、环氧树脂、聚酯树脂等。涂胶工艺不仅要起到胶合作用，另外一方面还可以起到板面的填孔作用。

生产中有三种涂胶方式：基材涂胶、装饰纸涂胶和干状胶膜胶合。

a. 基材涂胶：基材板面涂胶通常采用辊涂法，可以实现连续化和自动化生产。首先借助辊子运送基材，将底板灰尘等清理干净，经过顺向涂胶辊涂胶后，再通过逆向涂胶辊使涂层光滑，最后送入干燥室干燥至半干状态。

b. 装饰纸涂胶：装饰纸涂胶主要是涂在装饰纸的背面，其方法有刮刀涂布法和淋涂法。刮刀涂布法是用刮刀直接将胶液涂布于纸面上再干燥，常用液态胶、乳液树脂和糊状树脂。淋涂法是利用淋涂机在装饰纸上涂布树脂再干燥。

c. 干状胶膜胶合：装饰纸的胶贴可利用热塑性的干状胶膜。生产时，将干状胶膜置于基材和装饰纸之间进行胶合。

（4）胶贴及贴面处理

连续辊压法生产时，贴面工艺可分为干法生产和湿法生产。干法生产是将正面涂料、背面涂有热熔性胶黏剂的装饰纸贴在经预热的基材上辊压贴合。湿法生产是将装饰纸贴在涂有热固性树脂胶黏剂的基材上辊压贴合。干法生产贴面速度快，涂胶量少；湿法生产贴面速度慢，涂胶量多，表面易吸水，难蒸发，影响胶合强度。

8.1.2.2　浸渍纸

浸渍纸是一种为合成树脂材料贴面装饰而特制的纸张，主要原料为原纸和合成树脂，是由原纸经过合成树脂浸渍吸收树脂，烘干而制成的中间产品。浸渍纸根据需要层压成合成树脂装饰板。产品主要用于建筑、室内装修、家具制造、健身器材、礼品包装、车船装修等。

（1）浸渍纸分类

a. 根据使用的合成树脂分类，浸渍纸可分为三聚氰胺树脂浸渍纸、酚醛树脂浸渍纸、邻苯二甲酸二丙烯酯树脂浸渍纸、鸟粪胺树脂浸渍纸等。

• 三聚氰胺树脂浸渍纸分为高压三聚氰胺树脂浸渍纸、低压三聚氰胺树脂浸渍纸、低压短周期三聚氰胺树脂浸渍纸三种。高压三聚氰胺树脂浸渍纸采用"冷-热-冷"法胶压贴面；低压三聚氰胺树脂浸渍纸是用聚酯树脂等对三聚氰胺树脂进行改性，增加其流动性的一种浸渍纸，可采用低压"热-热"法胶压贴面，但光泽次于前者；低压短周期三聚氰胺树脂浸渍纸是在低压三聚氰胺树脂中加入热反应催化剂，使反应速度加快，可采用低压"热-热"法胶压贴面。

• 酚醛树脂浸渍纸成本低、强度高、色泽深，适用于表面物理性能要求高而不要求美观的场合。

• 邻苯二甲酸二丙烯酯树脂（DAP）浸渍纸柔性好，装饰质量好，但成本高，可采用低压"热-热"法胶压贴面。

• 鸟粪胺树脂浸渍纸稳定性好，存放时间长，柔性好，可采用低压"热-热"法胶压贴面。

b. 根据使用的原纸不同，浸渍纸分为表层纸、装饰纸、隔离纸（覆盖纸）和平衡纸等。表层纸是由漂白硫酸盐和亚硫酸盐纸浆制成，用来保护装饰纸印刷图案，提高产品表面覆盖层的物理性能。装饰纸是由精制化学木浆或棉木混合浆制成，主要作用是提供装饰图案，保证产品表面美观和图案清晰。隔离纸和平衡纸两者纸张基本相同，命名由使用不同而不同。隔离纸置于基材和装饰纸之间，起缓冲作用。平衡纸由非净化的硫酸盐纸浆制成，主要作用是使饰面板结构对称，防止翘曲。

（2）浸渍纸的贴面工艺

① 配坯方式　采用浸渍纸进行人造板表面贴面时，为了保证产品的稳定性和不变形，在基材两面各贴一层浸渍装饰纸。为了降低成本，正面贴三聚氰胺树脂浸渍纸，背面贴一层脲醛树脂或酚醛树脂浸渍的平衡纸。

根据使用场合的要求和基材表面的情况，可采用层数较多的配坯方式，如图 8-5 所示。可在表层纸和基材之间配坯装饰纸、隔离纸。

② 贴面工艺

a. 低压短周期贴面工艺：采用热进热出的工艺，在单层上压式热压机上，利用蒸汽、热水、导热油作为加热介质，热压温度为 190～220℃，单位压力为 2～3MPa，固化时间为 25～70s。

b. 酚醛树脂浸渍纸贴面工艺：采用热进热出的工艺，在多层热压机上热压，热压温度为 130～140℃，单位压力为 1.5～3.0MPa，热压时间为 5～10min。

c. 邻苯二甲酸二丙烯酯树脂浸渍纸贴面工艺：适合采用低压（"热-热"法）贴面工艺，也可采用"冷-热-冷"工艺，具有耐热性、耐水性、耐药性和电绝缘性，储存性较好。由于树脂的柔软性好，板胚背面可不贴平衡浸渍纸，也不会引起板材较大变形。对于 3～4mm 厚胶合板，热压温度为 120～130℃，热压压力为 0.8～1.2MPa，热压时间为 5～8min；对于 9～18mm 厚中密度纤维板，热压温度为 120～130℃，热压压力为 0.8～1.2MPa，热压时间为 7～12min；对于 10～19mm 厚刨花板，热压温度为 120～130℃，热压压力为 0.8～1.2MPa，热压时间为 8～15min。

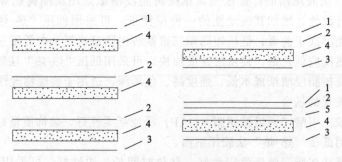

图 8-5　浸渍纸配坯基本方式

1—表层纸；2—装饰纸；3—平衡纸；4—基材；5—隔离纸

d. 鸟粪胺树脂具有与三聚氰胺树脂相似的结构特性，但是比三聚氰胺树脂具有更优异的流动性、耐热性、耐油性、内部可塑性。采用"热-热"工艺进行贴面，热压温度为 135℃，热压压力为 1～1.5MPa，热压时间为 10min。表面光泽要求较高时采用"冷-热-冷"工艺。

8.1.2.3　热固性树脂装饰层压板贴面

热固性树脂层压板，又称塑料贴面板，由多种浸渍纸层叠压制而成，具有表面图案多样、色调美观、质地坚硬、耐磨、耐水、耐热、耐污染等性能。其主要在各种人造板材上进行胶贴，如刨花板、中密度纤维板等，一般不单独使用。其复合成的贴面装饰板，是平面和立面装饰的理想材料，主要应用在建筑装修、车船装修、家具制造方面。

（1）装饰层压板分类

a. 根据浸渍树脂分类，可分为三聚氰胺树脂装饰板、酚醛树脂装饰板、邻苯二甲酸丙烯酯装饰板、鸟粪胺树脂装饰板。

b. 根据表面特征分类，可分为有光型装饰板、柔光型装饰板、浮雕型装饰板。

c. 根据装饰板性能分类，可分为滞燃装饰板、抗静电装饰板、后成型装饰板、薄型卷材装饰板、金属箔饰面装饰板、普通装饰板。

d. 根据耐磨程度分类，可分为高耐磨型装饰板、平面型装饰板、立面型装饰板、平衡型装饰板。

（2）热固性树脂层压板的贴面工艺

① 调质处理　装饰板的一个重要特征是其构造和性质具有方向性和干缩湿胀性能，为避免其制品翘曲变形，需将装饰板置于温度为 20～25℃、空气相对湿度为 45%～50% 的条件下进行调质处理，调质处理时间不能少于 7d。

② 材料准备　贴面前需将两张面对面放置的装饰板利用 60 号～80 号宽带砂光机进行背面砂毛，将背面砂磨或加工成粗糙的表面，增加胶合面的接触面积，提高其胶合强度。装饰贴面材料的幅面应稍大于人造板的规格，一般留有 3～5mm 的加工余量，以便贴面后进行规格化加工。

③ 配坯　为了平衡装饰板贴面制品的内应力和减轻制品翘曲变形，应采用双面贴面法配坯，贴面制品的背面可以选择价格较低的贴面材料并进行平衡处理。平衡材料如同装饰板、基材人造板一样，胶贴前也应进行等温等湿处理。

④ 贴面

a. 冷压胶合贴面：用冷压机进行胶合，使用常温固化型脲醛树脂胶或聚醋酸乙烯酯乳液胶。胶合工艺参数为：涂胶量为 150～180g/m²，压力为 0.2～1.0MPa，室温为 18～20℃时胶压时间为 6～8h。

b. 热压胶合贴面：需用热压机进行胶合，多用热固型脲醛树脂胶，并可适当添加聚醋酸乙烯酯乳液胶。胶合工艺参数为：热压压力为 0.3～1.0MPa，热压温度为 90～120℃，热压时间为 5～10min。

实际生产中也可以采用脲醛树脂胶和聚醋酸乙烯酯乳液胶组成的"两液胶"进行胶合。使用前，脲醛树脂胶不用加固化剂，在聚醋酸乙烯酯胶中加入1.5%的固化剂（盐酸、草酸等）。贴面时，在人造板上施 $200\sim250g/m^2$ 聚醋酸乙烯酯胶，装饰板上施 $120\sim150g/m^2$ 脲醛树脂胶，然后把贴面板直接贴压在人造板上，经冷压后，即可制得装饰贴面板。

8.1.2.4 热塑性塑料薄膜贴面

塑料薄膜贴面主要是将印有花纹图案的塑料薄膜用胶黏剂粘贴在木制零部件表面上的一种表面装饰方法。塑料薄膜贴面板是家具制造、室内门、墙板及音箱制作的理想材料，装饰效果好，并且制造方便，适用于连续化、自动化生产。

（1）常用塑料薄膜

a. 聚氯乙烯薄膜：简称 PVC 薄膜，是一种由聚氯乙烯树脂、颜料、增塑剂、稳定剂、润滑剂和填充剂等在混炼机中炼压而成的热塑性树脂薄膜。PVC薄膜具有色泽鲜艳美观、价格低等特点，是最常见的贴面用塑料薄膜。

b. 聚乙烯薄膜：简称 PVE 薄膜，由聚乙烯和明胶加入纤维素构成的一种合成树脂薄膜。PVE 薄膜有较好的加工性能，其制品色泽柔和，真实感强，且有防水性好、耐高温、耐老化、耐磨、耐腐、永不变色等特性，其许多性能均优于 PVC 薄膜，适用于室内中、高档家具的饰面和封边。

c. 聚烯烃薄膜：又称奥克赛，是由聚烯烃和纤维素制成的一种薄片型薄膜材料，可在表面印刷浮雕纹理，具有天然木材纹理质感，不会因加压而变形或消失。其储存期长，具有较好的耐水、耐光热、耐磨、耐酸碱等性能，且性能稳定，抗温湿性好，是用作室内家具生产及装修等的良好的饰面材料。

（2）真空模压贴面

家具型面部件的贴面主要采用真空模压技术，用热塑性薄膜包覆基材的型面。真空模压常用的饰面薄膜是 $0.3\sim1mm$ 厚的 PVC 薄膜、$0.35\sim0.6mm$ 厚的 PET 薄膜。薄膜厚度过小会透出基材的凸凹缺陷，厚度过大会增加成本。

基材一般选用中密度纤维板，方便在板面铣型。其生产工艺流程为：中密度纤维板→砂光→雕刻图案→精细砂光→清灰→涂胶→晾干→组坯→真空模压→修整→检验→成品入库

a. 板坯准备：用宽带砂光机对基材进行砂光，裁成规格尺寸，再进行数控雕刻加工。

b. 雕刻图案砂光：对雕刻图案进行精细砂光，检查是否有缺陷。

c. 施胶：真空模压一般采用喷胶的方式进行施胶。使用乳液胶时，常在喷胶后直接进行模压；使用溶剂型胶黏剂时，喷胶后放置一段时间再进行模压。

d. 组坯模压：将施好胶的坯料放入模压机垫板上摆正，再覆盖 PVC 膜或

背面粘贴织物的薄木等覆面材料，送入模压机进行真空模压。详见第 6.3.2 节中真空模压相关内容。

8.2　涂饰

8.2.1　涂料

涂料是一种在特定的施工工艺过程中可以涂覆于物件表面，并形成具有一定强度的、牢固的连续薄膜的材料。形成的连续薄膜通常称为涂膜、涂层或漆膜，对木制物件可以起到有效的保护作用，隔绝环境中的液体、菌类、脏物等与物件的直接接触，延长木制物件的使用寿命。此外，涂饰还具有装饰及其他特殊功能，如绝缘、防腐、示温、杀菌等。最早人们所用的油漆就是一种涂料，主要以植物油为主要原料，现代使用较多的是合成树脂基的涂料。

8.2.1.1　涂料组成

涂料一般是由主要成膜物质、次要成膜物质、辅助成膜物质组成。其组成成分有树脂、油料、颜料、溶剂和助剂等。

（1）主要成膜物质

主要成膜物质是涂料中经过固化后能够在被涂饰表面形成连续涂层的主要物质，是涂料的基本物质，又称为基料。主要成膜物质主要作用是将涂料中的其他组分连接成一个连续坚韧的整体，对涂料的性能起决定作用。

常作为主要成膜物质的树脂有醇酸-聚酯树脂、酚醛-氨基树脂、天然及合成橡胶类。由于不同的树脂有不同的化学结构，其化学、物理性质和力学性能各异，有的耐候性好，有的耐溶剂性好或力学性能好，因此其应用范围也不同。

（2）次要成膜物质

次要成膜物质通常指颜料与染料，主要是不透明涂饰的颜色来源。次要成膜物质不能单独形成涂膜，需要跟主要成膜物质混合形成涂膜，并且在一定程度上能够改进涂层的理化性能。

颜料和染料的区别主要在于是否可溶于溶剂。

颜料通常不溶于水、油及其他有机溶剂，是一种细小的粉末状有色物质，在涂料中主要依靠扩散作用分散在溶剂中，成为混浊液，所以颜料通常用于不透明涂饰。颜料用于制造色漆时，不仅能使涂膜呈现出所需的色彩，而且能改善涂膜的硬度、耐候性、机械强度等理化性能。颜料按照来源可分为天然颜料和人工颜料；按照化学成分不同，又可分为有机颜料与无机颜料；按照颜料在涂料中的作用分为体质颜料（碳酸钙、硫酸钙、硫酸钡、滑石粉等）与着色颜料（铁红、炭黑、铁黄、铁蓝、钛白等），同时在颜色上具有不同色彩，如红、黄、蓝、黑等。

染料是一种能溶于水、醇、油及其他溶剂的有色物质，可配成真溶液。所以在染料染色时，染料溶液能渗入木纤维，并跟木纤维发生复杂的物理化学反应，使木材纤维获得新的牢固色彩。染料根据其来源分为天然染料与人造染料；根据染料的分子结构和制造方法分为有机、无机、酸性、碱性等染料；根据染料的性质和应用可分为直接染料、分散性染料、还原染料、活性染料、硫化染料等。

（3）辅助成膜物质

辅助成膜物质包括溶剂和助剂两大类。在成膜过程中，它们都不能单独形成涂膜，在涂层固化成膜的过程中几乎全部挥发或相互发生反应。但是辅助成膜物质是涂料保持液态的来源，对涂料的理化性能会产生较大影响。

溶剂是一种能够溶解涂料的主要成膜物质使其成为具有一定黏度的液体涂料的物质，可使涂料呈现液态，又称"分散介质"，为各种有机溶剂和水等，起到溶解或分散成膜物质及颜（填）料的作用，使涂料保持液体状态以满足生产和施工要求。溶剂在涂料干燥和成膜的过程中基本会全部挥发或发生反应，若为有机溶剂，挥发后会产生有害的气体。但是溶剂对涂料的制造、储存、施工，涂膜的形成以及涂膜的理化性能等影响很大，所以仍是液体涂料中不可缺少的组成部分。为了减少有机溶剂挥发造成的危害，现在更多会选择水性物质作为主要溶剂。

在涂饰施工中，根据溶剂对某种成膜物质的溶解能力不同，可将溶剂分为真溶剂、助溶剂、稀释剂。真溶剂是指能单独溶解涂料中某种成膜物质的溶剂；助溶剂是指在涂料中不能溶解主要成膜物质，但能帮助真溶剂溶解主要成膜物质的溶剂；稀释剂是指涂料中既不能溶解主要成膜物质，也不能帮助真溶剂溶解主要成膜物质，仅对该涂料起到稀释作用的溶剂。常用的溶剂种类有萜烃溶剂、石油溶剂、煤焦溶剂、酯类溶剂、酮类溶剂、醇类溶剂和醇醚类溶剂等。

助剂也不能在成膜过程中单独成膜，通常用量甚微，它在涂料成膜后可以作为涂膜的一个组分存留在涂膜中。助剂能使涂料获得比较全面和显著的理化性能，是涂料中不可缺少的组成部分。按照助剂在涂料中的功能可分为催干剂、固化剂、增塑剂、消泡剂、消光剂、分散剂、防尘剂、皱纹剂、锤纹剂、紫外线吸收剂等。

8.2.1.2　涂料分类

国家标准 GB/T 2705—2003《涂料产品分类和命名》中对大宗产品所用的涂料进行了分类。对于木质基材料表面所用到的涂料，根据原料组成、制备工艺以及应用范围不同将涂料分为酚醛树脂涂料、醇酸树脂涂料、硝基涂料、不饱和聚酯涂料、聚氨酯树脂涂料、水性树脂涂料和填孔涂料等。

（1）酚醛树脂涂料

酚醛树脂涂料是以酚醛树脂或改性酚醛树脂为主要成膜物质制成的涂料，其辅助成膜物质还有干性油、溶剂和催干剂等。由于主要成膜物质的类型不同，制得的涂料也有所差异，包括油溶性酚醛树脂涂料、醇溶性酚醛树脂涂料和松香改性酚醛树脂涂料三类。

油溶性酚醛树脂涂料是由各种取代酚与甲醛经缩聚反应所制得，根据含油量不同，分为短油度、中油度、长油度三类。油溶性酚醛树脂涂膜具有坚固耐用、耐碱、耐潮、耐海水等优点，主要用于防腐、防水及绝缘涂料。

醇溶性酚醛树脂涂料是由醇溶性酚醛树脂溶于酚类、苯类溶剂中制得，其中热固性或热塑性酚醛树脂是用醇类溶剂进行醚化改性处理制得。醇溶性酚醛树脂涂膜的耐水性、耐酸性很好，但性较脆，在生产中常跟油或其他树脂配合使用，制得的涂膜强度坚韧、附着力强、具有良好的耐腐蚀性。

松香改性酚醛树脂涂料由松香改性的酚醛树脂、干性油、催干剂、有机溶剂等制成。松香改性酚醛树脂一般用热固性酚、羟醛缩合后跟松香反应，再用甘油或季戊四醇等多元醇进行酯化制得。酚醛树脂缩合过程中酚与醛品种及配比、酚醛缩合物跟松香的配比、酯化反应所用醇的品种及酯化程度的不同均会影响松香改性酚醛树脂涂料的性能。现主要使用的松香改性酚醛树脂涂料包括清漆、磁漆、底漆、特殊用漆等，其总产量占酚醛树脂涂料总量的 50% 以上。

（2）醇酸树脂涂料

醇酸树脂涂料是在醇酸树脂或改性醇酸树脂的基础上，加入催干剂、溶剂制得，是由多元醇（甘油）、多元酸（苯二甲酸酐）及脂肪酸经酯化缩聚而成的聚酯型树脂，呈黏稠液体或固体状。醇酸树脂涂膜的光泽度、硬度、弹性和耐久性较好，附着力强。

醇酸树脂根据生产时所使用的脂肪酸不同，可分为干性与不干性两类。

干性醇酸树脂是由不饱和脂肪酸进行酯化反应制得，能溶于松节油、松香水、二甲苯等有机溶剂，可直接用于制造涂料，具有很好的耐水和耐久性，涂层干燥性好。不同种类的脂肪酸，性能也有所差异，用亚麻油、桐油所制的醇酸树脂，涂膜色深，但耐水性好；由豆油、葵花子油的脂肪酸酯化所制得的醇酸树脂，涂膜色浅不易泛黄，多用于白色与浅色涂料及清漆。

不干性醇酸树脂是用饱和脂肪酸或不干性油（蓖麻油、椰子油）酯化制得的醇酸树脂。其在常温中不能干燥成膜，故不能单独作为涂料的主要成膜物质，只能跟氨基树脂、硝酸纤维素配合使用，以增加涂膜的塑性、光泽度、附着力及耐久性等。醇酸树脂还可跟异氰酸酯反应制成聚氨酯树脂涂料。

醇酸树脂根据含油量不同，又可分为短油度、中油度、长油度三种类型。短油度醇酸树脂的含油量在 50% 以下，属于不干性醇酸树酯，不能单独使用，常作为原料与其他成膜物质配合制成涂料；中油度醇酸树脂的干性油含量为50％～60％，涂膜干燥快、保光性与耐候性好；长油度醇酸树脂的含油量为60％以上，多为干性油，涂膜具有优良的耐候性、保光性、柔韧性及较高的光泽，多用于室外制品表面。

（3）硝基涂料

硝基涂料也称硝基纤维素涂料，是以硝基纤维素（硝化棉）为主要原料，配以合成树脂、增韧剂、溶剂、助溶剂、稀释剂等制成清漆。再以清漆为基料加入体质颜料或着色颜料等制成硝基磁漆。

硝基涂料涂层透明度高、坚硬耐磨，涂层干燥迅速，可大大缩短施工时间。每层涂层在常温下仅需 10～15min 即可表干；涂膜损坏后易修复，若产生流挂、橘皮、波纹、皱纹等缺陷，可用棉花球蘸上溶剂湿润涂膜使之溶解，稍用力就可揩涂。涂膜具有优异的装饰性，经水磨砂光处理后，可获得镜面般的装饰效果。硝基涂料适应多种涂饰方法，可用手工涂刷或揩涂，也能进行喷涂、淋涂、浸涂、抽涂。

但是，硝基涂料漆膜耐热、耐寒、耐光、耐碱性欠佳，70℃以上时会发生软化，温度过低会产生冻裂现象；紫外线会引起龟裂；浓度为 5％ 的 NaOH 溶液浸泡 1d，漆膜部分会被溶解或脱落。其 80％ 左右的溶剂会挥发，污染环境，并造成溶剂的大量浪费。所以硝基涂料应用范围越来越窄，正逐步被其他高级树脂涂料所替代。

（4）聚氨酯树脂涂料

聚氨酯树脂涂料是聚氨基甲酯树脂涂料的简称，主要是以多异氰酸酯跟多羟基化合物反应制得，又被称为多异氰酸酯涂料。聚氨酯树脂涂料可与聚醚、环氧、醇酸、丙烯酸等树脂混合使用制成许多新型涂料。聚氨酯涂料涂膜弹性、坚韧、耐磨、耐候、耐腐蚀表现突出，并且具有较好的装饰性，在现代涂料中应用十分广泛。

聚氨酯树脂涂料种类多样，主要包括羟基固化型聚氨酯涂料、封闭型聚氨酯涂料、湿润固化型聚氨酯涂料、催化型聚氨酯涂料、聚酯油涂料等。

① 羟基固化型聚氨酯涂料　羟基固化型聚氨酯涂料是广泛应用的一种聚氨酯涂料，分为甲、乙两种组分，分别包装储存。在使用时，将含异氰酸基（—NCO）的甲组分与含羟基（—OH）的乙组分按一定比例混合均匀，待气泡溢出即可进行涂饰，涂层固化后可形成不溶不熔的聚氨酯树脂涂膜。

② 封闭型聚氨酯涂料　封闭型聚氨酯涂料的组成成分与羟基固化型聚氨酯涂料基本一致，只是将异氰酸酯预聚物中游离基（—NCO）用苯酚或其他含单官能团活泼氢原子的物质暂时封闭起来，使之跟羟基组分合装在一起成为单组分包装涂料。此涂料涂膜坚韧、附着力强，具有很高的绝缘、防腐、耐磨、耐潮、耐溶剂等性能，是各类金属家具以及其他金属制品的优良涂饰

材料。

③ 湿润固化型聚氨酯涂料　湿润固化型聚氨酯涂料属于单组分常温固化涂料，主要成膜物质为含有—NCO 端基的异氰酸酯聚醚（或其他含羟基高聚物）预聚物。其涂层通过吸收空气中的潮气并进行化学反应生成脲键后，固化形成涂膜。此涂料的涂膜具有优良的耐化学腐蚀性和较高的机械强度，能承受重型机械的振动与滚压，还可作为辐射保护层，也可以用作金属、水印及混凝土表面防腐涂饰。

④ 催化型聚氨酯涂料　这类涂料在结构上跟湿固化型聚氨酯涂料基本相同，主要成膜物质也是由多量的二异氰酸酯与含羟基高聚物反应而形成含有—NCO 端基的预聚物，属于湿固化型涂料。此涂料的涂膜具有很好的附着力、耐磨性、耐水性、耐化学品性及光泽度，适合作为地板漆和木制品、金属制品的罩光涂料。

⑤ 聚氨油涂料　这类涂料是用二异酸酯跟干性油或半干性油反应制得的高聚物，溶于有机溶剂后制成的，其特点是涂层干燥快，在较低的气温下也能迅速固化。跟醇酸涂料相比，其涂膜的耐水性、耐酸碱性、光泽度要好一些，但存在变黄、生产成本较高等问题而应用较少。

（5）不饱和聚酯涂料

不饱和聚酯涂料是由不饱和聚酯树脂、不饱和单体、阻聚剂、引发剂及促进剂等制成的涂料。其中，不饱和单体既能溶解不饱和聚酯树脂使之成为具有一定黏度的液体涂料，又能跟不饱和聚酯树脂发生化学反应共同成为涂膜，起着溶剂与成膜物质的双重作用。因此不饱和聚酯涂料也被称作无溶剂型涂料，固体含量可以达到 95% 以上。该涂料的涂膜厚实丰满，具有很高的光泽度、透明度、硬度，且耐磨、耐热、耐寒、耐水、耐溶剂、耐弱酸碱、保光、保色性能好，可获得优异的装饰效果，常用于高级家具的涂饰。

（6）水性树脂涂料

水性树脂涂料是以水作为主要成膜物质的溶剂或分散剂的一类涂料。主要成膜物质能均匀溶入水中的称为水溶性涂料；不能溶于水但能以微粒状（粒径 $10\mu m$ 以下）均匀分散于水中的称为水乳胶树脂涂料。以水作为溶剂能极大地减少生产和涂饰给大气带来的污染，并能消除火患危险。按照成膜物质不同，现主要有水溶性环氧、醇酸、丙烯酸、酚醛、氨基等树脂涂料。水性涂料中主要用于墙壁及顶板的涂料有聚丙烯酸酯、聚醋酸乙烯、聚苯乙烯、丙烯酸酯、丁苯以及由醋酸乙烯、丙烯酸酯、乙烯等不饱和单体共聚的水乳胶涂料。

（7）填孔涂料

填孔涂料是由填充剂、着色剂、黏结剂和稀释剂四种组分组成。填充剂也称填料，主要为各种体质颜料；着色剂为各种着色颜料；黏结剂为各种清油、清漆、胶黏剂或有胶黏作用的物质；稀释剂是各种有机溶剂或水。不透明涂饰的填孔涂料就不需要用着色剂，其他成分基本相同。

填孔涂料是一种基础涂料，主要用于填塞木材的纹孔、裂缝及洞眼。若是对木制品进行透明涂饰，填孔涂料对木材还需起到基础着色作用，所以要求填孔涂料的颜色跟木制品要涂饰的颜色基本相同，或只略浅一点。如果对木制品进行不透明涂饰，则填孔涂料无需配色。根据填孔涂料所用的黏结剂与稀释剂不同，可分为水性腻子、油性腻子、树脂色浆三大类。

水性腻子：所用黏结剂是水溶性的，其稀释剂是水；中性气味、施工简便、价廉；应用广泛。使用的主要配制方法有用碳酸钙（老粉）作为填充剂，以水作为黏结剂和稀释剂的老粉水性腻子；以碳酸钙、石膏粉为填充剂，以白乳胶水溶液为黏结剂的白乳胶腻子；以老粉和石膏粉的混合物为填充剂，以羧甲基纤维素水溶液为黏结剂和稀释剂的羧甲基纤维素水性腻子；以熟猪血为黏结剂，以碳酸钙为填充剂的猪血水性腻子等。

油性腻子：以各种清油或清漆作为黏结剂，以相应的有机溶剂作为稀释剂，以颜料作为着色剂的腻子。使用的主要配制方法有以虫胶清漆作为黏结剂，以老粉作为填充剂的虫胶腻子；以硝基清漆作为黏结剂的硝基漆腻子；以清油作为黏结剂，以有机溶剂作为稀释剂，以老粉作为填充剂的油老粉腻子等。

树脂色浆：以树脂涂料为黏结剂，以所用树脂的溶剂为稀释剂，以染料或颜料作为着色剂，并以滑石粉作为填充剂。

8.2.2　涂饰工艺

木制品的表面涂饰工艺，分为透明涂饰工艺、半透明涂饰工艺和不透明涂饰工艺。

（1）透明涂饰工艺

透明涂饰工艺是利用无色透明的清漆涂覆于木制品表面，在其表面形成透明涂膜，以使被涂基材表面的质感、纹理、色彩清晰显现的一种涂饰方法，主要用于具有美丽天然的纹理与优良质感的高级木制品，能更好地表现出木材的天然美。木制品透明涂饰跟其他涂饰一样，其主要技术包括表面处理与涂饰涂料两大部分。

① 表面处理　主要是将被涂木制品表面处理得平整光滑、洁净，去除色斑、胶痕、树脂等缺陷，对涂饰质量有着直接的影响。为此，涂饰时先要对被涂表面进行各种必要的处理，才能进行后续表面涂料涂饰过程。木材表面处理主要包括去树脂、脱色、除木毛、嵌补洞眼和裂缝等处理技术。

a. 去树脂。许多木材中含有树脂，使表面呈油状，会影响木材的染色，降低涂膜的附着力。因此在木材表面涂饰前应利用热肥皂水和碱溶液清除木材表面的树脂与其他油迹。

b. 脱色。如果木制品表面上有天然色斑，或是被其他色素污染导致颜色不均，需要对木材进行局部脱色处理，除去色斑或污迹；如果木制品需进行浅色或透明涂饰，为了使木材整个表面颜色均匀或者去除木制品表面颜色偏深的问题，就需要将木材表面全部进行漂白。常用于木材表面脱色的有双氧水、氢氧化钠水溶液和次氯酸钠水溶液等。

　　c. 除木毛。木材表面经过各种切削加工，虽然表面粗糙度下降很多，但由于木材是由纤维构成的，无论经过怎样的精刨或细砂，总会有一定柔软的木毛附在木材表面。一旦在木材表面涂上液体涂料，木毛就会因湿胀变硬而竖立起来，原来显得光滑的木材表面就会变得粗糙了。这样就会影响木材染色的均匀性，因为染料溶液会聚集在木毛的基部，形成芝麻状的白点，俗称为"芝麻白"，同时，还会降低涂膜的附着力。为此，涂饰时需先清除被涂面上的木毛。清除木毛常用的处理方法有涂刷水湿润后用砂纸砂磨，涂刷骨、皮胶水溶液湿润后砂磨，涂刷虫胶清漆湿润后砂磨以及涂刷清漆湿润后砂磨等。

　　d. 表面嵌补。除木制品表面的天然缺陷（如虫眼、节子等）以外，木制品在经历各种工序的生产加工后，会产生裂缝、钉眼、缺棱等缺陷。这些缺陷的存在会影响木制品的涂饰质量，需要进行表面修整。在涂饰施工中，常用各种涂料跟体质颜料、着色颜料调成厚糊糊状的腻子去进行嵌补。由于所用的涂料不同，可将腻子分为油性、硝基、酚醛、醇酸、生漆、虫胶等多种类型。其中虫胶腻子具有干燥快、易砂磨、木制品在着色前或着色后均可嵌补等特点，在木制品涂饰中应用广泛。

　　木制品表面经过上述工艺技术处理后，便获得较好的平整光滑度，色彩差别较小，也无树脂油迹，可以进行涂饰涂料。

　　② 涂饰涂料　涂饰涂料的工艺过程包括填孔、染色、拼色、涂饰底漆与面漆。

　　a. 填孔。

　　由于木材内部存在无数横竖分布的水分、养分运输通道，这些运输通道会在木材的切面上留下许多孔洞，木材纹理就是由这些疏密排列的孔洞形成的。涂饰时，需要先用填孔涂料将这些孔洞封闭好，以防止面层涂料渗到木材导管中，提高木制品表面平整度，防止由于孔洞中存在空气使面层涂膜起泡，同时可减少价格较贵的面层涂料消耗，降低涂饰成本。

　　填孔涂料一般是在涂饰时，由施工人员自行调配，并应在填孔涂料中加入适量着色颜料，使其颜色跟木制品所需涂饰的颜色一致。

　　填孔的工艺技术要求为以下三点：

　　一要将全部纹孔、洞眼、裂缝填实填平；

　　二要揸清木制品表面的浮粉，确保木纹清晰；

　　三要力争木制品表面的颜色基本均匀，并跟木制品所需涂饰的颜色大致相同。

　　常用的填孔涂料有水老粉、油老粉、各种腻子、树脂色浆等，在填孔时的做法分别如下。

水老粉填孔涂料：一般用于孔洞较小的木制品填孔，涂饰水老粉多用手工操作。其方法是用手握一小把竹刨花或细软的纱头，蘸取均匀的水老粉，先在木制品表面横向按照罗圈形轨迹进行涂抹，以使水老粉充分揩入木材孔洞及缝隙中；紧接着沿着木纹方向反复直揩，力求将木材全部纹孔填平填实，并使木材表面色彩基本均匀一致；同时趁木材未干之前，再用较干净的竹刨花沿木纹方向将浮在木材表面上的余粉揩涂清爽，务必使木材纹理清晰。

油老粉填孔涂料：填孔附着力强，木纹清晰度高，填孔效果优于水老粉，但成本较高，涂层干燥较慢。油老粉多用于纹孔较细密的木制品填孔中，特别是形状与线条较复杂的木制品，如各类木质材料工艺品。其做法与水老粉填孔涂料工艺类似。

各种腻子填孔涂料：各种腻子主要指油性腻子、水性腻子及复合腻子等，这类腻子主要用于木材纹孔较粗的木制品填孔，不仅填孔效果好，而且能使木制品纹理清晰，除此之外，也能涂饰细孔材料的木制品。各种腻子可用刮涂机或刮刀涂饰，如板式部件填孔，可用刮涂机进行涂饰，有利于提高生产效率。

树脂色浆填孔涂料：使用树脂色浆填纹孔，需先用羊毛漆刷将调匀的树脂色浆均匀地涂刷到木制品表面，然后改用细软的棉纱头进行揩涂，先螺旋形揩后直揩，以使孔洞填平实，色彩均匀。

无论使用哪种填孔涂料，待填孔涂料的涂层干燥后，尚需涂饰一层底漆进行封闭。常用虫胶清漆将填孔涂料封闭，增加填孔涂料与孔壁之间的接合力。待底漆涂层干燥后，要用 0 号木砂纸轻轻砂除木制品表面浮粉、尘粒等杂质。

b. 染色。

木制品表面染色是其涂饰工艺中最关键的一道工序，是木制品获得所需色彩的重要环节。木材表面染色有两种方法，一种是用染料或染料跟颜料的混合溶液进行染色；另一种是利用媒染剂进行染色。

染料溶液染色：用染料溶液对木制品进行染色是使用最普遍的方法。在涂饰施工中，通常是将所选用的各种染料按一定比例溶于清水中，配成所需色彩的水溶液，简称为水色。多数木制品要求涂饰成复色，如板栗色、红木色、柚木色、古铜色、咖啡色、金黄色、蟹壳青色等。这些色彩，都需要选用多种不同颜色的染料按一定比例调配而成。涂饰工人一般要根据"颜色样板"或目标色调配水色，应由浅到深，边调边看边试，直到接近需求颜色为止。

木制品染色一般先用漆刷将染料水溶液涂刷到木制品整个表面上，然后立即用另一把刷毛较干、弹性好、毛端整齐的软毛漆刷先沿横木材纤维方向涂刷一至数遍，以使水色被木材纤维充分吸收。紧接着顺木材纤维方向涂刷，以使木制品表面的色彩基本均匀一致，并将木制品表面多余的水色收理干净，以免流挂。最后需用弹性好的优质羊毛刷轻轻涂刷一遍，去掉尘粒、刷痕、流挂等缺陷，使木制品表面色彩更加均匀。待水色干后，需要涂饰一层虫胶清漆或黏度很小的面漆封闭色彩，使之不再褪色。

媒染剂染色：媒染剂染色是借助某些无色的无机盐如硫酸亚铁、高锰酸钾、重铬酸钾水溶液等跟木材中的单宁发生化学反应改变颜色，使木材获得新的色彩。无机盐水溶液在染色过程中主要起媒介作用，故将这种染色称为媒染剂染色。

媒染剂水溶液的制备与保存需用陶瓷或玻璃器皿，以免发生化学反应。制备媒染剂溶液，应先将媒染剂溶于热水中，搅拌至充分溶解；然后用白布滤去杂质，冷却到室温后用漆刷将其涂刷到木材表面。涂刷时要多涂一些，以使木材充分吸收，进行化学反应。当木材反映出来的色彩符合要求时，立即用纱头或毛巾将木材表面多余的媒染剂溶液揩擦干净即可。若是直接对薄木或零部件进行媒染剂染色，可将它们浸泡在媒染剂溶液中，当观察到染出的色彩符合要求时，立即捞出干燥。

c. 拼色。

由于木材材性各异，经过染色后木材表面的颜色并不均匀。拼色是用着色颜料或染料跟虫胶清漆调配而成的"酒色"使木制品表面色彩均匀的方法。拼色时，用毛笔将着色颜料、染料、虫胶清漆分别放入配色盘中，根据木制品表面不均匀处材色的色差要求，调配成一定的色彩，使存在色差的局部木材表面颜色增加或者降低，以使木制品整个表面的色彩均匀一致。

d. 涂饰底漆。

涂饰底漆又称打底，是整个涂饰过程中的第一遍漆，其目的主要是为了确保填孔、染色等各道工序的顺利进行。填孔后，需涂饰底漆增强填孔涂料层跟孔道的结合力，还可将孔洞封闭起来，避免脱落。染色后涂饰底漆可以封闭色彩，增加木制品色彩稳定性，便于进行下道工序。涂膜厚度具有一定限度，底漆的涂膜可以形成一定的厚度，底漆用量的多少，应根据工艺需要及木制品质量要求进行合理确定。

底漆在选择的时候既要满足涂饰工艺要求，确保涂饰质量，又要降低涂饰成本。所以底漆应尽量选用便于涂饰施工，涂层在常温下干燥快，涂膜附着力强，并能跟面漆涂膜牢固结合，没有任何不良反应的成分，涂膜的封闭性能还需较好，不能让填入木制品孔道中的颜料渗透到面漆涂层中，同时还应来源广，价格便宜。虫胶清漆基本满足上述要求，而且跟面漆具有很好的配套性能，几乎能作所有涂料的底漆，因此广泛用作木制品涂饰的底漆。但是虫胶仍存在在较潮湿的环境中涂层易吸潮泛白的问题，所以在施工中要采取干燥措施。

底漆要兼顾基底和面漆，一定要跟面漆相配套。底漆形成的涂膜不能被面漆涂层中的溶剂溶解，破坏底漆的涂膜，否则会影响整体涂膜的附着力，而且有可能使底漆涂膜被掀起，而无法继续涂饰面漆，情况严重的甚至要彻底返工，重新涂饰。若用硝基、聚氨酯、丙烯酸等涂料作为面漆，就不能用酯胶、酚醛、醇酸等涂料作为底漆。底漆的涂饰要根据木制品表面质量要求选择涂饰的遍数。

e. 涂饰面漆。

面漆是指涂膜外层的涂料，因此要求其涂膜具有较好的装饰性能和优异的理化性能，从而能更好地美化和保护木制品。

木制品的涂膜主要是由面漆形成，所以木制品涂膜的厚度主要取决于面漆的用量。涂饰面漆应使木制品的涂膜达到一定的厚度要求，使涂膜显得丰满、平整、光滑，能真正起到保护木制品的作用。但涂膜过厚，内应力会增大，其弹性降低、脆性增大，会导致涂膜早期龟裂，影响使用寿命。因此，涂膜的厚度应适当。

应根据所用涂料的性能、产品的形体特征及质量要求合理确定面漆涂饰的遍数。一般按单位面积规定的涂料用量，应分多次涂饰完毕才能保证涂饰的质量。涂饰遍数的多少，主要根据涂料的固体含量而定。固体含量多，涂料用量少，涂饰的遍数也就相应地减少；相反，则涂饰的遍数就要相应地增加。通常涂饰 2~3 遍，每遍涂饰量为 120~160g/m^2。

每涂饰一遍底漆或面漆，待涂层表面干后，需用 0 号砂纸或 1 号旧砂纸轻轻砂磨一遍，将涂膜表面上的小气泡、刷毛、尘粒等杂物砂除掉，使之清洁平整，以提高相邻涂层之间的结合力及整个涂膜的透明度与装饰性。最后一遍面漆涂饰完毕，应让整个涂层进行充分干燥后，才能进行涂膜修整。

（2）半透明涂饰工艺

使用带有色彩呈半透明状的清漆涂饰木制品称为半透明涂饰。其特点是在被涂饰面上所形成的涂膜具有色彩，并呈半透明状态。此种涂饰是在面漆（清漆）中加入少量的色精（用有机溶剂浸泡的着色颜料或着色颜料与染料混合物经研磨制成）调配而成，以使其涂膜形成所需涂饰的色彩。因此，有的地区形象地将此种涂饰称为"面着色"涂饰。

半透明涂饰多用于材质较差的木制品。它对被涂饰表面色彩要求不高，只利用填孔进行基础着色，不再进行染色与拼色，对木制品的着色均匀性、木纹清晰度、材质等级及制作精度的要求较低。这种涂饰家具难以呈现出木材纹理的天然美，仅依靠涂膜的色彩、质感起装饰作用，故装饰效果不佳。但由于其涂饰工艺简单，生产成本低，对涂饰技术要求不高，所以不少木制品生产厂家仍在使用半透明涂饰工艺。

（3）不透明涂饰工艺

不透明涂饰，俗称"混水"，是用含有颜料的不透明涂料（如调和漆、磁漆、色漆等）涂饰木材表面。不透明涂饰的涂层能完全遮盖住木材的纹理和颜色以及表面的缺陷。木制品的颜色即漆膜的颜色，故又称色漆涂饰。不透明涂饰常用于涂饰针叶树材、散孔材、刨花板和中密度纤维板等直接制成的木制品。

不透明涂饰工艺可以概括为三个阶段，即木材的表面处理（表面清净、去树脂、嵌补）、涂料涂饰（填平、涂底漆、涂面漆、涂层干燥）和漆膜修整（磨光、抛光）。按照涂饰质量的要求、基材情况和涂料品种的不同，每个阶段也可包括一个或几个工序，有的工序需要重复多次，有的工序顺序可以调整。

① 表面清净　不透明涂饰木材表面通常具有一定的粗糙度，应除去油斑、胶痕和其他油污等，如有节疤要进行挖补（补块木纹应与整个表面相一致），然后用 1 号砂纸顺木材纹理方向全面磨光。

② 去树脂　去树脂的方法与透明涂饰相同。

③ 嵌补　如果木材表面上有凹陷、孔缝及其他缺陷，若是在涂底漆之前嵌补，需用较稠较厚的虫胶腻子进行局部嵌补；若是在涂底漆之后嵌补，则采用油性腻子或硝基腻子等进行嵌补。腻子干燥后，用 1 号砂纸磨平。如果腻子干燥时因体积收缩再次出现凹陷，就需要再次进行嵌腻子处理，此时一般略微加厚漆膜，以免面漆损坏时露出底色。

④ 填平　涂饰质量要求较高时，为了清除早晚材密度差异引起的不平度，增加底层的厚度和减少面漆的消耗，需要对基材进行全面填平。全面填平即用填平剂（填平漆）在整个表面上涂饰 1~2 次，填平剂可以是油性腻子、树脂腻子，但比嵌补腻子稀薄些，可用刮涂、喷涂或辊涂的方法施工。填平剂尽可能涂得稀薄些，过厚会发脆甚至开裂。

⑤ 涂底漆　涂底漆的作用是封闭木材和节约面漆，同时含有白色底漆可以衬托和增加漆面色彩的鲜明程度。底漆可以是含有白色颜料的虫胶色漆或白色调和漆、聚氨酯底漆等。

⑥ 涂面漆　木制品不透明涂饰用的面漆有各种颜色的油性调和漆、酚醛磁漆、硝基色漆和聚氨酯色漆等。面漆的品种根据产品的装饰要求选用，中高级木制品多用硝基色漆和聚氨酯色漆涂饰。面漆需要多次涂饰，涂饰表面不允许有灰尘或污物，颜色要均匀不能露白，要经常搅拌涂料，以免颜料沉淀，造成漆膜颜色不均匀。在色漆漆膜上，也可以最后涂一层同类清漆以提高漆膜强度，增加亮度。

⑦ 磨光　磨光通常采用湿法磨光，工艺与透明涂饰相同。

⑧ 抛光　抛光的方法与透明涂饰相同。

8.2.3　涂饰方法

（1）手工涂饰

手工涂饰是一种最为简单和原始的涂饰方法，在涂饰过程中涂料损耗少、适用范围广、操作简单，目前一些小型企业仍在使用。但是手工涂饰劳动强度大、涂饰效率低、涂饰质量受人为因素影响大、对工人的技术水平要求高、难以满足现代生产发展的需要，随着时代的发展逐渐被机械化和自动化的涂饰方法替代。

由于涂料的种类、性能及被涂物表面形状、尺寸不同，手工涂饰工具的类型和规格也多种多样。常用的手工涂饰工具主要有漆刷、排笔、大漆刷、刮刀、棉花球等，涂饰方法主要有刷涂、刮涂、揩涂等。

① 刷涂　刷涂主要利用漆刷蘸取树脂涂料在被涂物表面按照一定的次序反复涂刷，在木制品表面形成平整光滑、厚度均匀一致的涂膜。刷涂不受被涂物形状、尺寸的限制；也不受施工场地大小、室内室外的影响；并且操作简便，损耗涂料少。其缺点是对于大面积（如墙面、船体、车厢等）的涂饰，整体涂膜的平整光滑度、厚度难以达到一致；劳动强度大，涂饰效率低。

涂刷的一般规律是从左到右、从上到下、先里后外、先难后易，如图 8-6 所示。无论是涂饰水平面还是垂直面，应距端头 100～200mm 处起刷，再将漆轻轻刷向端头，然后再从端头往回向终端刷去，待漆刷快刷到终端时，应将漆刷稍微向上提起，以防止涂料在终端流挂。无论涂刷什么涂料，尤其是快干涂料，应力求迅速涂刷均匀，反复涂刷次数不宜过多，让涂层有充分自然流平的过程。

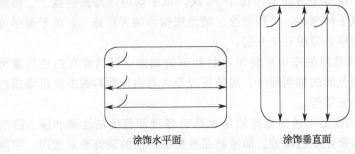

涂饰水平面　　　　　　涂饰垂直面

图 8-6　刷涂运动轨迹

② 刮涂　刮涂是利用各种刮刀把腻子刮到被涂物表面的孔洞、虫眼、缝隙中，使被涂物表面平整光滑。对不透明涂饰的木制品（包括金属家具），不需要显露木纹与材质，主要是要求腻子涂层平整光滑，以表面平整为准。

刮涂时，应以被涂物表面高处为准，刮涂成平面。要使腻子涂层形成一定厚度，以减少底漆与面漆的用量，降低涂饰材料成本。所以一般要连续刮涂2～3遍腻子，并要求第一道与第三道的腻子黏度小一点，第二道腻子黏度大一点，这对提高腻子涂层的附着力、表面平整光滑度及加速整个腻子涂层的干燥大有好处。每道腻子涂层干后要用1号木砂纸砂磨平整，然后再刮涂下一道腻子；待最后一道腻子涂层干透后，最好用砂纸进行砂磨，以不影响整个表面的平整度为宜。

刮涂腻子一般需使刮刀跟被涂物表面成 30°～75°，沿木纹方向往复刮涂。每刮涂一处，往返的次数不宜过多，一般往复刮涂 2～3 次就应刮涂好，否则会把腻子中的油分挤出而封闭腻子涂层的表面，使腻子涂层的底层难以干燥，且干燥后附着力降低。

③ 揩涂　揩涂是用棉花球揩涂虫胶、硝基等挥发型快干清漆或揩涂染料水溶液对木制品进行着色。揩涂能使涂膜结实丰满、厚度均匀、附着力强。一般采用硝基清漆涂饰高级家具、钢琴、工艺品等，手工涂饰揩涂后能获得更好的质量。

揩涂主要用于涂饰面漆，在涂饰过程中，需灵活运用手指与手腕的力，以使球内的涂料能比较均匀地被挤压流出，使涂层厚薄均匀。用手指抓住棉花球，放进清漆中浸透；然后轻轻捏松棉花球，让其充分吸收涂料；再提起稍挤干，以不使涂料往下滴为限，接着就进行揩涂。揩涂过程中的揩涂轨迹有直揩、螺旋形揩、"8" 字形揩及蛇形揩等多种形式，如图 8-7 所示。在涂饰时，几种揩涂方法可以交替进行，这样形成的涂膜质量好、均匀、平整。

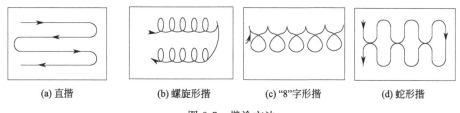

(a) 直揩　　　　(b) 螺旋形揩　　　　(c) "8"字形揩　　　　(d) 蛇形揩

图 8-7　揩涂方法

揩涂应横竖交错进行，第一遍顺木纹方向揩涂，第二遍横木纹方向揩涂。这样揩涂，涂膜平整结实。到涂饰快结束时，需沿木纹方向直揩数遍，直揩到圈涂时所留下的圈纹完全消失为止，然后用稍干净的棉花球或细软的纱头揩上油蜡，稍用力直擦一遍即可完工。若是用手工揩涂浓度较低的填孔涂料，如水老粉、油老粉等，操作时，在木制品表面纤维方向按螺旋形轨迹进行揩涂，然后沿木纹方向直揩均匀，最后用较干净的棉纱头沿木纹方向揩尽表面的余粉，以使表面颜色均匀、木纹清晰。

（2）机械喷涂

① 空气喷涂　空气喷涂又称气压喷涂，主要利用喷枪借助压缩空气的气流将涂料分散成雾状微粒并喷射到被涂物表面，经流平形成一层连续而均匀的涂层，涂饰质量受到喷涂距离、喷涂角度、喷涂方法、压缩空气的压力与纯洁度、涂料质量等因素的影响。

喷涂设备由空气压缩机、油水分离器、软管、喷枪等部分组成。图 8-8 所示为 PQ-2 型喷枪的外形图，喷枪的喷头上有两个喷嘴，一个是环状空气喷嘴，一个是涂料喷嘴，由环状的空气喷嘴包围住涂料喷嘴。工作时，压缩空气以高速从环状空气喷嘴喷射出来，从而使涂料喷嘴处形成负压区，低于大气压，由于储漆罐盖上有一小透气孔，使罐中涂料始终承受大气压，液体涂料便从储漆罐中沿喷枪管道从涂料喷嘴流出来，被喷射出来的压缩空气的冲击力分散成极细微粒，跟气流混合在一起，喷射到被涂物表面。

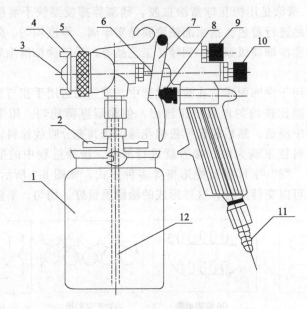

图 8-8　PQ-2 型喷枪

1—储漆罐；2—扎栏螺帽；3—涂料喷嘴；4—空气喷嘴；5—螺帽；6—塞针；
7—扳机；8—空气阀杆；9—控制阀；10—螺栓；11—空气接头；12—涂料管

空气喷涂涂饰质量比一般手工涂饰好，而且涂饰效率比手工涂刷快得多，适应范围广，能喷涂各种几何形状与大小不同的木制品，劳动强度有所减轻。但是空气喷涂的涂料损耗大，环境污染严重。

② 高压喷涂　高压喷涂是指利用压缩空气/液体驱动高压泵，使涂料增压，从喷枪的喷嘴喷出后，因压力突然减小而剧烈膨胀，爆炸成雾状涂料微粒射流，喷涂到被涂物面上的一种涂饰方法。

高压喷涂设备是由高压泵、蓄压器、过滤器、高压软管、喷枪等组成。高压泵的作用是给涂料增压；蓄压器的结构虽很简单，只是一根较大的钢管，但直接影响到涂饰的质量，它的作用就是稳定涂料的压力，减少其压力波动；过滤装置确保涂料清洁，以使喷涂正常进行；高压软管是将高压泵输出的涂料送入喷枪。图 8-9 所示为高压喷涂设备。

高压喷涂喷射出来的涂料射流中没有压缩空气，不和空气相混合，速度快，其微粒难以飘散到空气中，不会造成雾化损失；高压喷涂涂料的压力大、流速快，能将高黏度的液体涂料分散成微粒喷射出去；涂料的流量比一般气压

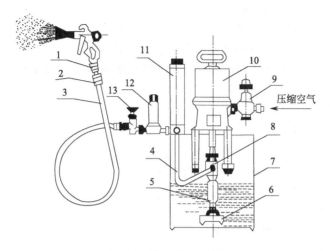

图 8-9　高压喷涂设备

1—喷枪；2—旋转接头；3—高压软管；4—输漆管；5—进漆管；6—网状过滤器；7—储漆箱；
8—高压泵；9—调压阀；10—气缸；11—储压器；12—管状过滤器；13—截止阀

喷涂大得多，要求操作技术熟练，能迅速而准确地喷胶，涂饰效率高；涂料射流中空气含量比气压喷涂少，所以涂层不易产生气泡，附着力强；高压喷涂适用于大件批量连续化涂饰，可获得较高的质量与涂饰效率。

　　③ 静电喷涂　静电喷涂是利用异性电荷相互吸引这一原理，使涂料微粒带上高压直流负电荷，将被涂零件放在接地的设备上作为正极带上高压正电荷，这样就在涂料微粒与被涂物表面之间形成高压静电场而产生较强的电场力，涂料微粒在电场力的作用下被吸附到被涂物表面从而形成均匀涂层。静电喷涂的工作原理如图 8-10 所示，从图中可以看出，静电喷涂的涂料射流被电场力吸引至被涂件表面，形成均匀涂层。由于电场的存在，涂料射流不会四处喷射，而是按照电场的方向定向喷射到木制品表面，所以静电喷涂既不能喷洒到空气中去，也没有反射损失及雾化损失，涂料利用率很高。

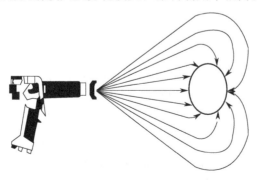

图 8-10　静电喷涂的工作原理图

静电喷涂是较为先进的涂饰方法，其主要优点是有利于实现机械化与自动化涂饰，无论被喷涂产品的体积有多大、形状有多复杂，均可以实现高质量喷涂。涂料微粒与被涂物表面之间存在较长的电场力，能迫使涂料微粒牢固地吸附在被涂物表面，减少涂料的损失。静电喷涂能确保涂饰质量稳定可靠，不受人为因素的影响。但是静电喷涂由于需要使物品带电，所以对作业场所的安全要求较高，要防止火灾的发生。

（3）机械淋涂

机械淋涂是将液体涂料通过淋涂机头的刀缝形成流体薄膜（涂幕），然后让待涂饰板式部件从涂幕中穿过，使板式部件表面形成一层均匀涂层的一种涂饰方法。淋涂机是由淋涂机头、储漆箱、输漆泵、滤漆器、回漆槽、流漆器、热水夹、输漆管道及产品输送机等主要部分组成，并由淋涂机头、储漆箱、输漆泵、滤漆器、回漆槽、流漆器、热水夹及输漆管道构成一个完整的涂料循环运输系统，其结构如图 8-11 所示。

将配好的涂料放进储漆箱中，并盖紧箱盖。开启输漆泵，使涂料经输漆管道进入滤漆器，经过滤漆器进入淋涂机头，再从机头底部刀缝中流出形成连续的涂幕，不断地倾泻到回料槽中，进行循环运转。将要淋涂的板式部件放到产品输送带上，随输送带从漆幕中穿过，淋涂一层均匀的涂层。若涂层较薄，便将输送带的速度调小，反之则调大，直到符合工艺要求为止。

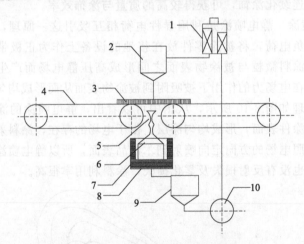

图 8-11　淋涂机的基本结构示意图

1—滤漆器；2—淋涂机头；3—被涂件；4—输送装置；5—回漆槽；
6—流漆器；7—加热片；8—热水夹；9—储漆箱；10—输漆泵

淋涂的特点是涂层厚度均匀，表面平整光滑，基本上没有缺陷，涂饰质量最好。涂料损失小，在整个涂饰过程中，涂料基本是在封闭的循环系统中运行，几乎没有涂料的固体组分挥发到空气中，涂料中的溶剂也在烘道中挥发，可以集中处理。淋漆机常跟涂层干燥烘道一起组成涂饰生产流水线，实行机械化与自动化涂饰。但是淋涂适用范围小，只适宜涂饰板式部件的正平面，对部件的边部很难涂饰，对产品整体或形状较复杂的零部件则无法进行涂饰，这便使淋涂的应用范围受到一定限制。但是对于形状规整的板式木制品，淋涂是一种又快又好的涂饰方法，所以在现代板式零部件涂饰中具有广泛应用。

（4）机械辊涂

辊涂是利用辊筒将涂料涂敷到产品表面上的一种涂饰方法。一般辊涂机是由分料辊、送料辊、涂料辊组成，有的还需要和产品输送机连在一起。如图 8-12 所示，被涂件从一对转动着的涂料辊与进料辊之间通过，在进给的过程中被涂上一层涂料。

辊涂机涂饰效率高，被涂件的进给速度可达 30～50m/min，能涂饰淋涂与喷涂无法涂饰的高黏度涂料，且填孔质量好，涂层宽度均匀，表面平整光滑，附着力强，质量稳定可靠，可实现机械化与自动化涂饰，提高产品的涂饰质量与涂饰效率，改善生产环境，并降低劳动强度。但是辊涂的缺点是只能涂装表面平整的板式零部件或木地板表面，并且要求其厚度一致，因此应用范围受到限制。

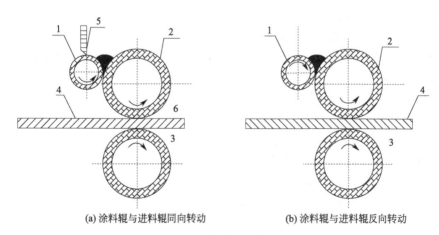

(a) 涂料辊与进料辊同向转动　　　　　(b) 涂料辊与进料辊反向转动

图 8-12　辊涂机工作原理

1—分料辊；2—涂料辊；3—进料辊；4—被涂件；5—刮刀；6—涂层

8.2.4　涂层干燥

涂层干燥目的是保证涂饰质量。液体涂层只有经过干燥，才能与基材表面紧密黏结，具有一定的强度、硬度、弹性等物理性能，从而发挥涂层的装饰保护作用。如果涂层干燥不合理，就会造成严重不良后果，使涂层表面质量恶化，无法保证涂饰质量。

（1）涂层干燥阶段

按液体涂层的实际干燥程度，可分为表面干燥、实际干燥和完全干燥三个阶段。

a. 表面干燥是指涂层表面干结成膜，轻触不黏手。表面干燥的特点是液体涂层成薄漆膜，灰落不粘。因此，表面干燥也常被称为防尘干燥阶段。但是这一阶段表面按压时还会留下痕迹。

b. 实际干燥是指手指轻压涂层而不留指痕。涂层达到实际干燥时，有的漆膜就可以经受进一步的加工打磨与抛光。但是漆膜尚未全部干透，这时的漆膜还在继续干燥，硬度也在继续增加。

c. 完全干燥是指漆膜已完全具备应有的各种保护装饰性能。这时漆膜性能基本稳定，制品可以投入使用。为了缩短生产周期，木制品在涂饰车间通常只干燥到第二个阶段，之后便入库或销售到用户手中继续干燥。

（2）涂层固化机理

涂层固化机理因涂料种类与性质的不同而不同，可分为以下几种类型。

① 溶剂挥发型　溶剂挥发型涂料是由涂层中溶剂的挥发而干燥成漆膜的。这类漆最大的特点是干燥时间短。影响此类漆涂层固化速度的主要因素是溶剂的种类及其在涂料中混合的比例、生产场所的温湿度条件等。

② 乳液型　乳液型涂料由水和分散的油及颜料构成。涂层干燥时，当作为分散剂的水分蒸发或渗入基材后，涂层容积明显缩小，乳化粒子相互接近，乳化粒子分散时起作用的胶膜因粒子的表面张力而破坏，油或树脂粒子流展，从而形成均匀连续的漆膜，颜料沉留在涂层中，此后涂层的固化过程与溶剂挥发型涂料大体相同。

③ 交联固化型　交联固化型涂料是由于涂料中成膜物质的氧化、聚合或缩聚反应而交联固化成膜。在交联反应过程中，光、热、氧气以及催化剂等起着十分重要的作用，成膜物质由低分子或线型高分子物质转化为体型聚合物，分子量不断变大，最后形成不溶不熔的三维网状体型结构漆膜，该固化过程是不可逆的。

（3）影响涂层干燥的因素

① 涂料类型　在同样的干燥条件下，不同类型涂料干燥速度差别很大，一般来说挥发型漆干燥快，油性漆干燥慢，聚合型漆干燥快慢情况各不相同，光敏漆干燥最快，其他聚合型漆则介于挥发型漆与油性漆之间。

② 涂层厚度　每次涂饰涂层较薄、多涂几遍，无论是在干燥速度还是在成膜质量上，都比涂层较厚、少涂几遍（聚酯漆除外）更适宜，但施工周期要长，成本加大。因为涂层薄，在相同的干燥条件下，涂层内应力小；而涂层过厚，不仅内应力大，而且容易起皱和产生其他干燥缺陷。

油性漆的涂层厚度对其固化时间有很大影响。随着涂层厚度的增大，固化所需时间也将大大延长。

③ 干燥温度　干燥温度高对绝大多数涂层都能促进其发生物理变化和化学反应，所以干燥温度高低对涂层干燥速度起决定性的影响。当干燥温度过低时，溶剂挥发与化学反应迟缓，涂层难以固化；提高干燥温度，能加速溶剂挥发和水分蒸发，加速涂层氧化反应和热化学反应，加快干燥速度；但干燥温度不宜过高，否则容易使漆膜发生热氧化老化，引起发黄、变色、发暗的问题。高温加热涂层的同时，基材也被加热，基材受热也会引起含水率的变化。

④ 空气湿度　相对湿度为 45％～65％的空气环境，对大部分涂料干燥来说最为合适。湿度过大时，涂层中的水分蒸发速度降低，溶剂挥发速度变慢，会减慢涂层的干燥速度。相对湿度对挥发性漆的干燥速度影响不明显，但对成膜质量关系很大，尤其当气温低、相对湿度超过 70％时，涂层极易产生"发白"现象。

⑤ 通风条件　涂层干燥时要有相应的通风措施，使涂层表面有适宜的空气流通，及时排走蒸发的溶剂。增加空气流通可以减少干燥时间，提高干燥效率。空气流通有利于涂层溶剂挥发和溶剂蒸汽排除，并能确保干燥场所的安全。

（4）自然干燥

所谓自然干燥就是不使用任何干燥装置，不采取任何人工措施，在 20℃左右的室温条件下进行的涂层干燥。这种干燥方法生产效率低、干燥时间长、占用面积大，而且由于干燥时间长，涂层表面容易粘附灰尘，影响漆膜质量。

（5）热空气干燥

热空气干燥也称对流干燥或热风干燥，即先将空气加热到 40～80℃，然后用热空气加热涂层使之达到快速干燥的方法。热空气干燥涂层干燥速度较自然干燥速度快；设备使用、管理和维护较为方便，运行费用较低；但是设备庞大，占地面积大。

（6）预热干燥

预热干燥法就是在涂饰涂料之前，预先将基材表面加热，使基材蓄积一定的热量，当涂饰涂料之后，由基材蓄积的热量传递给涂层，促进涂层内溶剂的蒸发以及化学反应的进行，从而加速涂层固化的一种干燥方法。预热干燥可以减少干燥时间，还能改善成膜质量；另外，预热的木材表面管孔中的空气受热膨胀，部分从木材中排除，可以有效减少漆膜起泡的现象。

（7）红外线辐射干燥

红外线干燥是利用红外线辐射器发出的红外线来照射涂层，加速涂层干燥的方法。由于红外线具有较好的穿透性能，能作用于更深的涂层，因而得到广泛的应用。红外线辐射干燥速度快、效率高、漆膜质量好、设备紧凑、使用灵活。

（8）紫外线干燥

紫外线干燥是利用紫外线照射光敏漆涂层使其迅速固化的一种方法，是近些年发展较快的一种新型快速固化涂层的方法。紫外线干燥涂层固化快、干燥效率高、漆膜质量好，适用于不宜高温加热的基材表面涂层干燥，装置简单，投资少，维修费用低，但是紫外线干燥法只能干燥平表面工件，并且需要采取防护措施。

（9）涂层表面修整

涂料的涂层在干燥过程中会发生体积收缩现象，涂料的固体含量越低，涂层的厚度越大，则涂层固化后体积收缩就越多。这种收缩使得原来表面平整光滑的涂层，变得不那么平整光滑了，还会出现微细的波纹，特别是固体含量只有 20％左右的纯挥发型涂料的涂层，固化后其涂膜的波纹度更大。涂层的流平性差或涂料中的杂质及空气中的尘粒沉降到涂层表面上也会影响涂膜的平整度。为了获得装饰性能较高、平整光滑的涂膜，在涂层充分干燥成坚硬的涂膜后，还需进行修整加工处理。现在普遍采用的方法是将漆膜磨水砂和抛光后再敷上油蜡除去污迹，可使涂膜平整光亮似镜。

① 磨水砂　在修整过程中，一般先用水砂纸砂除较长较高的粗波纹。砂除涂膜表层较粗的波纹一般采用 380 号、400 号、500 号或 600 号水砂纸。水砂纸号数越小砂粒就越粗，砂磨速度快，砂纸损耗小，但砂磨出来的涂膜表面砂痕粗，平整度差；号数越大砂粒越细，砂磨后的涂膜表面砂痕微细，平整度好，但砂纸消耗多，砂磨速度慢。因此，应根据产品的质量要求，合理选择水砂纸的号数。磨水砂可用手工操作和机械操作。机械操作时，主要是要根据被磨件的大小来选定磨水砂机的种类和规格。

② 抛光　涂膜经水砂后，表面还留有微细的波纹和水砂痕迹，致使表面的光泽度很低，还不及亚光涂饰的涂膜光泽度，所以需经过抛光处理，使涂膜表面的波纹长度小于 $0.2\mu m$ 才能获得似镜面般的光泽度，获得光感柔和、舒适的装饰效果。涂膜抛光需要使用抛光膏，俗称砂蜡或去污砂蜡。它是由硬度较小的细粉磨料（如硅藻土、煅烧白云石、氧化铝、氧化铬等）跟石蜡融合组成。因涂膜要擦到发热后，才能发出光泽，所以抛光过程中应反复摩擦使其光泽增加。

③ 敷油蜡　涂膜经抛光后，其表面会粘有残余的抛光膏，并有极微细的摩擦痕迹而影响涂膜表面的光泽度与透明度，所以还需使用油蜡（亦称光蜡）进行上光处理，又俗称敷油蜡。油蜡由蜂蜡、石蜡、硬脂酸铝等组成，称之为无磨料的抛光膏。敷油蜡常由人工用柔软而洁净的细棉纱头蘸取油蜡对涂膜表

面全部擦一遍，以使涂膜充分显现出自身镜面般的光泽度与透明度。经敷油蜡后，涂膜表面上会形成一层极薄、极光滑的油蜡层，使涂膜表面难以粘附灰尘及其他污染物，保护涂膜。

8.3　特种涂饰

8.3.1　转印装饰技术

在中间薄膜载体上预先固化好图文，然后采用相应的压力作用将其转移到承印物上，这样的印刷方法称为转印。转印技术是继直接印刷之后开发出来的一种新的表面装饰加工方法。与直接印刷相比，转印技术在二次加工过程中无须使用油墨、涂料、胶黏剂等材料，仅需一张转移薄膜，在热和压力的作用下，就可转移薄膜上的木纹或图案到需要装饰的工件表面。转印技术由于操作简单、设备投资少、无污染、装饰效果好，可用于各种基材表面，从而得到了迅速发展。

（1）热转印技术

热转印技术是通过热转印膜一次性加热、加压，将热转印膜上的装饰图案转印到被装饰基材表面，形成优质饰面膜的过程。在热转印过程中，利用热和压力的共同作用使保护层及图案层从聚酯基片上分离，热熔胶使整个装饰层与基材永久胶合。该技术可以装饰平面工件，也可以装饰曲面工件。一般可先在家具板面上转印，然后再转印边部。热转印的工艺流程为：中密度纤维板→砂光→裁板→平面热转印→边缘成型铣削→砂光→边缘热转印→成品。

热转印技术具有良好的木质感、立体感和实木效果；以热转印替代喷漆作业，转印后不需任何工序，可一次性完成全部装饰，操作简单，省时、省力，不需多次涂饰，不需干燥、打磨；表面装饰层样式多变，只需更换热转印膜的款式，就能改变装饰效果，满足各类产品要求；饰面如不慎损坏或要更换款式，可进行第二次热转印，提高了材料的利用率；环保无污染，无药物或涂料挥发性成分；占地面积小，投资少，见效快；热转印可以装饰零部件的表面与侧面，形成装饰层，并且可使零部件表面与侧边之间、装饰层与基材之间实现无接缝粘接，不需要再进行修边、整形或切削加工；但是热转印技术装饰层很薄，不耐磨，不耐划，其产品一般只用在不易磨损到的表面。

（2）水转印技术

水转印技术是使水溶性薄膜上的图文通过水的压力和活化剂等化学处理，转移到产品表面的工艺过程。水转印由于脱离了印刷过程中的油墨，被认为是一种环保技术。

8.3.2 雕刻与其他装饰

采用雕刻、压花、镶嵌、烙花、贴金等技术方法，对家具基材或零部件表面进行功能性或装饰性加工，是提高木制家具表面装饰性的有效方法。各种装饰方法既可单独采用，也可多种装饰方法配合使用。经过装饰可使家具造型更为美观，更加具有家具文化特征和美感。

（1）雕刻装饰

家具雕刻工艺主要是指木雕工艺。木雕是一种表现形式多样、应用范围广泛、操作技艺复杂的传统工艺技术。木雕以其古朴典雅的图案、精美绚丽的表现形式，获得广大用户的喜爱，得到广泛的应用。在国际上，木雕以其独特的艺术风采，展示着东方民族古老的文化艺术。木雕按其特性和雕刻方法可分为浮雕、透雕、圆雕、线雕等，如图 8-13 所示。

(a) 浮雕

(b) 透雕

(c) 圆雕

(d) 线雕

图 8-13 木材雕刻

（2）压花装饰

压花是在一定温度、压力、木材含水率等条件下，用金属成型模具对木材、胶合板、皮革或其他材料进行热压，使其产生塑性变形，制造出具有浮雕效果的木制零部件的加工方法，又称模压。压花是使用机器来进行家具工件表面装饰美化的，压花的工件可以是小块装饰件，也可以是家具零部件、建筑构件等。压花的表面一般比较光滑，不需要再进行修饰。

压花方法有平压法和辊压法。平压法是直接在热压机上、下压板安装成型模具进行压花的方法。热压温度为 120～200℃，压力为 1～15MPa，时间为 2～10min，木材含水率为 12%。辊压法是将工件在周边刻有图案纹样的辊筒压模间通过时，被连续模压出图案纹样。为提高辊压装饰图案质量，木材表面应受振动作用。热模辊的滚动速度为 3～5m/min，加压时工件压缩率为 15%，振动频率为 15～50Hz。

（3）镶嵌装饰

镶嵌是家具装饰工艺方法之一。镶嵌是指把不同颜色、质地的木块、兽骨、金属、岩石、龟甲、贝壳等小的物体嵌在另一种大的物体上，并使两种物体构成浑然一体的纹样图案的一种工艺方法。镶嵌将两种或多种不同物体的形状和色泽配合，跟家具零部件基材表面形成鲜明的对比，从而获得特殊的装饰艺术效果。镶嵌是艺术与技术相结合的典范，在家具，工艺美术品及其他日用、装饰品中获得了广泛应用。镶嵌工艺包括挖嵌、压嵌、镶拼和镶嵌胶贴等。

（4）烙花装饰

烙花，又称烫花、火笔花，是一种民间传统装饰艺术形式，其历史悠久。当木材表面被加热到 150℃以上时，在炭化以前，由于加热温度的不同，在木材表面可以产生不同深浅的褐色，从而形成一定的花纹图案。烙花就是根据这一原理和特点，利用电烙铁的热度，用巧妙的手法和熟练的绘画技巧，将木板表面烫糊而呈深浅不同的棕色图案，达到装饰目的。

（5）贴金装饰

贴金是用油漆将极薄的金箔包覆或贴于浮雕花纹或特殊装饰物表面，以形成经久不褪色、闪闪发光的金膜的一种装饰方法。贴金装饰可用在器物表面的局部，也可对器物全部进行大面积金饰，以通体贴金的等级最高，一般用于宫廷朝堂家具以及佛像、宗教供器等。

扫码领取
• 新手必备
• 拓展阅读
• 案例分享
• 书籍推荐

参考文献

[1] 《木工工长一本通》编委会. 木工工长一本通 [M]. 北京：中国建筑工业出版社，2009.

[2] 靳明,陆丰. 木工基本技能 [M]. 北京：中国林业出版社，2009.

[3] 牟瑛娜. 图说装饰装修木工技能 [M]. 北京：机械工业出版社，2017.

[4] 徐有明. 木材学 [M]. 北京：中国林业出版社，2006.

[5] 刘一星,赵广杰. 木质资源材料学 [M]. 北京：中国林业出版社，2004.

[6] 《装饰装修木工快速入门》编委会. 装饰装修木工快速入门 [M]. 北京：北京理工大学出版社，2010.

[7] 张盾,李玉珊. 木工入门与技巧 [M]. 北京：化学工业出版社，2013.

[8] 张求慧. 家具材料学 [M]. 北京：中国林业出版社，2018.

[9] 宋魁彦,郭明辉,孙明磊. 木制品生产工艺 [M]. 北京：化学工业出版社，2014.

[10] 吴智慧. 木家具制造工艺学 [M]. 3版. 北京：中国林业出版社，2019.

[11] 傅元宏. 室内装饰装修精细木工 [M]. 北京：化学工业出版社，2015.

[12] 陶涛. 家具设计与开发 [M]. 2版. 北京：化学工业出版社，2016.

[13] 彭红,陆步云. 设计制图 [M]. 北京：中国林业出版社，2003.

[14] 朱毅. 家具表面装饰 [M]. 北京：中国林业出版社，2012.

[15] 孙德彬,倪长雨,陶涛,等. 家具表面装饰工艺技术 [M]. 北京：中国轻工业出版社，2009.

[16] 顾炼百. 木材加工工艺学 [M]. 2版. 北京：中国林业出版社，2011.

[17] 刘雁,刁海林,杨庚. 木结构建筑结构学 [M]. 北京：中国林业出版社，2013.

[18] 《木框架剪力墙结构——设计与构造》编委会. 木框架剪力墙结构——设计与构造 [M]. 北京：中国建筑工业出版社，2020.

[19] 张一帆. 木质材料表面装饰技术 [M]. 北京：化学工业出版社，2006.

[20] 宋魁彦,朱晓东,刘玉. 木工手册 [M]. 北京：化学工业出版社，2015.

[21] 《木材工业实用大全》编委会《木材工业实用大全：制材卷》编写小组. 木材工业实用大全：制材卷 [M]. 北京：中国林业出版社，1999.

[22] 于夺福. 木材工业实用大全：人造板表面装饰卷 [M]. 北京：中国林业出版社，2002.

[23] 徐占发,王衍祯. 装饰装修施工 [M]. 武汉：华中科技大学出版社，2010.

[24] 《室内装饰装修工程》编委会. 室内装饰装修工程 [M]. 北京：中国计划出版社，2006.

附　录

附表 1　公制英制单位换算表

长度单位	1 英寸＝2.5400 厘米
	1 英尺-12 英寸＝0.3048 米
	1 码＝3 英尺＝0.9144 米
	1 英里＝1760 码＝1.6093 千米
重量单位	1 盎司＝437.5 谷＝28.350 克
	1 磅＝16 盎司＝0.4536 千克
	1 美担＝100 磅＝45.359 千克
	1 英担＝112 磅＝50.802 千克
	1 美吨＝2000 磅＝0.9072 公吨
	1 英吨＝2240 磅＝1.0161 公吨
面积单位	1 平方英寸＝6.4516 平方厘米
	1 平方码＝9 平方英尺＝0.8361 平方米
	1 英亩＝4840 平方码＝4046.86 平方米
	1 平方英里＝640 英亩＝259.0 公顷
体积单位	1 立方英寸＝16.387 立方厘米
	1 立方码＝27 立方英尺＝0.7646 立方米美制干量

公称通径	英寸 In.	1/8	1/4	1/2	3/4	1	11/4	11/2	2	21/2	3
	毫米 DN	4	6	10	20	25	32	40	50	65	80
	英寸 In.	31/2	4	5	6	8	10	12	14	16	18
	毫米 DN	90	100	125	150	200	250	300	350	400	450
	英寸 In.	20	24	26	28	30	32	34	36	42	48
	毫米 DN	500	600	650	700	750	800	850	900	1050	1200
	英寸 In.	54	60	64	72	80	84	88	96		
	毫米 DN	1350	1500	1600	1800	2000	2100	2200	2400		

附表 2　原木材积速查表

检尺径/cm	检尺长/m				
	0.5	0.6	0.7	0.8	0.9
	材　积/m³				
8	0.003	0.003	0.004	0.005	0.005
9	0.003	0.004	0.005	0.006	0.006
10	0.004	0.005	0.006	0.007	0.008

检尺径/cm	检尺长/m				
	0.5	0.6	0.7	0.8	0.9
	材　积/m³				
11	0.005	0.006	0.007	0.008	0.009
12	0.006	0.007	0.009	0.010	0.011
13	0.007	0.008	0.010	0.011	0.013
14	0.008	0.010	0.012	0.013	0.015
16	0.011	0.013	0.015	0.017	0.019
18	0.013	0.016	0.019	0.022	0.025
20	0.016	0.020	0.023	0.027	0.030
22	0.020	0.024	0.028	0.032	0.036
24	0.024	0.028	0.033	0.038	0.043
26	0.028	0.033	0.039	0.045	0.050
28	0.032	0.038	0.045	0.052	0.058
30	0.037	0.044	0.052	0.059	0.067
32	0.042	0.050	0.059	0.067	0.076
34	0.047	0.056	0.066	0.076	0.085
36	0.053	0.063	0.074	0.085	0.096
38	0.059	0.070	0.082	0.094	0.106
40	0.065	0.078	0.091	0.104	0.118
42	0.071	0.086	0.100	0.115	0.130
44	0.078	0.094	0.110	0.126	0.142
46	0.086	0.103	0.120	0.138	0.155
48	0.093	0.112	0.131	0.150	0.169
50	0.101	0.121	0.142	0.163	0.183
52	0.109	0.131	0.153	0.176	0.198
54	0.118	0.142	0.165	0.189	0.213
56	0.127	0.152	0.178	0.204	0.229
58	0.136	0.163	0.191	0.218	0.246
60	0.145	0.175	0.204	0.233	0.263
62	0.155	0.186	0.218	0.249	0.281
64	0.165	0.198	0.232	0.265	0.299
66	0.176	0.211	0.247	0.282	0.318
68	0.186	0.224	0.262	0.299	0.337
70	0.197	0.237	0.277	0.317	0.357
72	0.209	0.251	0.293	0.335	0.378
74	0.221	0.265	0.310	0.354	0.399
76	0.233	0.279	0.326	0.374	0.421
78	0.245	0.294	0.344	0.393	0.443
80	0.258	0.310	0.362	0.414	0.466
82	0.271	0.325	0.380	0.435	0.489
84	0.284	0.341	0.398	0.456	0.513
86	0.298	0.357	0.418	0.478	0.538
88	0.312	0.374	0.437	0.500	0.563
90	0.326	0.391	0.457	0.523	0.589

检尺径/cm	检尺长/m				
	0.5	0.6	0.7	0.8	0.9
	材　积/m³				
92	0.340	0.409	0.478	0.546	0.615
94	0.355	0.427	0.499	0.570	0.642
96	0.371	0.445	0.520	0.595	0.670
98	0.386	0.464	0.542	0.620	0.698
100	0.402	0.483	0.564	0.645	0.726
102	0.418	0.502	0.587	0.671	0.756
104	0.435	0.522	0.610	0.698	0.786
106	0.452	0.542	0.633	0.725	0.816
108	0.469	0.563	0.657	0.752	0.847
110	0.486	0.584	0.682	0.780	0.878
112	0.504	0.605	0.707	0.809	0.910
114	0.522	0.627	0.732	0.838	0.943
116	0.541	0.649	0.758	0.867	0.976
118	0.559	0.672	0.784	0.897	1.010
120	0.578	0.695	0.811	0.928	1.045

检尺径/cm	检尺长/m				
	1.0	1.1	1.2	1.3	1.4
	材　积/m³				
8	0.006	0.006	0.007	0.008	0.008
9	0.007	0.008	0.009	0.010	0.011
10	0.009	0.010	0.011	0.012	0.013
11	0.011	0.012	0.013	0.014	0.015
12	0.013	0.014	0.015	0.017	0.018
13	0.015	0.016	0.018	0.019	0.021
14	0.017	0.019	0.020	0.022	0.024
16	0.022	0.024	0.026	0.029	0.031
18	0.027	0.030	0.033	0.036	0.039
20	0.034	0.037	0.041	0.044	0.048
22	0.041	0.045	0.049	0.053	0.058
24	0.048	0.053	0.058	0.063	0.068
26	0.056	0.062	0.068	0.074	0.080
28	0.065	0.072	0.079	0.085	0.092
30	0.074	0.082	0.090	0.098	0.106
32	0.085	0.093	0.102	0.111	0.120
34	0.095	0.105	0.115	0.125	0.135
36	0.107	0.118	0.129	0.140	0.151
38	0.119	0.131	0.143	0.155	0.168
40	0.131	0.145	0.158	0.172	0.186
42	0.145	0.159	0.174	0.189	0.204
44	0.158	0.175	0.191	0.207	0.224
46	0.173	0.191	0.208	0.226	0.244
48	0.188	0.207	0.227	0.246	0.266

续表

检尺径/cm	检尺长/m				
	1.0	1.1	1.2	1.3	1.4
	材　积/m³				
50	0.204	0.225	0.246	0.267	0.288
52	0.221	0.243	0.266	0.288	0.311
54	0.238	0.262	0.286	0.311	0.335
56	0.255	0.281	0.308	0.334	0.360
58	0.274	0.302	0.330	0.358	0.386
60	0.293	0.323	0.353	0.383	0.413
62	0.313	0.344	0.376	0.408	0.440
64	0.333	0.367	0.401	0.435	0.469
66	0.354	0.390	0.426	0.462	0.498
68	0.375	0.414	0.452	0.490	0.529
70	0.398	0.438	0.478	0.519	0.560
72	0.421	0.463	0.506	0.549	0.592
74	0.444	0.489	0.534	0.580	0.625
76	0.468	0.516	0.563	0.611	0.659
78	0.493	0.543	0.593	0.643	0.694
80	0.518	0.571	0.624	0.676	0.729
82	0.545	0.600	0.655	0.710	0.766
84	0.571	0.629	0.687	0.745	0.803
86	0.599	0.659	0.720	0.781	0.842
88	0.627	0.690	0.754	0.817	0.881
90	0.655	0.722	0.788	0.855	0.921
92	0.685	0.754	0.823	0.893	0.962
94	0.714	0.787	0.859	0.932	1.004
96	0.745	0.820	0.896	0.971	1.047
98	0.776	0.855	0.933	1.012	1.091
100	0.808	0.890	0.972	1.054	1.136
102	0.841	0.925	1.011	1.096	1.181
104	0.874	0.962	1.050	1.139	1.228
106	0.907	0.999	1.091	1.183	1.275
108	0.942	1.037	1.132	1.228	1.323
110	0.977	1.075	1.174	1.273	1.373
112	1.013	1.115	1.217	1.320	1.423
114	1.049	1.155	1.261	1.367	1.473
116	1.086	1.195	1.305	1.415	1.525
118	1.123	1.237	1.350	1.464	1.578
120	1.162	1.279	1.396	1.514	1.632

检尺径/cm	检尺长/m				
	1.5	1.6	1.7	1.8	1.9
	材　积/m³				
8	0.009	0.010	0.011	0.011	0.012
9	0.011	0.012	0.013	0.014	0.015
10	0.014	0.015	0.016	0.017	0.018

检尺径/cm	检尺长/m				
	1.5	1.6	1.7	1.8	1.9
	材 积/m³				
11	0.017	0.018	0.019	0.020	0.022
12	0.020	0.021	0.022	0.024	0.025
13	0.023	0.024	0.026	0.028	0.030
14	0.026	0.028	0.030	0.032	0.034
16	0.034	0.036	0.039	0.041	0.044
18	0.042	0.045	0.048	0.051	0.055
20	0.052	0.055	0.059	0.063	0.067
22	0.062	0.067	0.071	0.076	0.080
24	0.074	0.079	0.084	0.089	0.095
26	0.086	0.092	0.098	0.104	0.110
28	0.099	0.106	0.113	0.120	0.127
30	0.113	0.121	0.129	0.137	0.146
32	0.129	0.138	0.147	0.156	0.165
34	0.145	0.155	0.165	0.175	0.186
36	0.162	0.173	0.185	0.196	0.208
38	0.180	0.193	0.205	0.218	0.231
40	0.199	0.213	0.227	0.241	0.255
42	0.219	0.234	0.250	0.265	0.280
44	0.240	0.257	0.274	0.290	0.307
46	0.262	0.280	0.299	0.317	0.335
48	0.285	0.305	0.325	0.344	0.364
50	0.309	0.330	0.352	0.373	0.395
52	0.334	0.357	0.380	0.403	0.426
54	0.360	0.384	0.409	0.434	0.459
56	0.386	0.413	0.440	0.466	0.493
58	0.414	0.443	0.471	0.500	0.528
60	0.443	0.473	0.504	0.534	0.565
62	0.473	0.505	0.537	0.570	0.602
64	0.503	0.537	0.572	0.607	0.641
66	0.535	0.571	0.608	0.644	0.681
68	0.567	0.606	0.645	0.684	0.723
70	0.601	0.642	0.683	0.724	0.765
72	0.635	0.678	0.722	0.765	0.809
74	0.671	0.716	0.762	0.808	0.854
76	0.707	0.755	0.803	0.852	0.900
78	0.744	0.795	0.846	0.896	0.947
80	0.782	0.836	0.889	0.942	0.996
82	0.822	0.878	0.934	0.990	1.046
84	0.862	0.920	0.979	1.038	1.097
86	0.903	0.964	1.026	1.087	1.149
88	0.945	1.009	1.074	1.138	1.203
90	0.988	1.055	1.123	1.190	1.257

检尺径/cm	检尺长/m				
	1.5	1.6	1.7	1.8	1.9
	材 积/m³				
92	1.032	1.102	1.172	1.243	1.313
94	1.077	1.150	1.224	1.297	1.370
96	1.123	1.199	1.276	1.352	1.429
98	1.170	1.249	1.329	1.408	1.488
100	1.218	1.301	1.383	1.466	1.549
102	1.267	1.353	1.439	1.525	1.611
104	1.317	1.406	1.495	1.585	1.674
106	1.367	1.460	1.553	1.646	1.739
108	1.419	1.515	1.611	1.708	1.804
110	1.472	1.571	1.671	1.771	1.871
112	1.526	1.629	1.732	1.835	1.939
114	1.580	1.687	1.794	1.901	2.008
116	1.636	1.746	1.857	1.968	2.079
118	1.692	1.807	1.921	2.036	2.151
120	1.750	1.868	1.986	2.105	2.224

检尺径/cm	检尺长/m					
	2.0	2.2	2.4	2.5	2.6	2.8
	材 积/m³					
4	0.0041	0.0047	0.0053	0.0056	0.0059	0.0066
5	0.0058	0.0066	0.0074	0.0079	0.0083	0.0092
6	0.0079	0.0089	0.0100	0.0105	0.0111	0.0122
7	0.0103	0.0116	0.0129	0.0136	0.0143	0.0157
8	0.013	0.015	0.016	0.017	0.018	0.020
9	0.016	0.018	0.020	0.021	0.022	0.024
10	0.019	0.022	0.024	0.025	0.026	0.029
11	0.023	0.026	0.028	0.030	0.031	0.034
12	0.027	0.030	0.033	0.035	0.037	0.040
13	0.031	0.035	0.038	0.040	0.042	0.046
14	0.036	0.040	0.045	0.047	0.049	0.054
16	0.047	0.052	0.058	0.060	0.063	0.069
18	0.059	0.065	0.072	0.076	0.079	0.086
20	0.072	0.080	0.088	0.092	0.097	0.105
22	0.086	0.096	0.106	0.111	0.116	0.126
24	0.102	0.114	0.125	0.131	0.137	0.149
26	0.120	0.133	0.146	0.153	0.160	0.174
28	0.138	0.154	0.169	0.177	0.185	0.201
30	0.158	0.176	0.193	0.202	0.211	0.230
32	0.180	0.199	0.219	0.230	0.240	0.260
34	0.202	0.224	0.247	0.258	0.270	0.293
36	0.226	0.251	0.276	0.289	0.302	0.327
38	0.252	0.279	0.307	0.321	0.335	0.364
40	0.278	0.309	0.340	0.355	0.371	0.402

检尺径/cm	检尺长/m					
	2.0	2.2	2.4	2.5	2.6	2.8
	材　积/m³					
42	0.306	0.340	0.374	0.391	0.408	0.442
44	0.336	0.372	0.409	0.428	0.447	0.484
46	0.367	0.406	0.447	0.467	0.487	0.528
48	0.399	0.442	0.486	0.508	0.530	0.574
50	0.432	0.479	0.526	0.550	0.574	0.622
52	0.467	0.518	0.569	0.594	0.620	0.672
54	0.503	0.558	0.613	0.640	0.668	0.724
56	0.541	0.599	0.658	0.688	0.718	0.777
58	0.580	0.642	0.705	0.737	0.769	0.833
60	0.620	0.687	0.754	0.788	0.822	0.890
62	0.661	0.733	0.804	0.841	0.877	0.950
64	0.704	0.780	0.857	0.895	0.934	1.011
66	0.749	0.829	0.910	0.951	0.992	1.074
68	0.794	0.880	0.966	1.009	1.052	1.140
70	0.841	0.931	1.022	1.068	1.114	1.207
72	0.890	0.985	1.081	1.129	1.178	1.276
74	0.939	1.040	1.141	1.192	1.244	1.347
76	0.990	1.096	1.203	1.257	1.311	1.419
78	1.043	1.154	1.267	1.323	1.380	1.494
80	1.096	1.214	1.329	1.386	1.443	1.558
82	1.151	1.274	1.399	1.461	1.523	1.649
84	1.208	1.337	1.467	1.532	1.598	1.730
86	1.265	1.401	1.537	1.605	1.674	1.812
88	1.325	1.466	1.609	1.680	1.752	1.896
90	1.385	1.533	1.682	1.757	1.832	1.983
92	1.447	1.601	1.757	1.835	1.913	2.071
94	1.510	1.671	1.833	1.915	1.997	2.161
96	1.574	1.742	1.911	1.996	2.082	2.253
98	1.640	1.815	1.991	2.080	2.169	2.347
100	1.707	1.889	2.073	2.165	2.257	2.443
102	1.776	1.965	2.156	2.252	2.348	2.540
104	1.846	2.042	2.240	2.340	2.440	2.640
106	1.917	2.121	2.327	2.430	2.534	2.742
108	1.990	2.202	2.415	2.522	2.629	2.845
110	2.064	2.283	2.504	2.615	2.727	2.950
112	2.139	2.367	2.596	2.711	2.826	3.058
114	2.216	2.451	2.688	2.808	2.927	3.167
116	2.294	2.537	2.783	2.906	3.030	3.278
118	2.373	2.625	2.879	3.007	3.135	3.391
120	2.454	2.714	2.977	3.109	3.241	3.506

检尺径/cm	检尺长/m				
	3.0	3.2	3.4	3.6	3.8
	材 积/m³				
4	0.0073	0.0080	0.0088	0.0096	0.0104
5	0.0101	0.0111	0.0121	0.0132	0.0143
6	0.0134	0.0147	0.0160	0.0173	0.0187
7	0.0172	0.0188	0.0204	0.0220	0.0237
8	0.021	0.023	0.025	0.027	0.029
9	0.026	0.028	0.031	0.033	0.036
10	0.031	0.034	0.037	0.040	0.042
11	0.037	0.040	0.043	0.046	0.050
12	0.043	0.047	0.050	0.054	0.058
13	0.050	0.054	0.058	0.062	0.066
14	0.058	0.063	0.068	0.073	0.078
16	0.075	0.081	0.087	0.093	0.100
18	0.093	0.101	0.108	0.116	0.124
20	0.114	0.123	0.132	0.141	0.151
22	0.137	0.147	0.158	0.169	0.180
24	0.161	0.174	0.186	0.199	0.212
26	0.188	0.203	0.217	0.232	0.247
28	0.217	0.234	0.250	0.267	0.284
30	0.248	0.267	0.286	0.305	0.324
32	0.281	0.302	0.324	0.345	0.367
34	0.316	0.340	0.364	0.388	0.412
36	0.353	0.380	0.406	0.433	0.460
38	0.393	0.422	0.451	0.481	0.510
40	0.434	0.466	0.498	0.531	0.564
42	0.477	0.512	0.548	0.583	0.619
44	0.522	0.561	0.599	0.638	0.678
46	0.570	0.612	0.654	0.696	0.739
48	0.619	0.665	0.710	0.756	0.802
50	0.671	0.720	0.769	0.819	0.869
52	0.724	0.777	0.830	0.884	0.938
54	0.780	0.837	0.894	0.951	1.009
56	0.838	0.899	0.960	1.021	1.083
58	0.898	0.963	1.028	1.094	1.160
60	0.959	1.029	1.099	1.169	1.239
62	1.023	1.097	1.172	1.246	1.321
64	1.089	1.168	1.247	1.326	1.406
66	1.157	1.241	1.325	1.409	1.493
68	1.227	1.316	1.405	1.494	1.583
70	1.300	1.393	1.487	1.581	1.676
72	1.374	1.473	1.572	1.671	1.771
74	1.450	1.554	1.659	1.764	1.869
76	1.528	1.638	1.748	1.859	1.969

续表

检尺径/cm	检尺长/m				
	3.0	3.2	3.4	3.6	3.8
	材 积/m³				
78	1.609	1.724	1.840	1.956	2.073
80	1.691	1.812	1.934	2.056	2.178
82	1.776	1.903	2.030	2.158	2.287
84	1.862	1.995	2.129	2.263	2.398
86	1.951	2.090	2.230	2.371	2.511
88	2.042	2.187	2.334	2.480	2.627
90	2.134	2.287	2.439	2.593	2.746
92	2.229	2.388	2.548	2.707	2.868
94	2.326	2.492	2.658	2.825	2.992
96	2.425	2.598	2.771	2.945	3.119
98	2.526	2.706	2.886	3.067	3.248
100	2.629	2.816	3.004	3.192	3.380
102	2.734	2.928	3.123	3.319	3.515
104	2.841	3.043	3.246	3.449	3.652
106	2.950	3.160	3.370	3.581	3.792
108	3.062	3.279	3.497	3.716	3.934
110	3.175	3.400	3.626	3.853	4.080
112	3.290	3.524	3.758	3.992	4.227
114	3.408	3.650	3.892	4.135	4.378
116	3.527	3.777	4.028	4.279	4.531
118	3.649	3.908	4.167	4.426	4.686
120	3.773	4.040	4.308	4.576	4.845

检尺径/cm	检尺长/m				
	4.0	4.2	4.4	4.6	4.8
	材 积/m³				
4	0.0113	0.0122	0.0132	0.0142	0.0152
5	0.0154	0.0166	0.0178	0.0191	0.0204
6	0.0201	0.0216	0.0231	0.0247	0.0263
7	0.0254	0.0273	0.0291	0.0310	0.0330
8	0.031	0.034	0.036	0.038	0.040
9	0.038	0.041	0.043	0.046	0.049
10	0.045	0.048	0.051	0.054	0.058
11	0.053	0.057	0.060	0.064	0.067
12	0.062	0.065	0.069	0.074	0.078
13	0.071	0.075	0.080	0.084	0.089
14	0.083	0.089	0.094	0.100	0.105
16	0.106	0.113	0.120	0.126	0.134
18	0.132	0.140	0.148	0.156	0.165
20	0.160	0.170	0.180	0.190	0.200
22	0.191	0.203	0.214	0.226	0.238
24	0.225	0.239	0.252	0.266	0.279
26	0.262	0.277	0.293	0.308	0.324

检尺径/cm	检尺长/m				
	4.0	4.2	4.4	4.6	4.8
	材 积/m³				
28	0.302	0.319	0.337	0.354	0.372
30	0.344	0.364	0.383	0.404	0.424
32	0.389	0.411	0.433	0.456	0.479
34	0.437	0.461	0.486	0.511	0.537
36	0.487	0.515	0.542	0.570	0.598
38	0.541	0.571	0.601	0.632	0.663
40	0.597	0.630	0.663	0.697	0.731
42	0.656	0.692	0.729	0.766	0.803
44	0.717	0.757	0.797	0.837	0.877
46	0.782	0.825	0.868	0.912	0.955
48	0.849	0.896	0.942	0.990	1.037
50	0.919	0.969	1.020	1.071	1.122
52	0.992	1.046	1.100	1.155	1.210
54	1.067	1.125	1.184	1.242	1.301
56	1.145	1.208	1.270	1.333	1.396
58	1.226	1.293	1.360	1.427	1.494
60	1.310	1.381	1.452	1.524	1.595
62	1.397	1.472	1.548	1.624	1.700
64	1.486	1.566	1.647	1.728	1.808
66	1.578	1.663	1.749	1.834	1.920
68	1.673	1.763	1.854	1.944	2.034
70	1.771	1.866	1.961	2.057	2.152
72	1.871	1.972	2.072	2.173	2.274
74	1.975	2.080	2.186	2.292	2.399
76	2.081	2.192	2.303	2.415	2.527
78	2.189	2.306	2.424	2.541	2.658
80	2.301	2.424	2.547	2.670	2.793
82	2.415	2.544	2.673	2.802	2.931
84	2.532	2.667	2.802	2.937	3.072
86	2.652	2.793	2.934	3.076	3.217
88	2.775	2.922	3.070	3.217	3.365
90	2.900	3.054	3.208	3.362	3.516
92	3.028	3.189	3.350	3.510	3.671
94	3.159	3.327	3.494	3.662	3.829
96	3.293	3.467	3.642	3.816	3.990
98	3.429	3.611	3.792	3.974	4.155
100	3.569	3.757	3.946	4.135	4.323
102	3.711	3.907	4.103	4.299	4.494
104	3.855	4.059	4.263	4.466	4.669
106	4.003	4.214	4.425	4.636	4.847
108	4.153	4.372	4.591	4.810	5.028
110	4.306	4.533	4.760	4.987	5.213

续表

检尺径/cm	检尺长/m				
	4.0	4.2	4.4	4.6	4.8
	材 积/m³				
112	4.462	4.697	4.932	5.167	5.401
114	4.621	4.864	5.107	5.350	5.592
116	4.782	5.034	5.285	5.536	5.787
118	4.947	5.207	5.466	5.726	5.985
120	5.113	5.382	5.651	5.919	6.186

检尺径/cm	检尺长/m				
	5.0	5.2	5.4	5.6	5.8
	材 积/m³				
4	0.0163	0.0175	0.0186	0.0199	0.0211
5	0.0218	0.0232	0.0247	0.0262	0.0278
6	0.0280	0.0298	0.0316	0.0334	0.0354
7	0.0351	0.0372	0.0393	0.0416	0.0438
8	0.043	0.045	0.048	0.051	0.053
9	0.051	0.054	0.057	0.060	0.064
10	0.061	0.064	0.068	0.071	0.075
11	0.071	0.075	0.079	0.083	0.087
12	0.082	0.086	0.091	0.095	0.100
13	0.094	0.099	0.104	0.109	0.114
14	0.111	0.117	0.123	0.129	0.136
16	0.141	0.148	0.155	0.163	0.171
18	0.174	0.182	0.191	0.201	0.210
20	0.210	0.221	0.231	0.242	0.253
22	0.250	0.262	0.275	0.287	0.300
24	0.293	0.308	0.322	0.336	0.351
26	0.340	0.356	0.373	0.389	0.406
28	0.391	0.409	0.427	0.446	0.465
30	0.444	0.465	0.486	0.507	0.528
32	0.502	0.525	0.548	0.571	0.595
34	0.562	0.588	0.614	0.640	0.666
36	0.626	0.655	0.683	0.712	0.741
38	0.694	0.725	0.757	0.788	0.820
40	0.765	0.800	0.834	0.869	0.903
42	0.840	0.877	0.915	0.953	0.990
44	0.918	0.959	0.999	1.040	1.082
46	0.999	1.043	1.088	1.132	1.177
48	1.084	1.132	1.180	1.228	1.276
50	1.173	1.224	1.276	1.327	1.379
52	1.265	1.320	1.375	1.431	1.486
54	1.360	1.419	1.478	1.538	1.597
56	1.459	1.522	1.586	1.649	1.712
58	1.561	1.629	1.696	1.764	1.832
60	1.667	1.739	1.811	1.883	1.955

续表

检尺径/cm	检尺长/m				
	5.0	5.2	5.4	5.6	5.8
	材 积/m³				
62	1.776	1.853	1.929	2.005	2.082
64	1.889	1.970	2.051	2.132	2.213
66	2.005	2.091	2.177	2.263	2.348
68	2.125	2.216	2.306	2.397	2.487
70	2.248	2.344	2.439	2.535	2.631
72	2.375	2.476	2.576	2.677	2.778
74	2.505	2.611	2.717	2.823	2.929
76	2.638	2.750	2.862	2.973	3.084
78	2.775	2.893	3.010	3.127	3.244
80	2.916	3.039	3.162	3.284	3.407
82	3.060	3.189	3.317	3.446	3.574
84	3.207	3.342	3.477	3.611	3.745
86	3.358	3.499	3.640	3.780	3.921
88	3.512	3.660	3.807	3.953	4.100
90	3.670	3.824	3.977	4.130	4.283
92	3.831	3.992	4.152	4.311	4.471
94	3.996	4.163	4.330	4.496	4.662
96	4.164	4.338	4.512	4.685	4.857
98	4.336	4.517	4.697	4.877	5.057
100	4.511	4.699	4.887	5.073	5.260
102	4.690	4.885	5.080	5.274	5.467
104	4.872	5.074	5.276	5.478	5.679
106	5.058	5.267	5.477	5.686	5.894
108	5.247	5.464	5.681	5.898	6.113
110	5.439	5.664	5.889	6.113	6.337
112	5.635	5.868	6.101	6.333	6.564
114	5.834	6.076	6.316	6.556	6.795
116	6.037	6.287	6.536	6.784	7.031
118	6.244	6.502	6.759	7.015	7.270
120	6.453	6.720	6.985	7.250	7.514

检尺径/cm	检尺长/m				
	6.0	6.2	6.4	6.6	6.8
	材 积/m³				
4	0.0224	0.0238	0.0252	0.0266	0.0281
5	0.0294	0.0311	0.0328	0.0346	0.0364
6	0.0373	0.0394	0.0414	0.0436	0.0458
7	0.0462	0.0486	0.0511	0.0536	0.0562
8	0.056	0.059	0.062	0.065	0.068
9	0.067	0.070	0.073	0.077	0.080
10	0.078	0.082	0.086	0.090	0.094
11	0.091	0.095	0.100	0.104	0.109
12	0.105	0.109	0.114	0.119	0.124

续表

检尺径/cm	检尺长/m				
	6.0	6.2	6.4	6.6	6.8
	材 积/m³				
13	0.119	0.125	0.130	0.136	0.141
14	0.142	0.149	0.156	0.162	0.169
16	0.179	0.187	0.195	0.203	0.211
18	0.219	0.229	0.238	0.248	0.258
20	0.264	0.275	0.286	0.298	0.309
22	0.313	0.326	0.339	0.352	0.365
24	0.366	0.380	0.396	0.411	0.426
26	0.423	0.440	0.457	0.474	0.491
28	0.484	0.503	0.522	0.542	0.561
30	0.549	0.571	0.592	0.614	0.636
32	0.619	0.643	0.667	0.691	0.715
34	0.692	0.719	0.746	0.772	0.799
36	0.770	0.799	0.829	0.858	0.888
38	0.852	0.884	0.916	0.949	0.981
40	0.938	0.973	1.008	1.044	1.079
42	1.028	1.067	1.105	1.143	1.182
44	1.123	1.164	1.206	1.247	1.289
46	1.221	1.266	1.311	1.356	1.401
48	1.324	1.372	1.421	1.469	1.518
50	1.431	1.483	1.535	1.587	1.639
52	1.542	1.597	1.653	1.709	1.765
54	1.657	1.716	1.776	1.835	1.895
56	1.776	1.839	1.903	1.967	2.030
58	1.899	1.967	2.035	2.102	2.170
60	2.027	2.099	2.171	2.243	2.315
62	2.158	2.235	2.311	2.388	2.464
64	2.294	2.375	2.456	2.537	2.618
66	2.434	2.520	2.605	2.691	2.776
68	2.578	2.668	2.759	2.849	2.939
70	2.726	2.822	2.917	3.012	3.107
72	2.879	2.979	3.079	3.180	3.280
74	3.035	3.141	3.246	3.352	3.457
76	3.196	3.307	3.417	3.528	3.639
78	3.360	3.477	3.593	3.709	3.825
80	3.529	3.651	3.773	3.895	4.016
82	3.702	3.830	3.958	4.085	4.212
84	3.879	4.013	4.146	4.279	4.412
86	4.061	4.200	4.340	4.479	4.617
88	4.246	4.392	4.537	4.682	4.827
90	4.436	4.588	4.739	4.891	5.041
92	4.629	4.788	4.946	5.103	5.260
94	4.827	4.992	5.157	5.321	5.484

续表

检尺径/cm	检尺长/m				
	6.0	6.2	6.4	6.6	6.8
	材　积/m³				
96	5.029	5.201	5.372	5.542	5.712
98	5.235	5.414	5.592	5.769	5.945
100	5.446	5.631	5.816	6.000	6.183
102	5.660	5.853	6.044	6.235	6.425
104	5.879	6.078	6.277	6.475	6.672
106	6.101	6.308	6.514	6.720	6.924
108	6.328	6.543	6.756	6.969	7.180
110	6.559	6.781	7.002	7.222	7.441
112	6.794	7.024	7.252	7.480	7.707
114	7.034	7.271	7.507	7.743	7.977
116	7.277	7.522	7.767	8.010	8.252
118	7.525	7.778	8.030	8.281	8.532
120	7.776	8.038	8.298	8.558	8.816
检尺径/cm	检尺长/m				
	7.0	7.2	7.4	7.6	7.8
	材　积/m³				
4	0.0297	0.0313	0.0330	0.0347	0.0364
5	0.0383	0.0403	0.0423	0.0444	0.0465
6	0.0481	0.0504	0.0528	0.0552	0.0578
7	0.0589	0.0616	0.0644	0.0673	0.0703
8	0.071	0.074	0.077	0.081	0.084
9	0.084	0.088	0.091	0.095	0.099
10	0.098	0.102	0.106	0.111	0.115
11	0.113	0.118	0.123	0.128	0.133
12	0.130	0.135	0.140	0.146	0.151
13	0.147	0.153	0.159	0.165	0.171
14	0.176	0.184	0.191	0.199	0.206
16	0.220	0.229	0.238	0.247	0.256
18	0.268	0.278	0.289	0.300	0.310
20	0.321	0.333	0.345	0.358	0.370
22	0.379	0.393	0.407	0.421	0.435
24	0.442	0.457	0.473	0.489	0.506
26	0.509	0.527	0.545	0.563	0.581
28	0.581	0.601	0.621	0.642	0.662
30	0.658	0.681	0.703	0.726	0.748
32	0.740	0.765	0.790	0.815	0.840
34	0.827	0.854	0.881	0.909	0.937
36	0.918	0.948	0.978	1.008	1.039
38	1.014	1.047	1.080	1.113	1.146
40	1.115	1.151	1.186	1.223	1.259

续表

检尺径/cm	检尺长/m				
	7.0	7.2	7.4	7.6	7.8
	材 积/m³				
42	1.221	1.259	1.298	1.337	1.377
44	1.331	1.373	1.415	1.457	1.500
46	1.446	1.492	1.537	1.583	1.628
48	1.566	1.615	1.664	1.713	1.762
50	1.691	1.743	1.796	1.848	1.901
52	1.821	1.877	1.933	1.989	2.045
54	1.955	2.015	2.075	2.135	2.195
56	2.094	2.158	2.222	2.286	2.349
58	2.238	2.306	2.374	2.442	2.510
60	2.387	2.459	2.531	2.603	2.675
62	2.540	2.617	2.693	2.769	2.845
64	2.699	2.779	2.860	2.941	3.021
66	2.862	2.947	3.032	3.117	3.203
68	3.029	3.119	3.209	3.299	3.389
70	3.202	3.297	3.392	3.486	3.581
72	3.380	3.479	3.579	3.678	3.778
74	3.562	3.667	3.771	3.876	3.980
76	3.749	3.859	3.969	4.078	4.188
78	3.940	4.056	4.171	4.286	4.400
80	4.137	4.258	4.378	4.499	4.619
82	4.338	4.465	4.591	4.716	4.842
84	4.545	4.677	4.808	4.940	5.071
86	4.755	4.893	5.031	5.168	5.304
88	4.971	5.115	5.258	5.401	5.544
90	5.192	5.341	5.491	5.640	5.788
92	5.417	5.573	5.728	5.883	6.038
94	5.647	5.809	5.971	6.132	6.293
96	5.882	6.050	6.219	6.386	6.553
98	6.121	6.297	6.471	6.645	6.819
100	6.366	6.548	6.729	6.910	7.090
102	6.615	6.804	6.992	7.179	7.366
104	6.869	7.065	7.259	7.454	7.647
106	7.128	7.330	7.532	7.733	7.934
108	7.391	7.601	7.810	8.018	8.226
110	7.659	7.877	8.093	8.308	8.523
112	7.932	8.157	8.381	8.604	8.826
114	8.210	8.443	8.674	8.904	9.133
116	8.493	8.733	8.972	9.210	9.446
118	8.780	9.028	9.275	9.520	9.765
120	9.073	9.328	9.583	9.836	10.088

检尺径/cm	检尺长/m				
	8.0	8.2	8.4	8.6	8.8
	材　积/m³				
4	0.382	0.0401	0.0420	0.0440	0.0460
5	0.0487	0.0509	0.0532	0.0556	0.0580
6	0.0603	0.0630	0.0657	0.0685	0.0713
7	0.0733	0.0764	0.0795	0.0828	0.0861
8	0.087	0.091	0.095	0.098	0.102
9	0.103	0.107	0.111	0.115	0.120
10	0.120	0.124	0.129	0.134	0.139
11	0.138	0.143	0.148	0.153	0.159
12	0.157	0.163	0.168	0.174	0.180
13	0.177	0.184	0.190	0.197	0.204
14	0.214	0.222	0.230	0.239	0.247
16	0.265	0.274	0.284	0.294	0.304
18	0.321	0.332	0.343	0.355	0.366
20	0.383	0.395	0.408	0.422	0.435
22	0.450	0.464	0.479	0.494	0.509
24	0.522	0.539	0.555	0.572	0.589
26	0.600	0.618	0.637	0.656	0.676
28	0.683	0.704	0.725	0.746	0.767
30	0.771	0.795	0.818	0.842	0.865
32	0.856	0.891	0.917	0.943	0.969
34	0.965	0.993	1.021	1.050	1.078
36	1.069	1.100	1.131	1.162	1.194
38	1.180	1.213	1.247	1.281	1.315
40	1.295	1.332	1.368	1.405	1.442
42	1.416	1.456	1.495	1.535	1.575
44	1.542	1.585	1.628	1.671	1.714
46	1.674	1.720	1.766	1.812	1.859
48	1.811	1.860	1.910	1.959	2.009
50	1.954	2.006	2.059	2.112	2.166
52	2.101	2.158	2.214	2.271	2.328
54	2.255	2.315	2.375	2.436	2.496
56	2.413	2.477	2.542	2.606	2.670
58	2.577	2.645	2.714	2.782	2.850
60	2.747	2.819	2.891	2.963	3.036
62	2.922	2.998	3.074	3.151	3.227
64	3.102	3.183	3.263	3.344	3.425
66	3.288	3.373	3.458	3.543	3.628
68	3.479	3.568	3.658	3.748	3.837
70	3.675	3.770	3.864	3.958	4.052
72	3.877	3.976	4.075	4.174	4.273
74	4.084	4.188	4.292	4.396	4.500
76	4.297	4.406	4.515	4.624	4.733

续表

检尺径/cm	检尺长/m				
	8.0	8.2	8.4	8.6	8.8
	材 积/m³				
78	4.515	4.629	4.743	4.857	4.971
80	4.738	4.858	4.977	5.096	5.216
82	4.967	5.092	5.217	5.341	5.466
84	5.201	5.332	5.462	5.592	5.722
86	5.441	5.577	5.713	5.848	5.984
88	5.686	5.828	5.969	6.111	6.252
90	5.936	6.084	6.231	6.379	6.525
92	6.192	6.346	6.499	6.652	6.805
94	6.453	6.613	6.773	6.932	7.090
96	6.720	6.886	7.052	7.217	7.382
98	6.992	7.164	7.336	7.508	7.679
100	7.269	7.448	7.626	7.804	7.982
102	7.552	7.737	7.922	8.107	8.291
104	7.840	8.032	8.224	8.415	8.605
106	8.134	8.333	8.531	8.729	8.926
108	8.433	8.638	8.844	9.048	9.252
110	8.737	8.950	9.162	9.374	9.585
112	9.047	9.267	9.486	9.705	9.923
114	9.362	9.589	9.816	10.042	10.267
116	9.682	9.917	10.151	10.384	10.617
118	10.008	10.251	10.492	10.733	10.973
120	10.339	10.590	10.839	11.087	11.334

检尺径/cm	检尺长/m				
	9.0	9.2	9.4	9.6	9.8
	材 积/m³				
4	0.0481	0.0503	0.0525	0.0547	0.0571
5	0.0605	0.0630	0.0657	0.0683	0.0711
6	0.0743	0.0773	0.0803	0.0834	0.0866
7	0.0895	0.0929	0.0965	0.1001	0.1037
8	0.106	0.110	0.114	0.118	0.122
9	0.124	0.129	0.133	0.138	0.143
10	0.144	0.149	0.154	0.159	0.164
11	0.164	0.170	0.176	0.182	0.188
12	0.187	0.193	0.199	0.206	0.212
13	0.210	0.217	0.224	0.231	0.239
14	0.256	0.264	0.273	0.282	0.292
16	0.314	0.324	0.335	0.345	0.356
18	0.378	0.390	0.402	0.414	0.427
20	0.448	0.462	0.476	0.490	0.504
22	0.525	0.540	0.556	0.572	0.588
24	0.607	0.624	0.642	0.660	0.678
26	0.695	0.715	0.734	0.754	0.775

检尺径/cm	检尺长/m				
	9.0	9.2	9.4	9.6	9.8
	材　积/m³				
28	0.789	0.811	0.833	0.855	0.878
30	0.889	0.913	0.938	0.962	0.987
32	0.995	1.022	1.049	1.076	1.103
34	1.107	1.136	1.166	1.195	1.225
36	1.225	1.257	1.289	1.321	1.354
38	1.349	1.384	1.419	1.454	1.489
40	1.479	1.517	1.555	1.593	1.631
42	1.615	1.656	1.697	1.737	1.779
44	1.757	1.801	1.845	1.889	1.933
46	1.905	1.952	1.999	2.046	2.094
48	2.059	2.109	2.160	2.210	2.261
50	2.219	2.273	2.327	2.381	2.435
52	2.385	2.442	2.500	2.557	2.615
54	2.557	2.618	2.679	2.740	2.802
56	2.735	2.799	2.864	2.929	2.995
58	2.918	2.987	3.056	3.125	3.194
60	3.108	3.181	3.254	3.327	3.400
62	3.304	3.381	3.458	3.535	3.612
64	3.506	3.587	3.668	3.749	3.831
66	3.713	3.799	3.884	3.970	4.056
68	3.927	4.017	4.107	4.197	4.287
70	4.147	4.241	4.336	4.430	4.525
72	4.372	4.471	4.571	4.670	4.770
74	4.604	4.708	4.812	4.916	5.020
76	4.842	4.950	5.059	5.168	5.278
78	5.085	5.199	5.313	5.427	5.541
80	5.335	5.454	5.573	5.692	5.811
82	5.590	5.715	5.839	5.963	6.088
84	5.852	5.981	6.111	6.241	6.371
86	6.119	6.254	6.390	6.525	6.660
88	6.393	6.534	6.674	6.815	6.956
90	6.672	6.819	6.965	7.112	7.258
92	6.958	7.110	7.262	7.415	7.567
94	7.249	7.407	7.566	7.724	7.882
96	7.546	7.711	7.875	8.039	8.204
98	7.850	8.020	8.191	8.361	8.531
100	8.159	8.336	8.513	8.689	8.866
102	8.474	8.658	8.841	9.024	9.207
104	8.796	8.985	9.175	9.364	9.554
106	9.123	9.319	9.515	9.711	9.907
108	9.456	9.659	9.862	10.065	10.268
110	9.795	10.005	10.215	10.425	10.634

检尺径/cm	检尺长/m				
	9.0	9.2	9.4	9.6	9.8
	材　积/m³				
112	10.140	10.357	10.574	10.791	11.007
114	10.492	10.716	10.939	11.163	11.386
116	10.849	11.080	11.311	11.542	11.772
118	11.212	11.451	11.689	11.927	12.164
120	11.581	11.827	12.073	12.318	12.563

检尺径/cm	检尺长/m				
	10.0	10.2	10.4	10.6	10.8
	材　积/m³				
14	0.301	0.304	0.307	0.316	0.325
16	0.367	0.371	0.374	0.385	0.396
18	0.440	0.444	0.448	0.460	0.473
20	0.519	0.524	0.528	0.543	0.557
22	0.604	0.610	0.616	0.632	0.649
24	0.697	0.703	0.709	0.728	0.747
26	0.795	0.803	0.810	0.831	0.852
28	0.900	0.909	0.917	0.940	0.964
30	1.012	1.022	1.031	1.057	1.083
32	1.131	1.141	1.151	1.180	1.209
34	1.255	1.267	1.278	1.310	1.341
36	1.387	1.400	1.412	1.446	1.481
38	1.525	1.539	1.553	1.590	1.627
40	1.669	1.684	1.700	1.740	1.781
42	1.820	1.837	1.854	1.897	1.941
44	1.978	1.996	2.014	2.061	2.108
46	2.142	2.161	2.181	2.232	2.283
48	2.312	2.334	2.355	2.409	2.464
50	2.489	2.512	2.535	2.593	2.652
52	2.673	2.698	2.722	2.784	2.847
54	2.863	2.890	2.916	2.982	3.049
56	3.060	3.088	3.116	3.187	3.257
58	3.263	3.293	3.323	3.398	3.473
60	3.473	3.505	3.537	3.616	3.695
62	3.690	3.723	3.757	3.841	3.925
64	3.921	3.948	3.984	4.073	4.161
66	4.142	4.180	4.218	4.311	4.405
68	4.378	4.418	4.458	4.556	4.655
70	4.620	4.663	4.705	4.808	4.912
72	4.869	4.914	4.959	5.067	5.176
74	5.125	5.172	5.219	5.333	5.447
76	5.387	5.436	5.486	5.605	5.725
78	5.656	5.708	5.759	5.884	6.010
80	5.931	5.985	6.040	6.170	6.301

检尺径/cm	检尺长/m				
	10.0	10.2	10.4	10.6	10.8
	材　积/m³				
82	6.213	6.270	6.326	6.463	6.600
84	6.501	6.560	6.620	6.762	6.905
86	6.796	6.858	6.920	7.069	7.218
88	7.097	7.162	7.227	7.382	7.537
90	7.405	7.473	7.540	7.702	7.863
92	7.719	7.790	7.861	8.028	8.197
94	8.040	8.114	8.187	8.362	8.537
96	8.368	8.444	8.521	8.702	8.884
98	8.702	8.781	8.861	9.049	9.238
100	9.043	9.125	9.208	9.403	9.598
102	9.390	9.475	9.561	9.763	9.966
104	9.743	9.832	9.921	10.131	10.341
106	10.103	10.196	10.288	10.505	10.722
108	10.470	10.566	10.661	10.886	11.111
110	10.843	10.942	11.042	11.273	11.506
112	11.223	11.326	11.428	11.668	11.908
114	11.610	11.716	11.822	12.069	12.317
116	12.002	12.112	12.222	12.477	12.734
118	12.402	12.515	12.628	12.892	13.157
120	12.808	12.925	13.042	13.314	13.587

检尺径/cm	检尺长/m				
	11.0	11.2	11.4	11.6	11.8
	材　积/m³				
14	0.335	0.344	0.354	0.364	0.374
16	0.407	0.418	0.429	0.441	0.453
18	0.486	0.499	0.512	0.526	0.539
20	0.572	0.587	0.602	0.618	0.633
22	0.666	0.683	0.700	0.717	0.735
24	0.766	0.785	0.804	0.824	0.844
26	0.873	0.895	0.916	0.938	0.961
28	0.988	1.012	1.036	1.060	1.085
30	1.109	1.136	1.162	1.189	1.217
32	1.238	1.267	1.296	1.326	1.356
34	1.373	1.405	1.437	1.470	1.503
36	1.516	1.551	1.586	1.621	1.657
38	1.665	1.703	1.742	1.780	1.819
40	1.822	1.863	1.905	1.947	1.989
42	1.986	2.030	2.075	2.120	2.166
44	2.156	2.204	2.253	2.301	2.351
46	2.334	2.386	2.438	2.490	2.543
48	2.519	2.574	2.630	2.686	2.743
50	2.711	2.770	2.829	2.889	2.950

续表

检尺径/cm	检尺长/m				
	11.0	11.2	11.4	11.6	11.8
	材 积/m³				
52	2.910	2.973	3.036	3.100	3.165
54	3.115	3.183	3.250	3.319	3.387
56	3.328	3.400	3.472	3.544	3.617
58	3.548	3.624	3.701	3.777	3.885
60	3.775	3.856	3.937	4.018	4.100
62	4.010	4.095	4.180	4.266	4.352
64	4.251	4.340	4.431	4.521	4.612
66	4.499	4.593	4.688	4.784	4.880
68	4.754	4.854	4.954	5.054	5.155
70	5.016	5.121	5.226	5.332	5.438
72	5.286	5.395	5.506	5.617	5.729
74	5.562	5.677	5.793	5.910	6.027
76	5.845	5.966	6.087	6.209	6.332
78	6.136	6.262	6.389	6.517	6.645
80	6.433	6.565	6.698	6.832	6.966
82	6.738	6.876	7.014	7.154	7.294
84	7.049	7.193	7.338	7.483	7.629
86	7.368	7.518	7.669	7.820	7.973
88	7.693	7.850	8.007	8.165	8.323
90	8.026	8.189	8.353	8.517	8.682
92	8.366	8.535	8.705	8.876	9.048
94	8.712	8.888	9.065	9.243	9.421
96	9.066	9.249	9.433	9.617	9.802
98	9.427	9.617	9.807	9.999	10.191
100	9.795	9.992	10.189	10.388	10.587
102	10.170	10.374	10.579	10.784	10.990
104	10.551	10.763	10.975	11.188	11.402
106	10.940	11.159	11.379	11.599	11.820
108	11.336	11.563	11.790	12.018	12.247
110	11.739	11.974	12.208	12.444	12.681
112	12.150	12.391	12.634	12.878	13.122
114	12.567	12.817	13.067	13.319	13.571
116	12.991	13.249	13.508	13.767	14.027
118	13.422	13.688	13.955	14.223	14.492
120	13.860	14.135	14.410	14.686	14.963

检尺径/cm	检尺长/m				
	12.0	12.2	12.4	12.6	12.8
	材 积/m³				
14	0.384	0.394	0.405	0.415	0.426
16	0.465	0.477	0.489	0.501	0.514
18	0.553	0.567	0.581	0.595	0.610
20	0.649	0.665	0.681	0.697	0.714

续表

检尺径/cm	检尺长/m				
	12.0	12.2	12.4	12.6	12.8
	材　积/m³				
22	0.753	0.771	0.789	0.807	0.826
24	0.864	0.884	0.905	0.925	0.946
26	0.983	1.006	1.029	1.052	1.075
28	1.110	1.135	1.160	1.186	1.212
30	1.244	1.272	1.300	1.328	1.357
32	1.386	1.417	1.448	1.479	1.510
34	1.536	1.569	1.603	1.637	1.671
36	1.693	1.730	1.767	1.804	1.841
38	1.859	1.898	1.938	1.978	2.019
40	2.031	2.074	2.117	2.161	2.205
42	2.212	2.258	2.305	2.352	2.399
44	2.400	2.450	2.500	2.550	2.601
46	2.596	2.649	2.703	2.757	2.812
48	2.799	2.857	2.914	2.972	3.030
50	3.011	3.072	3.133	3.195	3.257
52	3.229	3.295	3.360	3.426	3.492
54	3.456	3.525	3.595	3.665	3.736
56	3.690	3.764	3.838	3.912	3.987
58	3.932	4.010	4.089	4.168	4.247
60	4.182	4.264	4.347	4.431	4.515
62	4.439	4.526	4.614	4.702	4.791
64	4.704	4.796	4.889	4.982	5.075
66	4.977	5.074	5.171	5.269	5.368
68	5.257	5.359	5.462	5.565	5.668
70	5.545	5.652	5.760	5.868	5.977
72	5.841	5.953	6.066	6.180	6.294
74	6.144	6.262	6.381	6.500	6.619
76	6.455	6.579	6.703	6.827	6.953
78	6.774	6.903	7.033	7.163	7.294
80	7.100	7.235	7.371	7.507	7.644
82	7.434	7.575	7.717	7.859	8.002
84	7.776	7.923	8.071	8.219	8.368
86	8.125	8.279	8.433	8.587	8.743
88	8.483	8.642	8.803	8.964	9.125
90	8.847	9.014	9.180	9.348	9.516
92	9.220	9.393	9.566	9.740	9.915
94	9.600	9.780	9.960	10.141	10.322
96	9.988	10.174	10.361	10.549	10.737
98	10.383	10.577	10.771	10.966	11.161
100	10.787	10.987	11.188	11.390	11.593
102	11.197	11.405	11.614	11.823	12.033
104	11.616	11.831	12.047	12.263	12.481

续表

检尺径/cm	检尺长/m				
	12.0	12.2	12.4	12.6	12.8
	材 积/m³				
106	12.042	12.265	12.488	12.712	12.937
108	12.476	12.706	12.937	13.169	13.401
110	12.918	13.156	13.394	13.634	13.874
112	13.367	13.613	13.859	14.107	14.355
114	13.824	14.078	14.332	14.588	14.844
116	14.289	14.551	14.813	15.077	15.341
118	14.761	15.031	15.302	15.574	15.847
120	15.241	15.520	15.799	16.079	16.360

检尺径/cm	检尺长/m				
	13.0	13.2	13.4	13.6	13.8
	材 积/m³				
14	0.437	0.448	0.459	0.471	0.482
16	0.527	0.539	0.552	0.566	0.579
18	0.624	0.639	0.654	0.669	0.684
20	0.730	0.747	0.764	0.781	0.799
22	0.845	0.864	0.883	0.902	0.922
24	0.967	0.989	1.010	1.032	1.054
26	1.099	1.122	1.146	1.171	1.195
28	1.238	1.264	1.291	1.318	1.345
30	1.386	1.415	1.444	1.473	1.503
32	1.524	1.573	1.606	1.638	1.671
34	1.706	1.741	1.776	1.811	1.847
36	1.879	1.916	1.955	1.993	2.032
38	2.059	2.101	2.142	2.184	2.226
40	2.249	2.293	2.338	2.383	2.428
42	2.446	2.494	2.542	2.591	2.640
44	2.652	2.704	2.756	2.808	2.860
46	2.867	2.922	2.977	3.033	3.089
48	3.089	3.148	3.208	3.267	3.327
50	3.320	3.383	3.446	3.510	3.574
52	3.559	3.626	3.694	3.762	3.830
54	3.807	3.878	3.950	4.022	4.095
56	4.063	4.138	4.214	4.291	4.368
58	4.327	4.407	4.487	4.569	4.650
60	4.599	4.684	4.769	4.855	4.941
62	4.880	4.969	5.060	5.150	5.241
64	5.169	5.263	5.358	5.454	5.550
66	5.467	5.566	5.666	5.766	5.867
68	5.772	5.877	5.982	6.087	6.193
70	6.086	6.196	6.306	6.417	6.529
72	6.409	6.524	6.640	6.756	6.873
74	6.739	6.860	6.981	7.103	7.225

续表

检尺径/cm	检尺长/m				
	13.0	13.2	13.4	13.6	13.8
	材 积/m³				
76	7.079	7.205	7.332	7.459	7.587
78	7.426	7.558	7.691	7.824	7.958
80	7.782	7.920	8.058	8.197	8.337
82	8.146	8.290	8.434	8.579	8.725
84	8.518	8.668	8.819	8.970	9.122
86	8.899	9.055	9.212	9.370	9.528
88	9.287	9.450	9.614	9.778	9.943
90	9.685	9.854	10.024	10.195	10.366
92	10.090	10.266	10.443	10.620	10.798
94	10.504	10.687	10.871	11.055	11.240
96	10.927	11.116	11.307	11.498	11.690
98	11.357	11.554	11.751	11.950	12.148
100	11.796	12.000	12.205	12.410	12.616
102	12.243	12.454	12.666	12.879	13.093
104	12.699	12.917	13.137	13.357	13.578
106	13.163	13.389	13.616	13.844	14.072
108	13.635	13.869	14.103	14.339	14.575
110	14.115	14.357	14.599	14.843	15.087
112	14.604	14.854	15.104	15.355	15.607
114	15.101	15.359	15.617	15.877	16.137
116	15.607	15.872	16.139	16.407	16.675
118	16.120	16.395	16.670	16.946	17.222
120	16.642	16.925	17.209	17.493	17.778

检尺径/cm	检尺长/m				
	14.0	14.2	14.4	14.6	14.8
	材 积/m³				
14	0.494	0.506	0.518	0.530	0.542
16	0.592	0.606	0.620	0.634	0.648
18	0.700	0.716	0.732	0.748	0.764
20	0.816	0.834	0.852	0.870	0.889
22	0.942	0.962	0.982	1.003	1.023
24	1.076	1.099	1.121	1.144	1.167
26	1.220	1.245	1.270	1.295	1.321
28	1.372	1.400	1.427	1.455	1.484
30	1.533	1.564	1.594	1.625	1.656
32	1.704	1.737	1.770	1.804	1.838
34	1.883	1.919	1.955	1.992	2.029
36	2.071	2.110	2.150	2.190	2.230
38	2.268	2.311	2.354	2.397	2.440
40	2.474	2.520	2.566	2.613	2.660
42	2.689	2.739	2.789	2.839	2.889
44	2.913	2.966	3.020	3.074	3.128

检尺径/cm	检尺长/m				
	14.0	14.2	14.4	14.6	14.8
	材　积/m³				
46	3.146	3.203	3.260	3.318	3.376
48	3.388	3.449	3.510	3.572	3.634
50	3.639	3.704	3.769	3.835	3.901
52	3.899	3.968	4.037	4.107	4.178
54	4.168	4.241	4.315	4.389	4.464
56	4.445	4.523	4.601	4.680	4.759
58	4.732	4.814	4.897	4.980	5.064
60	5.028	5.115	5.202	5.290	5.379
62	5.332	5.424	5.517	5.609	5.703
64	5.646	5.743	5.840	5.938	6.036
66	5.968	6.070	6.173	6.276	6.379
68	6.300	6.407	6.515	6.623	6.731
70	6.640	6.753	6.866	6.979	7.093
72	6.990	7.108	7.226	7.345	7.464
74	7.348	7.472	7.596	7.720	7.845
76	7.716	7.845	7.974	8.105	8.235
78	8.092	8.227	8.362	8.498	8.635
80	8.477	8.618	8.760	8.902	9.044
82	8.872	9.018	9.166	9.314	9.463
84	9.275	9.428	9.582	9.736	9.891
86	9.687	9.846	10.007	10.167	10.329
88	10.108	10.274	10.441	10.608	10.776
90	10.538	10.711	10.884	11.058	11.232
92	10.977	11.156	11.336	11.517	11.698
94	11.425	11.611	11.798	11.986	12.174
96	11.882	12.075	12.269	12.464	12.659
98	12.348	12.548	12.749	12.951	13.153
100	12.823	13.030	13.239	13.448	13.657
102	13.307	13.522	13.737	13.954	14.171
104	13.800	14.022	14.245	14.469	14.693
106	14.301	14.531	14.762	14.993	15.226
108	14.812	15.050	15.288	15.527	15.768
110	15.332	15.577	15.824	16.071	16.319
112	15.860	16.114	16.368	16.624	16.880
114	16.398	16.660	16.922	17.186	17.450
116	16.944	17.215	17.485	17.757	18.029
118	17.500	17.778	18.058	18.338	18.619
120	18.064	18.351	18.639	18.928	19.217

续表

检尺径/cm	检尺长/m				
	15.0	15.2	15.4	15.6	15.8
	材　积/m³				
14	0.555	0.567	0.580	0.593	0.606
16	0.663	0.677	0.692	0.707	0.722
18	0.780	0.797	0.814	0.831	0.848
20	0.908	0.926	0.945	0.965	0.984
22	1.044	1.065	1.087	1.108	1.130
24	1.191	1.214	1.238	1.262	1.286
26	1.347	1.373	1.399	1.426	1.453
28	1.512	1.541	1.570	1.599	1.629
30	1.688	1.719	1.751	1.783	1.816
32	1.872	1.907	1.942	1.977	2.012
34	2.067	2.104	2.142	2.181	2.219
36	2.271	2.312	2.353	2.394	2.436
38	2.484	2.529	2.573	2.618	2.663
40	2.708	2.755	2.803	2.851	2.900
42	2.940	2.992	3.043	3.095	3.147
44	3.183	3.238	3.293	3.349	3.405
46	3.435	3.494	3.553	3.612	3.672
48	3.696	3.759	3.822	3.886	3.950
50	3.968	4.034	4.102	4.169	4.237
52	4.248	4.319	4.391	4.463	4.535
54	4.539	4.614	4.690	4.766	4.843
56	4.839	4.919	4.999	5.080	5.161
58	5.148	5.233	5.318	5.403	5.489
60	5.468	5.557	5.647	5.737	5.828
62	5.796	5.890	5.985	6.080	6.176
64	6.135	6.234	6.334	6.434	6.534
66	6.483	6.587	6.692	6.797	6.903
68	6.840	6.950	7.060	7.171	7.282
70	7.208	7.322	7.438	7.554	7.670
72	7.584	7.705	7.826	7.947	8.069
74	7.971	8.097	8.223	8.351	8.478
76	8.367	8.499	8.631	8.764	8.898
78	8.772	8.910	9.048	9.187	9.327
80	9.188	9.331	9.476	9.621	9.766
82	9.612	9.762	9.913	10.064	10.216
84	10.047	10.203	10.360	10.517	10.675
86	10.491	10.653	10.817	10.980	11.145
88	10.944	11.113	11.283	11.454	11.625
90	11.408	11.583	11.760	11.937	12.115
92	11.880	12.063	12.246	12.430	12.615
94	12.363	12.552	12.742	12.933	13.125
96	12.855	13.051	13.249	13.447	13.645

续表

检尺径/cm	检尺长/m				
	15.0	15.2	15.4	15.6	15.8
	材 积/m³				
98	13.356	13.560	13.765	13.970	14.176
100	13.868	14.079	14.290	14.503	14.716
102	14.388	14.607	14.826	15.046	15.267
104	14.919	15.145	15.372	15.599	15.827
106	15.459	15.692	15.927	16.162	16.398
108	16.008	16.250	16.492	16.735	16.979
110	16.568	16.817	17.067	17.318	17.570
112	17.136	17.394	17.652	17.911	18.171
114	17.715	17.980	18.247	18.514	18.783
116	18.303	18.577	18.852	19.127	19.404
118	18.900	19.183	19.466	19.750	20.035
120	19.508	19.799	20.091	20.383	20.677

检尺径/cm	检尺长/m				
	16.0	16.2	16.4	16.6	16.8
	材 积/m³				
14	0.620	0.633	0.647	0.660	0.674
16	0.737	0.753	0.768	0.784	0.800
18	0.865	0.883	0.901	0.919	0.937
20	1.004	1.023	1.043	1.064	1.084
22	1.152	1.174	1.197	1.219	1.242
24	1.311	1.335	1.360	1.385	1.411
26	1.480	1.507	1.535	1.562	1.590
28	1.659	1.689	1.719	1.750	1.781
30	1.848	1.881	1.915	1.948	1.982
32	2.048	2.084	2.120	2.157	2.194
34	2.258	2.297	2.336	2.376	2.416
36	2.478	2.520	2.563	2.606	2.650
38	2.708	2.754	2.800	2.847	2.894
40	2.949	2.998	3.048	3.098	3.148
42	3.200	3.253	3.306	3.360	3.414
44	3.461	3.518	3.575	3.632	3.690
46	3.732	3.793	3.854	3.916	3.977
48	4.014	4.079	4.144	4.209	4.275
50	4.306	4.375	4.444	4.514	4.584
52	4.608	4.681	4.755	4.829	4.903
54	4.920	4.998	5.076	5.154	5.233
56	5.243	5.325	5.408	5.491	5.574
58	5.576	5.662	5.750	5.837	5.926
60	5.919	6.010	6.102	6.195	6.288
62	6.272	6.369	6.466	6.563	6.661
64	6.636	6.737	6.839	6.942	7.045
66	7.009	7.116	7.223	7.331	7.440

检尺径/cm	检尺长/m				
	16.0	16.2	16.4	16.6	16.8
	材 积/m³				
68	7.393	7.505	7.618	7.731	7.845
70	7.788	7.905	8.023	8.142	8.261
72	8.192	8.315	8.439	8.563	8.688
74	8.607	8.736	8.865	8.995	9.125
76	9.032	9.166	9.302	9.437	9.574
78	9.467	9.608	9.749	9.891	10.033
80	9.912	10.059	10.206	10.354	10.503
82	10.368	10.521	10.674	10.829	10.983
84	10.834	10.993	11.153	11.314	11.475
86	11.310	11.476	11.642	11.809	11.977
88	11.796	11.969	12.142	12.315	12.490
90	12.293	12.472	12.652	12.832	13.013
92	12.800	12.986	13.173	13.360	13.548
94	13.317	13.510	13.704	13.898	14.093
96	13.844	14.045	14.245	14.447	14.649
98	14.382	14.589	14.797	15.006	15.215
100	14.930	15.145	15.360	15.576	15.793
102	15.488	15.710	15.933	16.157	16.381
104	16.056	16.286	16.517	16.748	16.980
106	16.635	16.872	17.111	17.350	17.589
108	17.224	17.469	17.715	17.962	18.210
110	17.823	18.076	18.330	18.585	18.841
112	18.432	18.694	18.956	19.219	19.483
114	19.052	19.321	19.592	19.863	20.135
116	19.681	19.959	20.238	20.518	20.799
118	20.321	20.608	20.895	21.184	21.473
120	20.972	21.267	21.563	21.860	22.158

检尺径/cm	检尺长/m				
	17.0	17.2	17.4	17.6	17.8
	材 积/m³				
14	0.689	0.703	0.717	0.732	0.747
16	0.816	0.833	0.849	0.866	0.883
18	0.955	0.974	0.992	1.011	1.030
20	1.105	1.126	1.147	1.168	1.189
22	1.265	1.288	1.312	1.336	1.360
24	1.437	1.462	1.488	1.515	1.541
26	1.619	1.647	1.676	1.705	1.734
28	1.812	1.843	1.875	1.907	1.939
30	2.016	2.050	2.085	2.120	2.155
32	2.231	2.268	2.306	2.344	2.382
34	2.457	2.497	2.538	2.579	2.621
36	2.693	2.737	2.781	2.826	2.871

检尺径/cm	检尺长/m				
	17.0	17.2	17.4	17.6	17.8
	材 积/m³				
38	2.941	2.988	3.036	3.084	3.132
40	3.199	3.250	3.301	3.353	3.405
42	3.468	3.523	3.578	3.634	3.689
44	3.749	3.807	3.866	3.925	3.985
46	4.040	4.102	4.165	4.228	4.292
48	4.341	4.408	4.475	4.543	4.610
50	4.654	4.725	4.796	4.868	4.940
52	4.978	5.053	5.129	5.205	5.281
54	5.313	5.392	5.472	5.553	5.634
56	5.658	5.742	5.827	5.912	5.998
58	6.014	6.103	6.193	6.283	6.373
60	6.381	6.475	6.570	6.665	6.760
62	6.760	6.858	6.958	7.058	7.158
64	7.149	7.253	7.357	7.462	7.568
66	7.548	7.658	7.767	7.878	7.989
68	7.959	8.074	8.189	8.305	8.421
70	8.381	8.501	8.622	8.743	8.865
72	8.813	8.939	9.065	9.192	9.320
74	9.257	9.388	9.520	9.653	9.786
76	9.711	9.848	9.986	10.125	10.264
78	10.176	10.319	10.464	10.608	10.753
80	10.652	10.802	10.952	11.103	11.254
82	11.139	11.295	11.451	11.608	11.766
84	11.637	11.799	11.962	12.125	12.290
86	12.145	12.314	12.484	12.654	12.825
88	12.665	12.840	13.016	13.193	13.371
90	13.195	13.377	13.560	13.744	13.928
92	13.736	13.926	14.116	14.306	14.497
94	14.289	14.485	14.682	14.880	15.078
96	14.852	15.055	15.259	15.464	15.670
98	15.425	15.636	15.848	16.060	16.273
100	16.010	16.228	16.447	16.667	16.888
102	16.606	16.832	17.058	17.286	17.514
104	17.213	17.446	17.680	17.915	18.151
106	17.830	18.071	18.313	18.556	18.800
108	18.458	18.707	18.957	19.208	19.460
110	19.097	19.355	19.613	19.872	20.131
112	19.748	20.013	20.279	20.546	20.814
114	20.409	20.682	20.957	21.232	21.509
116	21.080	21.363	21.646	21.930	22.214
118	21.763	22.054	22.346	22.638	22.932
120	22.457	22.756	23.057	23.358	23.660

检尺径/cm	检尺长/m				
	18.0	18.2	18.4	18.6	18.8
	材 积/m³				
14	0.762	0.777	0.792	0.808	0.824
16	0.900	0.917	0.935	0.952	0.970
18	1.050	1.069	1.089	1.109	1.129
20	1.211	1.233	1.255	1.277	1.300
22	1.384	1.408	1.433	1.458	1.483
24	1.568	1.595	1.622	1.650	1.678
26	1.764	1.794	1.824	1.854	1.885
28	1.971	2.004	2.037	2.070	2.104
30	2.190	2.226	2.262	2.298	2.335
32	2.421	2.459	2.499	2.538	2.578
34	2.663	2.705	2.747	2.790	2.833
36	2.916	2.962	3.007	3.054	3.100
38	3.181	3.230	3.279	3.329	3.379
40	3.457	3.510	3.563	3.617	3.670
42	3.745	3.802	3.859	3.916	3.974
44	4.045	4.105	4.166	4.227	4.289
46	4.356	4.420	4.485	4.550	4.616
48	4.679	4.747	4.816	4.886	4.955
50	5.013	5.086	5.159	5.233	5.307
52	5.358	5.436	5.513	5.591	5.670
54	5.715	5.797	5.880	5.962	6.045
56	6.084	6.171	6.258	6.345	6.433
58	6.464	6.556	6.647	6.740	6.832
60	6.856	6.952	7.049	7.146	7.244
62	7.259	7.360	7.462	7.565	7.667
64	7.674	7.780	7.887	7.995	8.103
66	8.100	8.212	8.324	8.437	8.550
68	8.538	8.655	8.773	8.891	9.010
70	8.987	9.110	9.233	9.357	9.482
72	9.448	9.576	9.706	9.835	9.965
74	9.920	10.055	10.190	10.325	10.461
76	10.404	10.544	10.685	10.827	10.969
78	10.899	11.046	11.193	11.340	11.489
80	11.406	11.559	11.712	11.866	12.021
82	11.925	12.084	12.243	12.404	12.564
84	12.455	12.620	12.786	12.953	13.120
86	12.996	13.168	13.341	13.514	13.688
88	13.549	13.728	13.907	14.087	14.268
90	14.113	14.299	14.485	14.672	14.860
92	14.689	14.882	15.075	15.269	15.464
94	15.277	15.477	15.677	15.878	16.080
96	15.876	16.083	16.291	16.499	16.708

续表

检尺径/cm	检尺长/m				
	18.0	18.2	18.4	18.6	18.8
	材　积/m³				
98	16.487	16.701	16.916	17.132	17.348
100	17.109	17.330	17.553	17.776	18.000
102	17.742	17.972	18.202	18.433	18.665
104	18.387	18.625	18.863	19.101	19.341
106	19.044	19.289	19.535	19.782	20.029
108	19.712	19.965	20.219	20.474	20.729
110	20.392	20.653	20.915	21.178	21.442
112	21.083	21.353	21.623	21.894	22.166
114	21.786	22.064	22.342	22.622	22.902
116	22.500	22.786	23.074	23.362	23.651
118	23.226	23.521	23.817	24.113	24.411
120	23.963	24.267	24.572	24.877	25.184

检尺径/cm	检尺长/m				
	19.0	19.2	19.4	19.6	19.8	20.0
	材　积/m³				
14	0.839	0.855	0.872	0.888	0.905	0.922
16	0.988	1.007	1.025	1.044	1.063	1.082
18	1.150	1.170	1.191	1.212	1.233	1.254
20	1.323	1.346	1.369	1.392	1.416	1.440
22	1.508	1.534	1.560	1.586	1.612	1.638
24	1.706	1.734	1.763	1.791	1.820	1.850
26	1.916	1.947	1.978	2.010	2.041	2.074
28	2.138	2.172	2.206	2.240	2.275	2.310
30	2.372	2.409	2.446	2.484	2.522	2.560
32	2.618	2.658	2.699	2.740	2.781	2.822
34	2.876	2.920	2.964	3.008	3.053	3.098
36	3.147	3.194	3.241	3.289	3.337	3.386
38	3.430	3.480	3.531	3.583	3.634	3.686
40	3.724	3.779	3.834	3.889	3.944	4.000
42	4.031	4.090	4.148	4.207	4.267	4.326
44	4.351	4.413	4.475	4.538	4.602	4.666
46	4.682	4.748	4.815	4.882	4.950	5.018
48	5.026	5.096	5.167	5.238	5.310	5.382
50	5.381	5.456	5.531	5.607	5.683	5.760
52	5.749	5.828	5.908	5.989	6.069	6.150
54	6.129	6.213	6.298	6.382	6.468	6.554
56	6.521	6.610	6.699	6.789	6.879	6.970
58	6.926	7.019	7.113	7.208	7.303	7.398
60	7.342	7.441	7.540	7.639	7.739	7.840
62	7.771	7.874	7.979	8.083	8.189	8.294
64	8.211	8.320	8.430	8.540	8.651	8.762
66	8.664	8.779	8.894	9.009	9.125	9.242

续表

检尺径/cm	检尺长/m					
	19.0	19.2	19.4	19.6	19.8	20.0
	材 积/m³					
68	9.130	9.249	9.370	9.491	9.612	9.734
70	9.607	9.732	9.858	9.985	10.112	10.240
72	10.096	10.228	10.359	10.492	10.625	10.758
74	10.598	10.735	10.873	11.011	11.150	11.290
76	11.112	11.255	11.399	11.543	11.688	11.834
78	11.638	11.787	11.937	12.087	12.239	12.390
80	12.176	12.331	12.488	12.644	12.802	12.960
82	12.726	12.888	13.051	13.214	13.378	13.542
84	13.288	13.457	13.626	13.796	13.966	14.138
86	13.863	14.038	14.214	14.391	14.568	14.746
88	14.450	14.632	14.814	14.998	15.182	15.366
90	15.048	15.237	15.427	15.617	15.808	16.000
92	15.659	15.855	16.052	16.250	16.448	16.646
94	16.283	16.486	16.690	16.894	17.100	17.306
96	16.918	17.128	17.340	17.552	17.764	17.978
98	17.566	17.783	18.002	18.221	18.442	18.662
100	18.225	18.451	18.677	18.904	19.132	19.360
102	18.897	19.130	19.364	19.599	19.834	20.070
104	19.581	19.822	20.064	20.306	20.550	20.794
106	20.277	20.526	20.776	21.026	21.278	21.530
108	20.986	21.243	21.500	21.759	22.018	22.278
110	21.706	21.971	22.237	22.504	22.772	23.040
112	22.439	22.712	22.987	23.262	23.538	23.814
114	23.183	23.465	23.748	24.032	24.316	24.602
116	23.940	24.231	24.522	24.815	25.108	25.402
118	24.710	25.009	25.309	25.610	25.912	26.214
120	25.491	25.799	26.108	26.418	26.728	27.040

扫码领取
· 新手必备
· 拓展阅读
· 案例分享
· 书籍推荐